Pythonで
理解を深める
統計学

長畑秀和 著

共立出版

はしがき

この本は，統計学を学ぶ入門書です．基本的な統計の概念の説明し，例題について順を追って解説しています．その後，Python（パイソン）言語を用いて実行して理解を深める流れで書いています．この本は，コンピュータ上でフリーソフトであるPythonを利用して実際に計算し，解析手法を会得するための実習書でもあります．データを解析するには具体例について計算し，実行してみることが必要です．複雑な計算を伴うので，コンピュータ利用が大変有効です．

講義で利用される場合，コンピュータが利用できる実習室で行われるときは例題を解説後，Pythonで実行されながらが進めていただければと思います．主に講義で進められる場合は，解説後にコンピュータによる実行を提示されながら説明されたらと思います．受講された学生さんは自宅や情報実習室のコンピュータを動かして理解を深めていただければと思います．

この本ではPythonの実行にSpyder（スパイダー）を利用しています．実行するために入力するファイルを章ごと分けて提供しています．それらのファイルを読み込んで，実行したい部分をドラッグして実行し，結果を確認しながら読みすすめてください．

本書の構成を以下に簡単に述べておきます．第1章で，Pythonの導入と基本操作について書いています．次に，第2章ではデータのまとめ方について解説し，Pythonで実行しています．第3章では確率と確率分布について述べています．代表的な確率関数（確率密度関数）のグラフを描く練習を多く取り上げています．第4章では検定と推定について解説しています．例題を解いた後，Pythonで多くの関数を作成し実行するようにしています．第5章では相関分析と単回帰分析について述べています．そして，Pythonのパッケージを利用しています．このような内容について，例題に関してPythonを使って逐次コマンド入力し，実行する方法で説明をしています．

なお，本書での実行結果はPython3.6を用いて実行した結果を載せています．長畑智士氏には実行確認を手伝っていただきました．大変感謝いたします．なお，思わぬ間違いがあるかもしれません．また解釈も不十分な箇所もあると思いますが，ご意見をお寄せください．より改善していきたいと思っております．

Pythonのインストールについては，Anacondaのダウンロードページ

`https://www.anaconda.com/distribution/`

にアクセスし「Python 3.x version」の「Download」ボタンをクリックするとインストーラのダウンロードが開始されます．また，Winpython（ウィンパイソン）は

`https://sourceforge.net/projects/winpython/`

からダウンロードしてください．また，本文で利用されているデータと実行にあたっての入力スクリプトのファイルは，ホームページ(`www.kyoritsu-pub.co.jp/bookdetail/9784320114449`)

からダウンロードできます．

本書の出版にあたって編集部には大変お世話になりました．細部にわたって校正頂き，大変お世話になりました。心より感謝いたします．最後に，日頃，いろいろと励ましてくれた家族に一言お礼をいいたいと思います．

2021 年 2 月

長畑秀和

謝辞　フリーソフトウェア Python を開発された方，また，フリーの組版システム TEX の開発者とその環境を維持・管理・向上されている方々に敬意を表します．

凡例（記号など）

以下に，本書で使用される文字，記号などについてまとめる．

① $\sum$（サメンション）記号

普通，添え字とともに用いて，その添え字のある番地のものについて，$\sum$ 記号の下で指定された番地から $\sum$ 記号の上で指定された番地まで足し合わせることを意味する．

[例] • $\sum_{i=1}^{n} x_i = x_1 + x_2 + \cdots + x_n = x.$

② 順列と組合せ

異なる n 個のものから r 個をとって，1 列に並べる並べ方は

$$n(n-1)(n-2)\cdots(n-r+2)(n-r+1)$$

通りあり，これを ${}_{\boldsymbol{n}}\mathbf{P}_{\boldsymbol{r}}$ と表す．これは階乗を使って，${}_n\mathrm{P}_r = \dfrac{n!}{(n-r)!}$ とも表せる．なお，$n! = n(n-1)\cdots 2{\cdot}1$ であり，$0!=1$ である (cf. Permutation)．異なる n 個のものから r 個とる組合せの数は（とったものの順番は区別しない），順列の数をとってきた r 個の中での順列の数で割った

$$\frac{{}_n\mathrm{P}_r}{r!} = \frac{n!}{(n-r)!r!}$$

通りである．これを，${}_{\boldsymbol{n}}\mathbf{C}_{\boldsymbol{r}}$ または $\begin{pmatrix}\boldsymbol{n}\\ \boldsymbol{r}\end{pmatrix}$ と表す (cf. Combination)．

[例] • ${}_5\mathrm{P}_3 = 5 \times 4 \times 3 = 60,$ 　　• ${}_5\mathrm{C}_3 = \dfrac{5 \times 4 \times 3}{3 \times 2 \times 1} = 10$

③ ギリシャ文字

表　ギリシャ文字の一覧表

大文字	小文字	読　み	大文字	小文字	読　み
A	α	アルファ	N	ν	ニュー
B	β	ベータ	$\varXi$	ξ	クサイ（グザイ）
$\varGamma$	γ	ガンマ	O	o	オミクロン
$\varDelta$	δ	デルタ	$\varPi$	π	パイ
E	ε	イプシロン	P	ρ	ロー
Z	ζ	ゼータ（ツェータ）	$\varSigma$	σ	シグマ
H	η	イータ	T	τ	タウ
$\varTheta$	θ，ϑ	テータ（シータ）	$\varUpsilon$	υ	ユ（ウ）プシロン
I	ι	イオタ	$\varPhi$	ϕ，φ	ファイ
K	κ	カッパ	X	χ	カイ
$\varLambda$	λ	ラムダ	$\varPsi$	ψ	サイ（プサイ）
M	μ	ミュー	$\varOmega$	ω	オメガ

目　次

第1章　Python入門

1.1 Pythonとは

Python（パイソン）は，汎用のプログラミング言語である．コードがシンプルで扱いやすく設計されており，C言語などに比べて，さまざまなプログラムを分かりやすく，少ないコード行数で書けるといった特徴がある．文法を極力単純化してコードの利便性を高め，読みやすく，また書きやすくしてプログラマの作業の効率化とコードの信頼性を高めることを重視してデザインされた，汎用の高水準言語である．反面，実行速度はCに比べて犠牲にされている．核となる本体部分は必要最小限に抑えられている．一方で標準ライブラリやサードパーティ製のライブラリ，関数など，さまざまな領域に特化した豊富で大規模なツール群が用意され，インターネット上から無料で入手でき，自らの使用目的に応じて機能を拡張してゆくことができる．またPythonは多くのハードウェアとOS（プラットフォーム）に対応している．Pythonはオブジェクト指向，命令型，手続き型，関数型などの形式でプログラムを書くことができる．動的型付け言語であり，参照カウントベースの自動メモリ管理（ガベージコレクタ）を持つ．これらの特性によりPythonは広い支持を獲得し，Webアプリケーションやデスクトップアプリケーションなどの開発はもとより，システム用の記述 (script) や，各種の自動処理，理工学や統計・解析など，幅広い領域における有力なプログラム言語となった．プログラミング作業が容易で能率的であることは，ソフトウェア企業にとっては投入人員の節約，開発時間の短縮，ひいてはコスト削減に有益であることから，産業分野でも広く利用されている．Googleなど主要言語に採用している企業も多い．Pythonは，オランダ人のグイド・ヴァンロッサムが開発した．名前の由来は，イギリスのテレビ局BBCが製作したコメディ番組『空飛ぶモンティ・パイソン』である．Pythonという英単語が意味する爬虫類のニシキヘビがPython言語のマスコットやアイコンとして使われている．1991年にヴァンロッサムがPython 0.90のソースコードを公開した．この時点ですでにオブジェクト指向言語の特徴である継承，クラス，例外処理，メソッドやさらに抽象データ型である文字列，リストの概念を利用している．これはModula-3のモジュールを参考にしていた．

主なライブラリとして，scikit-learn，Numpy，matplotlib，pandas，scipyがあり，以下にそれぞれの特徴を述べておこう．

- scikit-learn：機械学習系のライブラリでサポートベクターマシン，ランダムフォレスト，Gradient Boosting，k近傍法，DBSCANなどを含む様々な分類，回帰，クラスタリングアルゴリズムを備えており，Pythonの数値計算ライブラリのNumpyとScipyとやり取りするよう設計されている．
- Numpy：数値計算を効率的に行うための拡張モジュールである．効率的な数値計算を行うための型付きの多次元配列（例えばベクトルや行列などを表現できる）のサポートをPythonに加えるとともに，それらを操作するための大規模な高水準の数学関数ライブラリ．

- matplotlib：プログラミング言語Pythonおよびその科学計算用ライブラリNumPyのためのグラフ描画ライブラリである．オブジェクト指向のAPIを提供しており，様々な種類のグラフを描画する能力を持つ．描画できるのは主に2次元のプロットだが，3次元プロットの機能も追加されてきている．描画したグラフを各種形式の画像（各種ベクトル画像形式も含む）として保存することもできるし，wxPython，Qt，GTKといった一般的なGUIツールキット製のアプリケーションにグラフの描画機能を組みこむこともできる．
- pandas：プログラミング言語Pythonにおいて，データ解析を支援する機能を提供するライブラリである．特に，数表および時系列データを操作するためのデータ構造と演算を提供する．PandasはBSDライセンスのもとで提供されている．
- scipy：科学技術計算をサポートするパッケージである．高度な統計での処理や線形代数などにも対応している．

1.2 Pythonの導入

インターネットを利用してインストールできる．まずはダウンロードから行う．下記のURLへアクセスし，続いてインストーラをダウンロードして実行する．

`http://www.python.org/`

1.2.1 Anacondaのインストール

PythonのインストールはAnacondaを利用するのが便利である．Anacondaは科学技術計算用のライブラリ群があらかじめパッケージングされたPythonである．`https://www.anaconda.com/download/`から最新のversionをDownloadし，指示に従ってインストールしていく．

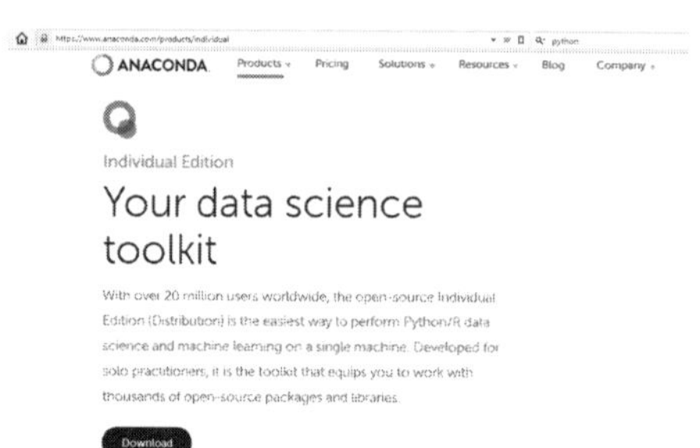

図1.1 ディストリビューションのダウンロード

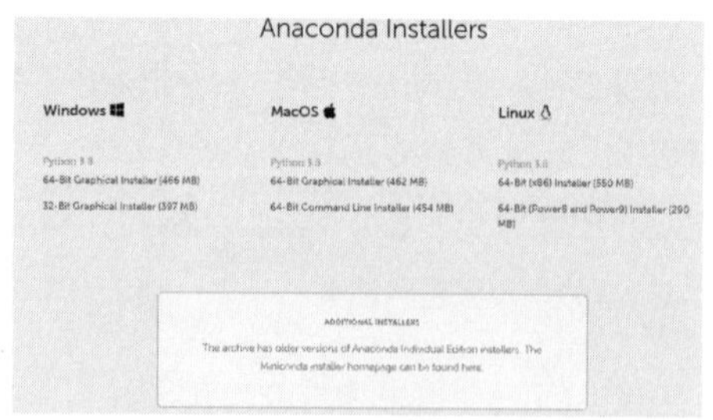

図1.2 Python3.7の指定

ダウンロードした実行ファイルをダブルクリックする．インストーラが起動し，使用許諾の

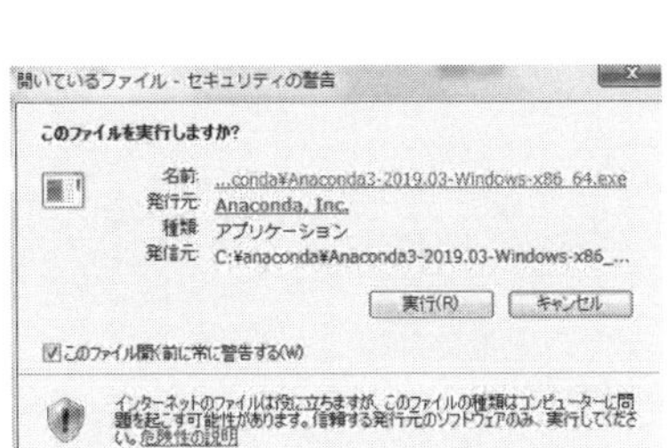

図 1.3　インストーラの実行

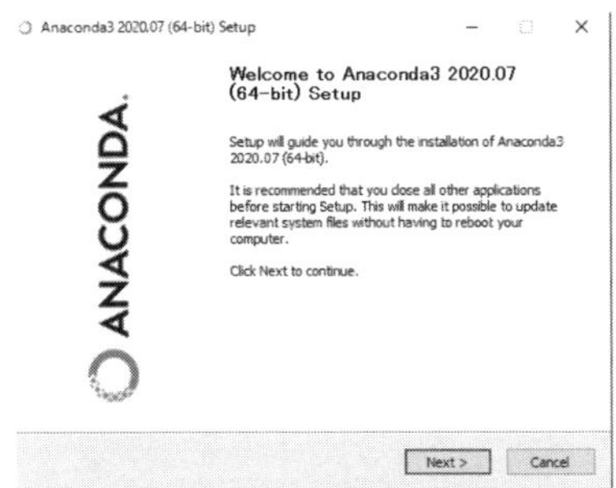

図 1.4　setup の続行

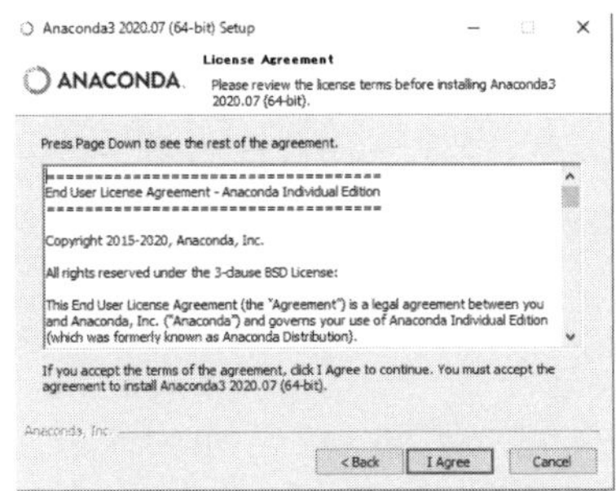

図 1.5　ライセンスの承諾

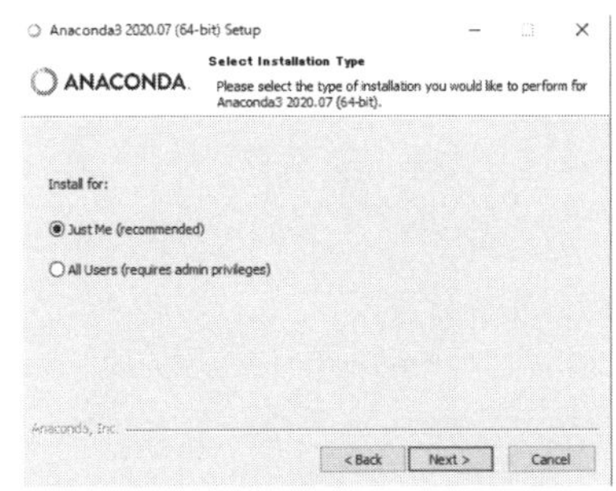

図 1.6　ユーザーの設定

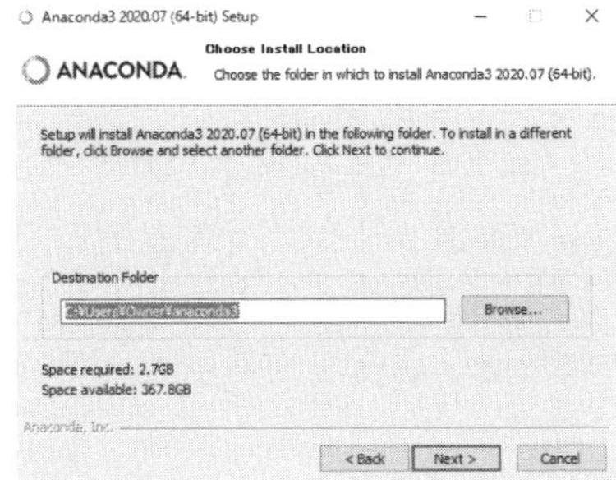

図 1.7　インストールするフォルダの設定

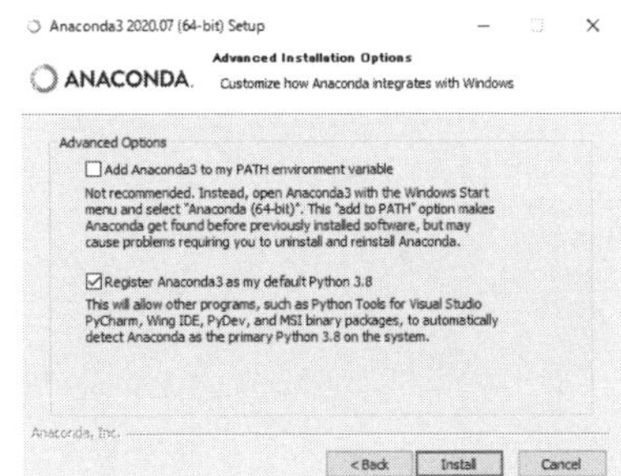

図 1.8　anaconda の path の設定

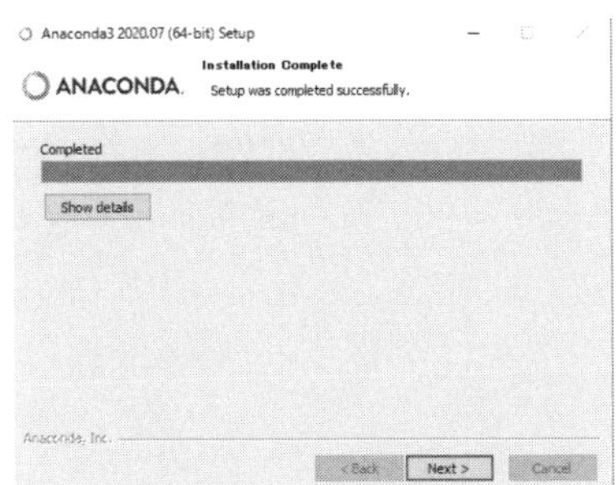

図 1.9　インストールの完了

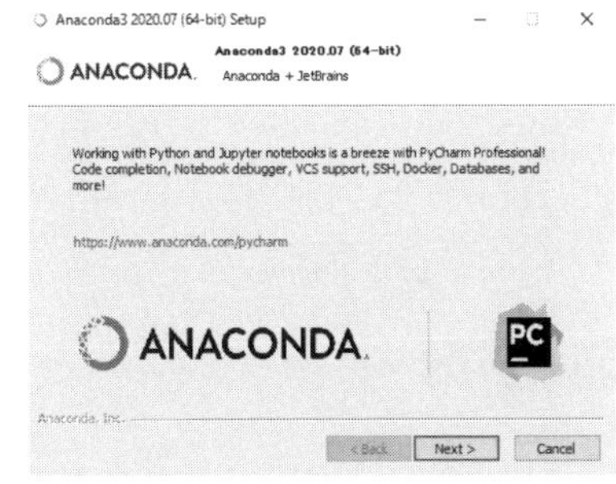

図 1.10　python の実行

メッセージを承諾した後，自分だけの利用か全ユーザーに使用させるか尋ねるメッセージが表示される．自分だけなら，「Just Me」を選択する．いくつかのメッセージが表示されるが，デフォルトのまま進め，「Finish」を選択し完了する．

%precision_3 がうまく動かない場合がある．その場合は，次のコマンドでバージョン 6.2 の ipython をインストールする．

C:\Users\[ユーザー名]>pip_install_ipython==6.2.1．または C:\Users\[ユーザー名]>conda_install_ipython=6.2．

1.2.2　日本語の設定

Matplotlib のデフォルトのフォントは日本語に対応していないため、日本語のキャプションをつけようとすると文字化けしてしまう．ここではそのような文字化けを回避するための設定を行なう．リンク先 (http://moji.or.jp/ipafont) の「IPA サイトからダウンロード」の「IPAex ゴシック」の ipaexg00401.zip ファイルをクリックしてダウンロードする．ダウンロードした後，フォルダを展開すると，ipaexg.ttf というファイルができる．このファイルをコピーして

C:\Users\[ユーザー名]\Anaconda3\Lib\site-packages\matplotlib\mpl-data\fonts\ttf

の中に貼り付ける．貼り付けが完了したら，

C:\Users\[ユーザー名]\Anaconda3\Lib\site-packages\matplotlib\mpl-data

の中にある matplotlibrc というファイルをメモ帳で開き，"font.family:IPAexGothic" という文字列を追加します．追加が完了したらファイルを上書き保存して閉じる．その後，C:\Users\[ユーザー名]\matplotlib にある，fontList.json（もしくは，fontList.py3k.cache）を削除し，続いて，

C:\Users\[ユーザー名]\Anaconda3\Lib\site-packages\matplotlib\mpl-data

の中にある matplotlibrc ファイルをコピーして，C:\Users\[ユーザー名]\matplotlib の中に貼り付ける．最後に，# seaborn の設定ファイルを書き換える．site-packages にある seaborn フォルダの rcmod.py をエディタで開き，

- 86-87 行目の def set-theme(context="notebook", ...): をコメントアウトして次の行を追加：

  def set-theme(context="notebook", style="darkgrid", palette="deep", font="IPAexGothic", font_scale=1, color_codes=True, rc=None)
- 205 行目あたりにある"font.family": ["sans-serif"] をコメントアウトして次の行を追加：

  "font.family": ["IPAexGothic"]

以上で準備は完了した．

1.2.3　USB にインストールする場合

WinPython はポータブル化されているため，Python 環境一式を丸ごと USB に入れて持ち運ぶことができる（※職場やネットカフェ等の共有 PC でも WinPython をコピーした USB を

差すだけで利用可能)．Pythonの実行環境だけでなく，「主要なライブラリ群」や「便利な開発環境」も一括で導入してくれる．(※主要なライブラリ群・・・Numpy, Matplotlib, Pandas, Scipyなど．便利な開発環境・・・Spyder, Jupyter Notebookなど)

下記のURLへアクセス，DownLoadをクリックし，WinPython(Winpython 64-3.7.4.0)をUSB（Fドライブとする）にダウンロードし，解凍するとフォルダWPy64-3740が作成される．

`https://sourceforge.net/projects/winpython/`

その中にあるSpyderをダブルクリックすることでPythonが起動する．

以下は前述の場合と同様にすることで，グラフ画面で日本語が表示される．日本語設定については，`ipaexg.ttf`というファイルを

`F:WPy64-3740\than-3.7.4.amd64\Lib\site-packages\matplotlib\mpl-data\fonts\ttf`

の中に貼り付ける．貼り付けが完了したら，

`F:WPy64-3740\than-3.7.4.amd64\Lib\site-packages\matplotlib\mpl-data`

の中にある`matplotlibrc`というファイルをメモ帳で開き，“font.family : IPAexGothic”という文字列を追加する．追加が完了したらファイルを上書き保存して閉じる．

`F:WPy64-3740\than-3.7.4.amd64\setting>matplotlib`の`fontlist-v310.json`を削除する．

1.3 Pythonの起動と終了

実行するには，1行ずつコマンドを入力して実行する対話型インタプリタによる方法と，ファイルに書いて保存したプログラムコードを読んで実行する方法の2つの方法がある．

1. 対話型実行

スタートメニューからAnaconda3のAnaconda Promptを選択する．

出力ウィンドウ

```
C:\Users\hn>python
Python 3.6.3 |Anaconda, Inc.|(default, Oct 15 2017, 03:27:45)
[MSC v.1900 64 bit (AMD64)] on win32
Type \#help","copyright","credits" or "licence" for more information.
>>>2+3
5
>>>2+3;2-3;2*3;2/3;2**3;14//3;14%3
5
・・・
```

2. エディターを利用し，コードをファイルに書いて保存しておいて，読んで実行する

メモ帳などでプログラムを実行するには，テキストファイルにプログラムを記述し，ファイルを保存し，そして実行するという流れになる．ここでは，anaconda3を用いてpythonをインストールしたときに同時にインストールされるSpyderを用いて実行する．他にJupyter Notebookもインストールされている．

Spyderの利用

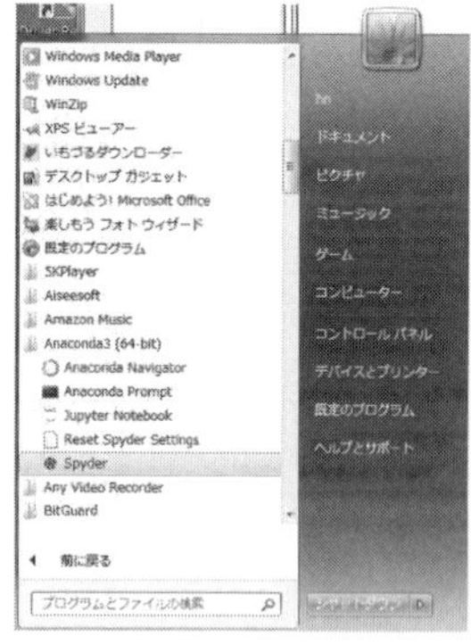

図1.11　Spyderの起動

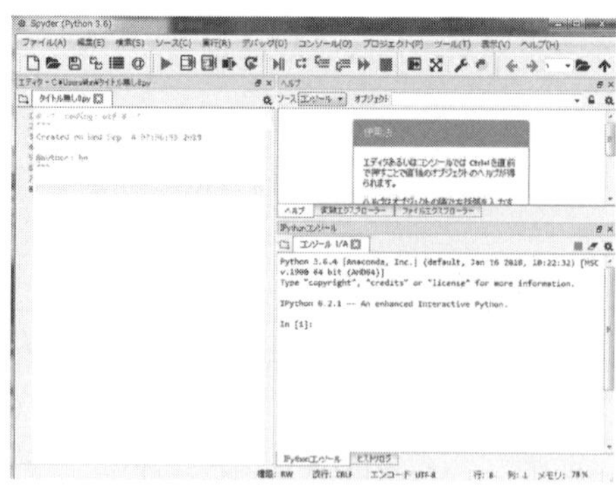

図1.12　起動画面

まず図1.11のようにスタートメニューのすべてのプログラムから「Anaconda3（64ビット）」を選択し，「Spyder」を左クリックし実行する．図1.12のようなSpyderの編集画面があらわれる．3画面から構成され，左上のエディタ画面に入力して実行する．右下のコンソール画面に実行結果などが表示される．例として，図1.13のように8行目にx=3，9行目にprint(x)と入力後，実行(R)をクリックして実行するか，実行(R) ▶ 選択範囲・・・ を左クリックして実行すると図1.14のようにコンソール画面に実行結果　3が表示される．

図1.13　プログラムの実行

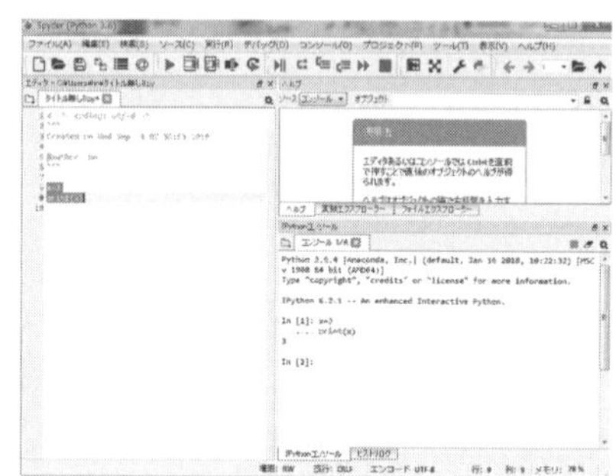

図1.14　実行結果

プログラムを保存する場合は図1.15のようにファイル(A) ▶ 保存(S) と進み，Cドライブにpythproという名前の新しいフォルダを作成し，そのフォルダを指定後，ファイル名(N)にreiと入力して保存(S)をクリックして保存する．なお，拡張子.pyが付いたファイル名(rei.py)で保存される．

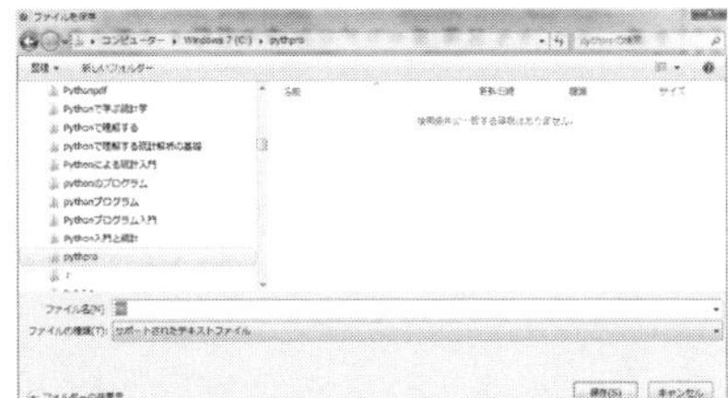

図 1.15　保存するファイル名 rei を入力

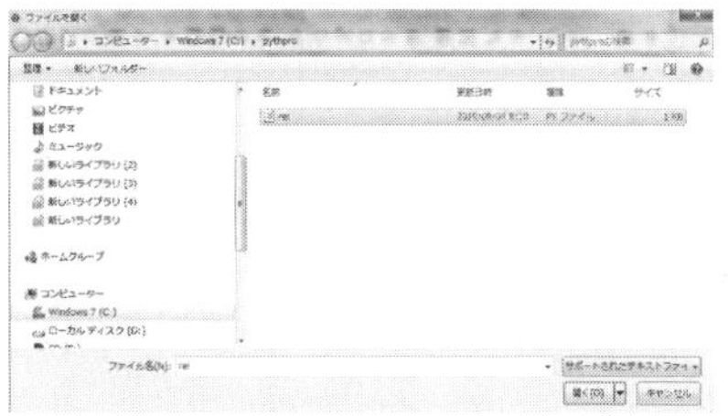

図 1.16　開くファイル rei.py を指定

図 1.16 のように，プログラムを呼び出すときは，［ファイル (A)］ ▶ ［開く (O)］ から rei を指定して ［開く (O)］ を左クリックする．

なお，更に Python について学びたい読者は，共立出版の Web ページの Python 入門ファイル，または，他の Python に関する書籍を参考にしてほしい．

第2章　導入とデータのまとめ方

2.1　はじめに

我々は日常的な生活においてさまざまな出来事に接している．それらの出来事は言葉で報道・処理されたり，映像として伝達されたり，数値として処理されたりと，さまざまに変化して伝わり処理されていく．それらの広い意味でのデータから我々は日常的な判断を行っている．例えば天気予報から傘をもって行くことを決めたり，交通渋滞があるので早くでかけたり，株価をみてどの株を買うかを決めたり，旅行の予算などから行き先を決めることなどである．しかし，実際には与えられたデータを処理することもなくそのままの状態から判断することは困難であり，しかも，最終的にはより誰もが納得する結論を導くことが望まれる．そこで，データに基づいて客観的に判断する力を養うことは今後の社会にでて生活していくうえで大切である．そのための主要な手法の一つに統計的手法がある．

実際，製品を製造している工場では品質管理のための主要な手法として統計が用いられている．ここでの品質 (quality) は顧客の要求 (needs) にどれだけ合うかの度合いの意味で，それを管理 (control) することが製品を作るうえで大切である．管理とはPDCAのサイクルを回しながら製品の品質を向上していくことをいう．そして，P（Plan：計画），D（Do：実行），C（Check：チェック，検査，調査，確認），A（Act：処置）の中で，特にチェックにおいて有効な手法に統計があるのである．また経済の分野では景気変動をみたり，マーケティングでの市場調査を行い，検討・解析をする際に用いられる．心理学では人の行動解析のために用いられることが多い．教育の成績データの処理，医学データの因果関係の判断の解析にも用いられることもある．このように，統計はあらゆる分野において解析・判断するための手法として用いられている．現在はコンピュータの利用とあいまってその利用度は高く，今後も統計学の果たす役割は大きい．

統計は，データを整理し，そのおおまかな全体的な把握に用いる記述統計と，データの分布に関して推定・予測したり，判断・検定を行うなど確率等の数理的側面に基づいた客観的判断を行う推測統計に大きく分けられる．以下で記述的な側面から推測的側面へと統計を学習していこう．

2.2　統計と情報

処置・推測したい対象を**母集団** (population) という．例えば，製造者が缶ジュースの中身の重量を調べたいとき，缶への中身注入ラインで注入された缶ジュース，液晶ディスプレイに疵（きず）がないかを調べるとき，電器工場の液晶ディスプレイ製造ラインで製造された液晶ディスプレイ，国民の内閣支持率を調べたいときの調査対象となる国民などは母集団である．母集団は

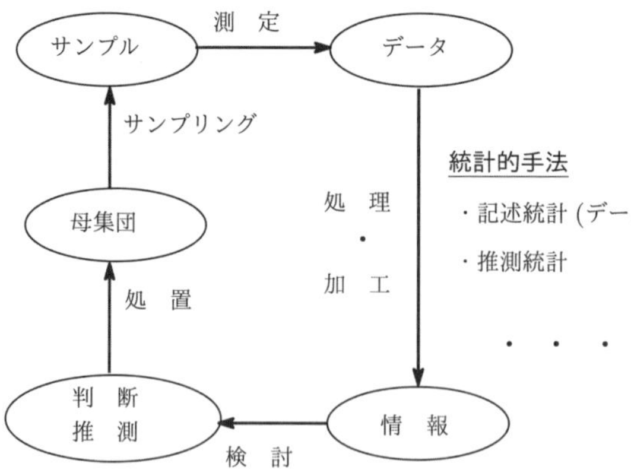

サンプル
測　定
データ
サンプリング
統計的手法
・記述統計 (データのまとめ)
・推測統計
・・・
処　理
・
加　工
母集団
処　置
判　断
推　測
情　報
検　討

図 **2.1**　母集団からの情報

その構成要素が有限の場合，**有限母集団** (finite population)，構成要素が無限の場合，**無限母集団** (infinite population) という．その母集団の要素について全部調べる（全数検査）には時間・労力・費用等の問題があり，実際にはいくつかの**サンプル**（sample：標本，試料，個体）を採る．この採ることを**サンプリング** (sampling) といい，採るサンプルの個数を**サンプルの大きさ**（size：サイズ）とか**サンプル数**という．そのサンプルについて，観測・測定することにより数値化・文字化・画像化などを行い，扱いやすい**データ** (data) とする．これを後述の事柄も含めて図式化すると，図 2.1 のようになろう．なお，一度取り出したサンプルを元に戻して再度取り出すことを**復元抽出**といい，一度取り出したサンプルを元に戻さない場合を**非復元抽出**という．

我々が客観的に判断する際にデータを処理・加工する統計的手法が大変役に立つのである．このときデータの平均・分散を求めたり，グラフにしたりしてまとめる**記述統計**から，仮説を立てて検証したり，推定する**推測統計**がある．この処理・加工されたデータにより我々は情報を得て，母集団について判断（推測）をし，処置・予測などの行動をとるのである．

(1) サンプリングとサンプル

最初に母集団から採られるサンプルは，正しく母集団を反映・代表することが必要である．一を聞いて十を知るには，もとの一が正しくないと，より誤ったものとなる．そして，サンプリングの仕方・方法には以下のような方法があり，誤差 (error) の評価を考えて用いることが必要である．

① **（単純）ランダムサンプリング** ((simple) random sampling)

母集団を構成している単位体，単位量などがいずれも同じような確率でサンプルとしてサンプリングされる方法をいう．無作為抽出ともいわれる．例えば，あるクラスの生徒の数学の成績を単純ランダムサンプリングで調べるような場合，ある生徒はランダムに選ばれる．

② **層別サンプリング** (stratified sampling)

母集団をいくつかのできるだけ等質な層（グループ）に分け，各層から幾つかのサンプルを採る方法である．例えば，職種別にアンケート集計を行う場合，各職種はアンケート項目に関して等質な集団とみなされている．図 2.2 のような概念である．

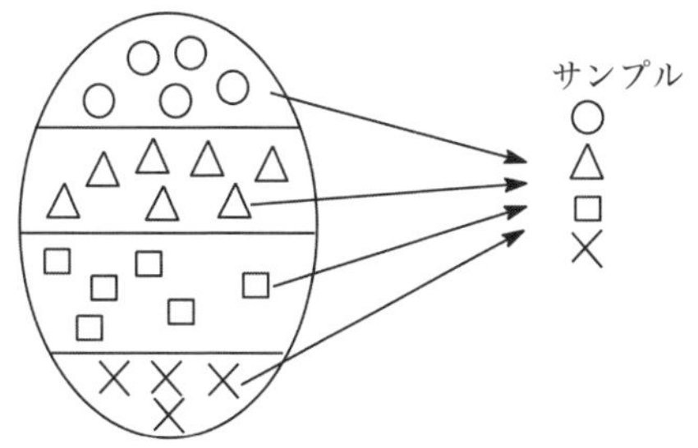

図 2.2 層別サンプリングの概念図

③ **集落サンプリング** (cluster sampling)

母集団を，各グループには異なったいろいろな資料の組が入り，どのグループにもできるだけ似た資料がいるように分ける．その後，これらのグループのいくつかを抽出し，そのグループをすべて調べる方法である．例えば，社会調査を行う場合のように大都市，中都市，小都市と分けていくつかの都市をサンプリングして調査を行うような場合である．以下の図 2.3 のような概念である．

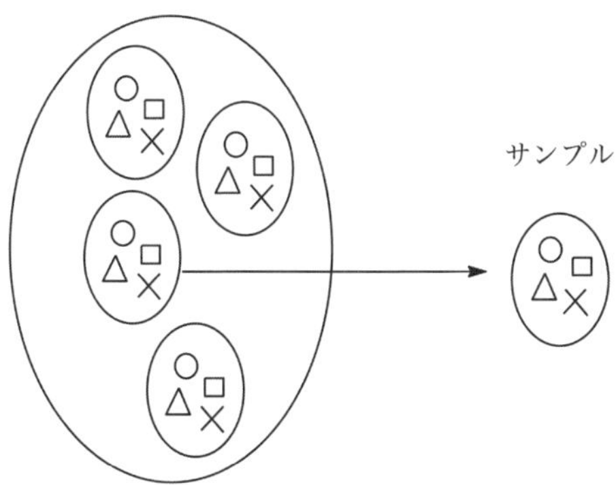

図 2.3 集落サンプリングの概念図

④ **系統サンプリング** (systematic sampling)

順番に並んだ母集団の構成要素を，図 2.4 のように一定間隔ごとに採る方法である．製品がラインで次々と生産されている場合，一定時間ごとにサンプリングして製品を検査するような場合である．

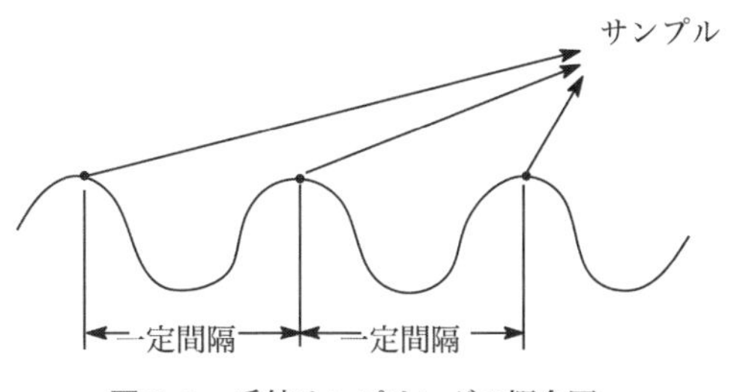

図 2.4 系統サンプリングの概念図

また，1 回でサンプルを得る場合と，2 回の段階でサンプルを得る **2 段サンプリング** (two-stage sampling) と，更に3段階以上をまとめていう**多段サンプリング** (multi-stage sampling) がある．例えば，瓶づめされた錠剤の検査をする場合，まず瓶がいくつか入った箱をランダムに選び，更にその箱の中の瓶をランダムに選び，更に錠剤を選ぶといったように何段階かにわたってサンプリングされる場合である．

(2) 測定とデータ

次にサンプルを測定することでデータが得られるが，実際のデータは差をもつ．ここに誤差はデータと真の値との差であり，この誤差を**信頼性** (reliability)，**偏り**(かたよ) (bias)，**ばらつき** (dispersion) の面から眺めることができる．信頼性は誤差に規則性があることで，データに再現性があることを意味している．偏りについては，データを x，その期待値を $E[x]$，真の値を μ（ミュー），誤差を ε（イプシロン）とすると

$$\underbrace{\varepsilon}_{\text{誤差}} = \underbrace{x}_{\text{データ}} - \underbrace{\mu}_{\text{真の値}} = \underbrace{(x - E[x])}_{\text{ばらつき}} + \underbrace{(E[x] - \mu)}_{\text{偏り}} \tag{2.1}$$

と分解される．そこで, 図2.5のようになる．このように誤差を分けて解釈するとき，式 (2.1) の右辺第2項が 偏りである．この偏りがないこと（不偏性）が望ましい．更に，式 (2.1) 第1項で，**ばらつき**が小さいことが望まれ，これを評価するものとしては，よく使われるものに**分散** (variance) がある．これはばらつきの2乗の期待値 σ^2（シグマの2乗）$= E[x - E[x]]^2$ である．

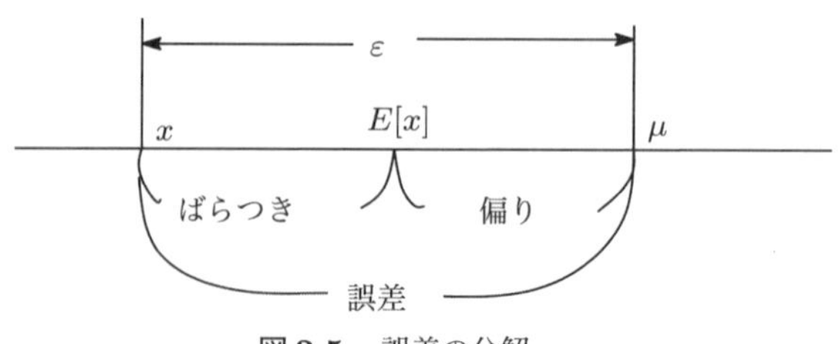

図 2.5　誤差の分解

（注 2-1） サンプリングするにあたっては，誤差ができるだけ少ない方法であることが望まれる．更に，誤差は**サンプリング誤差** s と **測定誤差** m に分けられる．つまり，$\varepsilon = s + m$ と書かれる．そこで，いずれの誤差も小さくするようにすることが望まれる．◁

統計でよく扱われるデータの種類には，**質的（定性的）データ**と**量的（定量的）データ**がある．質的データは対象の属性や内容を表すデータで，言葉や文字を用いて表されることが多い．そして，質的データには， 単なる分類の形で測定される**名義尺度**（nominal scale：分類尺度）があり， 性別， 職業， 未婚・既婚， 製品の等級などを表すために用いられる．分類のカテゴリーに数値をつけても四則演算は意味がない．また， ある基準に基づいて順序付けをし， 1位，2位，3位， ··· などの一連の番号で示す場合の質的データを**順序尺度** (ordinal scale) という．好きな歌手の順位のデータ， 成績のデータの良い順などである．

量的なデータはそのものの量・大きさを表すもので， 連続の値をとる場合， **連続（計量）型データ**ともいわれる．また個数を表すようなとびとびの値をとる場合， **離散（計数）型データ**といわれる．そして，数値の間隔が意味をもち， 原点が指定されていない尺度を**間隔（距

離）尺度（interval scale：単位尺度）という．偏差値，知能指数などがそうである．また，**比例（比率）尺度** (ratio scale) は，一般的な長さ，重さ，時間，濃度，金額など四則演算ができるもので，尺度の原点が一意に決まっている．このような分類から，データは図 2.6 のように分類される．

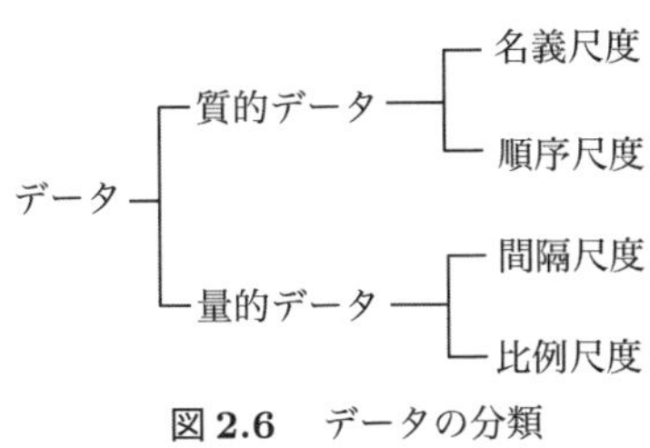

図 2.6　データの分類

例題 2-1

個人の名前，性，身長，体重，体温，年齢，成績順位のデータについて種類（尺度）を答えよ．

[解]　表 2.1 のようなデータであるので，分類は最下行のようになる．

表 2.1　個人のデータ（尺度は省略）

名前	性別	身長 (cm)	体重 (kg)	体温 (℃)	年齢 (歳)	成績順位
岡山 太郎	男	176	66	37	20	15
名義	名義	比例	比例	間隔	比例	順序

□

演習 2-1　次のデータの種類は何か．
① 電話番号　② 入試の合否　③ 偏差値　④ 年収　⑤ 硬貨を投げた時の表と裏　⑥ 血液型 ⑦ 出身地　⑧ 所持金

また，データはそのまま使うのではなく，変換をすることによりデータの分布を正規分布に近づけたり，分散の安定化を図ったり，データの範囲を広げたりしたのち利用することも行われている．そうすることでデータをその後の解析手法に合ったものにし，より扱いやすいものにすることができる．

2.3 データのまとめ方

データ全体について情報を得るためのまとめ方を考えると，人の五感に訴えるとものとして分ければ，図 2.7 のように視覚的にまとめる場合，数量的にまとめる場合，聴覚によるまとめ，味覚によるまとめなどが考えられる．ここでは本による媒体を通して伝えるまとめ方として，以下の図 2.7 のような視覚的なまとめと数量的なまとめを考えよう．

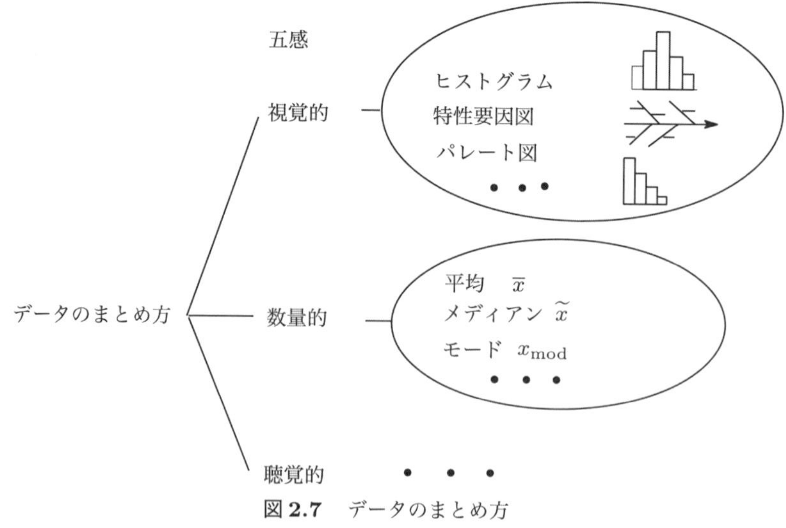

図 2.7　データのまとめ方

2.3.1　視覚的なまとめ

グラフまたは図として代表的なもの，また表計算ソフトに取り込まれているものには次のようなものがある．度数分布表とヒストグラム，累積度数，度数多角形，折れ線，棒グラフ，円グラフ，レーダーチャート（くもの巣グラフ），帯グラフ，ステレオグラム，星座グラフ，チャーノフの顔型グラフ，特性要因図，パレート図，管理図，箱ひげ図，散布図などである．表計算ソフトを用いて，いくつかのグラフを作成したものを図 2.8 に載せておこう．なお，左上の図は文部科学省「学校基本法調査」より，右上の図は総務省統計局「統計でみる都道府県のすがた 2020」より，右下の図は交通事故統合分析センター「交通統計」（平成 29 年版）より作成した．

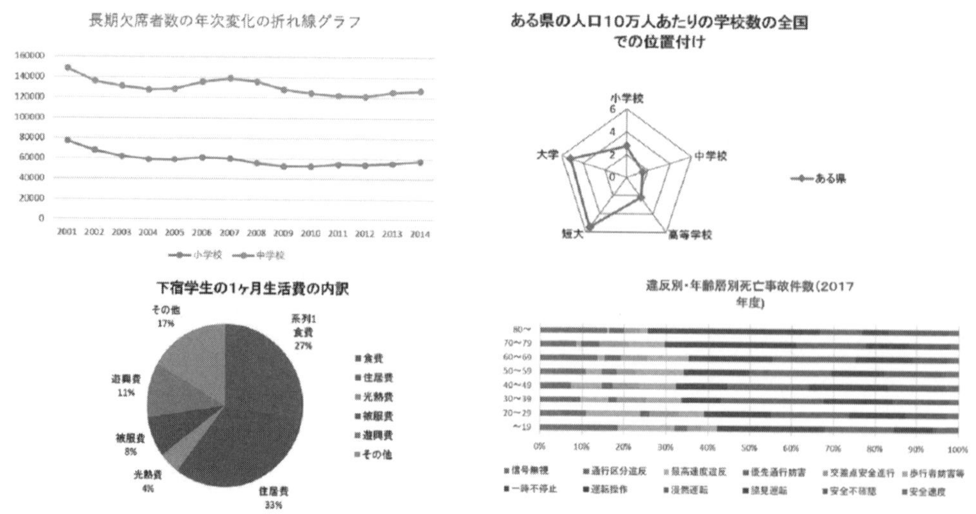

図 2.8　代表的なグラフと図

次に，このうち解析の基礎となるものを以下で取り上げよう．

(1)　特性要因図

例えばカレーのおいしさ，テレビの画質，パンの売り上げ高，タレントの人気度などの特性を取り上げ，その特性に影響を与えていると思われる要因をすべて洗い出し，整理するために用いる図を**特性要因図** (cause and effect diagram) という．その形から**魚の骨グラフ**ともいわれる．石川馨(かおる)氏が考えた手法である．

特性と要因の関係のみならず，結果と原因，目的と手段などの関係の把握と整理にも幅広く利用される手法である．まずその作成手順を示そう．

手順 1　取り上げた特性に影響を与えると思われる要因を列挙する．

手順 2　要因の中から絞込みをする．重複しているもの，明らかに不適当なものを除く．

手順 3　要因をある大まかな分類，例えば「カレーのおいしさ」では材料，料理する人，作り方などで分類し，それらの分類を 1 次要因とする．アクションのとりやすさに重点をおいたものが良いだろう．なお分類には 4M1H（Man（人），Machine（機械），Material（原材料），Method（方法），How（いかに））が製造工程などでの製品のばらつきの影響分類に用いられる．さらに，Measurement（測定），Environment（環境）も用いられることもある．

手順 4　最初の特性を右端に書き，これに向かって左から太い矢線を書き，その上下に一次分類での要因を書く．更に 2 次要因があれば矢線を書いて，分類し，このような要因分類を適当な段階まで行っていく．

手順 5　要因の中からアクションがとれる重要な項目にチェックし，今後の検討課題とする．

なお要因を列挙する際には，**ブレーンストーミング**（相手の意見を批判することなく自由に意見を述べ合うこと）などにより要因の洗い出しを行う．

例題 2-2

栗饅頭の売り上げを特性としたときの要因を考え，特性要因図を作成せよ．

[解]　**手順 1**　ブレーンストーミングなどにより，栗饅頭の売り上げに影響があると思われる要因をすべて列挙する．

手順 2　カード等に要因を記入し，要因について大まかな分類を行う．例えば味，値段，外観，量，売り方などの面が考えられよう．

手順 3　大骨となる矢印を記述後，それらへ分類した要因ごとに矢印を記入する．

手順 4　各要因に更に小骨として要因を分類しながら矢印を記入し，以下の図 2.9 のように整理していく．例えば，味も一つの特性であり，更に材料，作り方，人，道具など要因に分けて考えられる．

手順 5　要因のうち特に重要（効果がある）と思われる要因を丸印などで囲み，チェックする．例えば味の良さが主な要因と考えられるなら，味について特に影響のある要因である作り方を更に調べる．それらの要因について，今後の調査・検討方向を考える．□

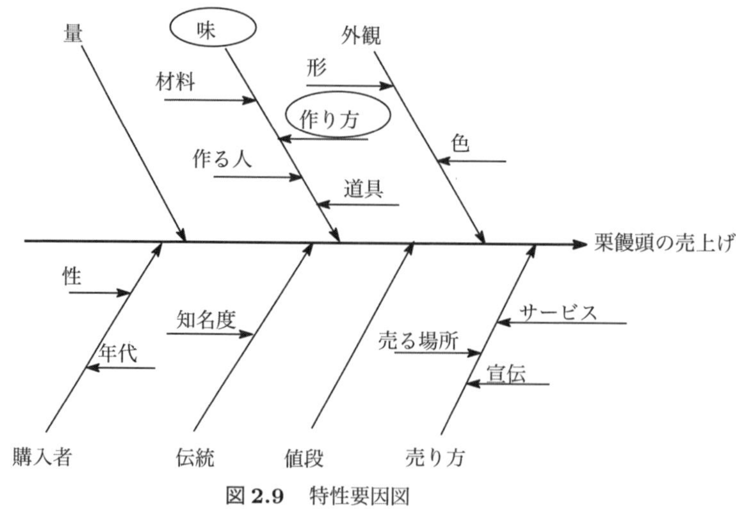

図 2.9　特性要因図

演習 2-2　各自特性を決め，特性要因図を作成せよ．

(2) 度数分布表とヒストグラム

計数値（離散型）のデータにおいて，そのデータの値とそのデータの現れる度数とを**度数分布** (frequency distribution) といい，それを表にまとめたものを**度数（分布）表** (frequency table) という．例えばサイコロを30回振ったときの出た目の数と，その回数を表2.2のようにまとめたものである．

表 2.2　度数分布表

出た目の数 (x)	度数 (n_i)
1	3
2	5
3	4
4	6
5	7
6	5
計	30

多くのデータが得られると，それらのデータの全体的な散らばり具合（分布）をみるために作成するものをヒストグラムという．普通，計量値（連続型）のデータの場合，その準備としてデータの値の大きさに従ってクラス（級）分けをし，そのクラスに属すデータの個数を表にした度数分布表を作成する．度数を高さとした柱で表した図がヒストグラムである．このとき，分類した個々の区間を**階級**（クラス）といい，その幅を**級の幅**（級間隔）という．また各階級での級の最小値を**下側境界値**（級下端），級の最大値を**上側境界値**（級上端）という．またその級（区間）の真ん中の値（中点）を**階級値**（級の代表値）という．以下に，まず度数分布表の作り方からはじめよう．

① 度数分布表の作成手順

手順 1　解析したい対象についてデータをとる．データ数を n とする．

手順 2　データの最大値 $(x_{\max})$ と最小値 $(x_{\min})$ を求める．

求め方として，行（列）単位で最大（最小）を求め，更にそれらの中での最大（最小）を求め，全体での最大（最小）とする方法が便利である．

手順3 級の幅 (h) を決める．仮の級の数 k を $\sqrt{n}$ に近い整数として，級の幅を

$$h = \frac{x_{\max} - x_{\min}}{k}$$

から求め，データの測定単位の整数倍で近い値とする．

なお，級の数として経験的には表 2.3 のような目安がある．しかし，過去のデータ，他のデータと比較する場合などは同じ級，境界値を用いた方が良い．

表 2.3 データ数 (n) と適当な級の数 (k)

データ数 (n)	級の数 (k)
50 ～ 100	6 ～ 10
100 ～ 250	7 ～ 12
250 以上	10 ～ 20

手順4 級の境界値を決める．まず一番下側の境界値を，データの最小値 $(x_{\min})$ から $\dfrac{\text{測定単位}}{2}$ を引いたものとする．そして逐次幅 h を足していき，データの最大値 $(x_{\max})$ を含むまで級の境界値を決めていく．

手順5 各級に含まれるデータ数を正，\（バックスラッシュ）等によるカウント記号でチェックする．

手順6 度数分布表の完成．階級値（級の中央値）等，必要事項も記入する．

(注 2-2) 級の数 k を**スタージェス** (Sturges) **の式** $1 + \log_2 n$ で決める方法もある．これは図 2.10 のように二項係数の展開で上段から二つずつに分かれていき，k 個（上から $k-1$ 段目）の入れ物に n 個のデータが入るとすれば $(1+1)^{k-1} = n$ より k について解けば得られる，という方法である．この決め方は，k がやや大きくなる傾向がある．◁

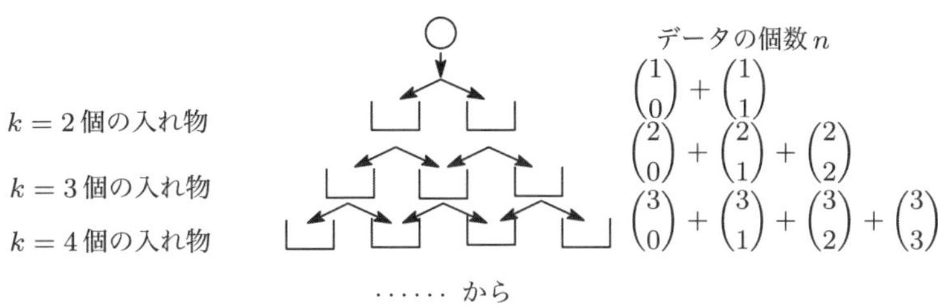

…… から

$n = (1+1)^{k-1}$ だから底として 2 の対数をとれば

$k = \log_2 n + 1$

図 2.10 スタージェスの式

② ヒストグラムの作成

度数分布表から柱の高さを度数に表すグラフを描いたものがヒストグラムである．データの履歴も記入する（データ数，採取期間，規格値，平均 $(\overline{x})$，標準偏差 $(\sqrt{V})$）．

③ ヒストグラムの見方

まず，形の代表的パターンを挙げておこう．図 2.11 のような対応である．

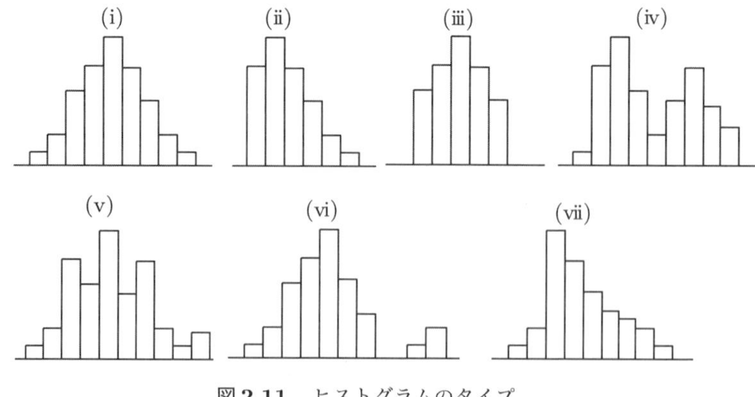

図 **2.11**　ヒストグラムのタイプ

(i) **標準（一般）型**　よく現れる型のヒストグラムで，中心が最も度数が多く，中心から離れるに従って度数が小さくなる．一山型で左右対称な標準的な形をしている

(ii) **絶壁型**　ある値から急にデータがなくなる状況である．例えば，データがそれ以下では測定できないとか，ある値からデータを消去しているなどの場合がある．検査ミス，データの欠如などをチェックしてみる．

(iii) **高原型**　各度数があまり変わらず，高原のようになっている．平均の少し異なる分布が混じりあっている可能性がある．

(iv) **二山型**（ふたやま）　平均の異なる二つのデータが混ざったような場合で，中心のあたりの度数が少ない．層別を考える必要がある．

(v) **歯抜け型**　級の間隔の取り方が悪かったり，測定単位が大きすぎたりした場合が考えられる．

(vi) **離れ小島型**　異常なデータが混ざっているような場合である．

(vii) **右（左）裾引き型**　平均値が中心より左（右）寄りにあり，データが小さい（大きい）値を取りやすい傾向にある場合である．

例題 2-3

以下の表2.4の学生の身長に関するデータについて，度数分布表およびヒストグラムを作成し，分布について考察せよ．

表 **2.4**　身長のデータ (cm)

147	149	150	152	156	154	153	155	154	152	153	153
155	153	157	159	160	158	157	160	158	157	158	153
159	160	159	158	157	163	165	162	165	165	165	164
164	165	166	167	168	169	170	168	171	173	172	174
178	180										

[解]　**手順1**　データはすでにとられていて，データ数は$n=50$である（普通$n \geqq 50$ぐらいデータをとる）．また，測定単位（測定の最小の刻み）は1cmである．

手順2　データの最大値$x_{\max}=180$であり，最小値$x_{\min}=147$である．

手順3　級の幅(h)を決める．

仮の級の数 k を $\sqrt{n}=\sqrt{50}=7.07$ に近い整数である 7 として，級の幅を

$$h=\frac{x_{\max}-x_{\min}}{k}=\frac{180-147}{7}=4.71\cdots$$

から，データの測定単位 1 の整数倍で近い値の 5 とする．

手順 4 級の境界値を決める．

まず一番下側の境界値をデータの最小値 ($x_{\min}=147$) から

$$\frac{\text{測定単位}}{2}=\frac{1}{2}=0.5$$

を引いたものとする．つまり一番下側の境界値 $=147-0.5=146.5$ である．そして逐次幅 $h=5$(cm) を足していき，データの最大値 ($x_{\max}=180$) を含むまで級の境界値を決めていく．

手順 5 度数表の用紙を用意し，各級に含まれるデータ数を正の字，\ 等によるカウント記号でチェックする．

表 2.5 度数分布表

No.	級の境界値	階級値 (x_i)	チェック	度数 (n_i)
1	146.5 ∼ 151.5	149	///	3
2	151.5 ∼ 156.5	154	////, ////, //	12
3	156.5 ∼ 161.5	159	////, ////, ////	14
4	161.5 ∼ 166.5	164	////, ////	10
5	166.5 ∼ 171.5	169	////, /	6
6	171.5 ∼ 176.5	174	///	3
7	176.5 ∼ 181.5	179	//	2
計				50

手順 6 度数分布表の完成．階級値（級の中央値）等，必要事項も記入し，表 2.5 のような度数分布表を作成する．

手順 7 度数表からヒストグラムを描き（図 2.12），必要事項も記入する．必要事項としては，何のデータであるか，データ数 n, 平均 $\overline{x}$，標準偏差 $s=\sqrt{V}$，期間，作成者などである．

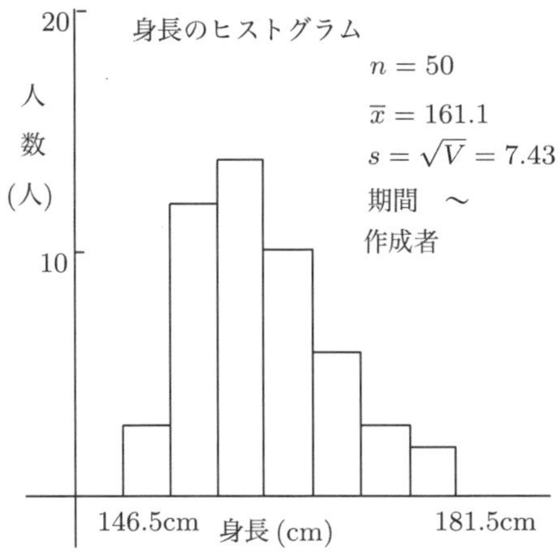

図 2.12 例題 2-3 のヒストグラム

手順 8 考察．図 2.12 のヒストグラムから右に裾をひいたタイプの分布であることがわかる．モードが 159cm であることがわかるが，数人，背が高い人が混じっている．おそらく，女性の中に数人，男性が混じっている集まりであると思われる．□

以下でデータを読み込む前に，カレントディレクトリをファイル rei23.csv のあるディレクトリに変更しておくことが必要である．また，プログラム中の # 以降はコメントとなり，プログラムの実行に影響を与えない．

出力ウィンドウ

```
#数値計算
import numpy as np
import pandas as pd
#グラフを描画
import matplotlib.pyplot as plt
rei23=pd.read_csv('rei23.csv')#データの読込み
print(rei23)
Out[ ]: se
0       147
1       149
～
49      180
rei23.se
plt.hist(rei23.se,bins=10) # 自動でヒストグラムを作成する.
pd.DataFrame(rei23.se).describe() # 変数名seの要約を求め, 表示する.
print(len(rei23.se)) # 変数seの長さ(データ数)を求め, 表示をする.
Out[ ]: 50
np.sqrt(50) # 50の平方根を求め, 表示する.
k=7 # k(=仮の区間数)に7を代入する.
print((180-147)/k) # 区間幅の計算をする.
Out[ ]: 4.714285714285714
h=5 # h(=区間幅)に5を代入する.
sita=min(rei23.se)-1/2
# sita(=最下側境界値)をseの最小値から測定単位の半分を引いて代入する.
print(sita)
Out[ ]: 146.5
sita+h*k
# 最下側境界値に区間数だけ幅を足した値を求め最大値を含むかを調べる.
ue=sita+h*k
# ue(=最上側境界値)を最下側境界値から最大値を含む
# まで区間幅を足していった値とする.
kyokai=np.arange(sita,ue,h)
# kyokaiにsitaから逐次幅hを代入してue
# までの値を代入する. sita+h*(0:7)でもよい.
plt.hist(rei23.se,bins=7,color='gray')#図2.13
plt.title('身長の頻度分布')
plt.xlabel('身長')
plt.ylabel('人数')
plt.show()
# seのデータを分割点をkyokaiとしてヒストグラムを作成する.
# なおx軸のラベルを身長(cm), y軸のラベルを人数とし, タイトル
# を身長のヒストグラムとする.
dosu,_=np.histogram(rei23.se,bins=7,range=(146.5,181.5))
# 階級数,最小値,最大値を引数として, 返り値がdosuと_の2つの関数
print(dosu)
dosuhyo=pd.DataFrame({'dosu':dosu},index=pd.Index(kyokai,name='階級'))
#度数分布表
print(dosuhyo)
Out[ ]:
```

```
[ 3 12 14 10  6  3  2]
       dosu
階級
146.5     3
151.5    12
156.5    14
161.5    10
166.5     6
171.5     3
176.5     2
```

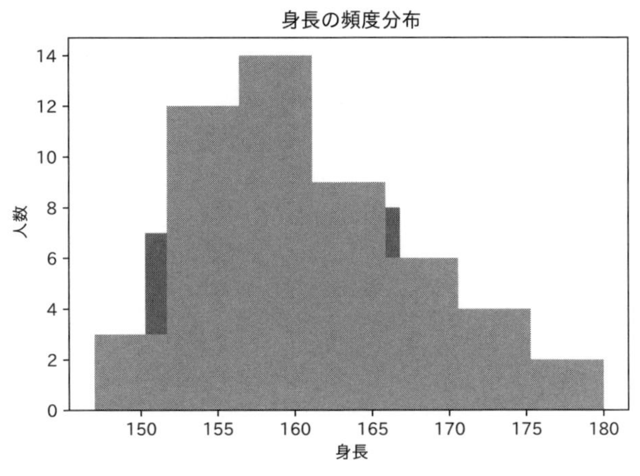

図 2.13 例題 2-3 のヒストグラム

演習 2-3 ① 幕内相撲力士の体重に関してヒストグラムを作成し，考察せよ．
② 各自小遣いのデータを 50 人以上についてとり，ヒストグラムを描き，考察せよ．

(3) パレート図

学校への遅刻件数の要因を件数で調べると，朝寝坊で遅れるのがほとんどで，他に交通機関の遅れが少しある程度と，実際は 2〜3 個の原因で説明される．このように事象がいくつかの項目で構成されているとき，事象全体に占める割合を考えると，2, 3 の項目で占められることが多い．この状況を「Vital is few.」といい，重点項目は少数であることで**パレートの原則** (Pareto) という．コンビニエンスストアでお弁当が売れ残るときには，その種類別に売れ残り個数と 1 個の値段をかけたコスト（費用）の多い順に並べて調べたほうがよい．このように不良率，不良件数，コストなどを要因（原因）別に多い順に並び換えて，件数を高さとする柱にあらわした図（ヒストグラム）をパレート図という．

① パレート図の作成手順

手順 1 解析の対象と，その分類項目を決める．

手順 2 データをとり，項目ごとに分類し，度数の多い順に度数を高さとする柱を描く．ただし，その他の項目は右端とする．

手順 3　右側に累積百分率をとる．

手順 4　必要事項の記入をする（特性，データ数，採取期間，記録者，作成者など）．

② **パレート図の見方**

アクションの重点を判断するようにみる．

例題 2-4

以下の表 2.6 は，あるコンビニエンスストアのある 1 日における，売れ残った食品の種類と，その 1 個あたりの費用である．売れ残りのコストに関してパレート図を作成し，占める主要な項目は何かについて考察せよ．

表 2.6　売れ残り食品に関するデータ

種類	個数（個）	値段（円）	種類	個数（個）	値段（円）
弁当	2	450	おにぎり	12	120
そば	15	45	ハンバーガー	15	150
サンドイッチ	8	160	うどん	23	50

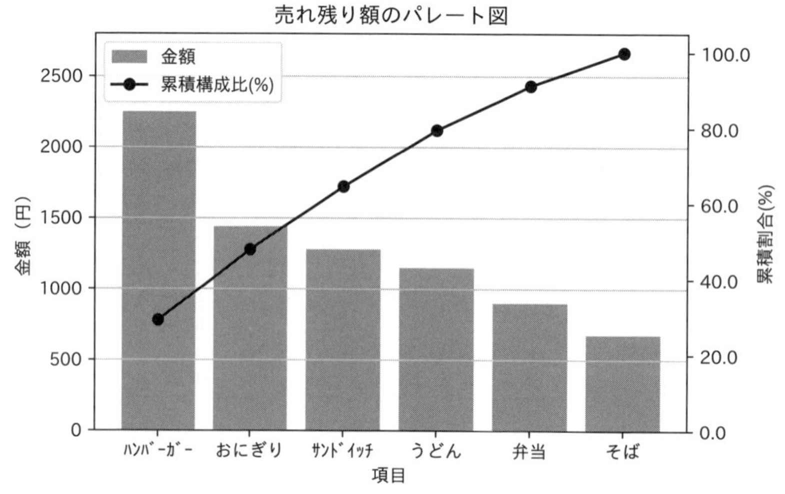

図 2.14　例題 2-4 のパレート図（売れ残りに関するパレート図）

[解]　**手順 1**　データはとられているので，コストに関してデータを降順に並び替えた表を作成する（表 2.7）．

表 2.7　コストにより並び替えたデータ

種類	値段（円）	種類	値段（円）	種類	値段（円）
ハンバーガー	2250	おにぎり	1440	サンドイッチ	1280
うどん	1150	弁当	900	そば	675

手順 2　横軸に食品の種類をとり，縦軸に費用をとり，図 2.14 のように棒グラフに表す．

手順 3　必要事項を記入する．何のデータであるか，いつ誰にとられたデータか，誰が作成したものか，等を記入する．

手順 4　考察．ハンバーガーの売れ残りによるコストが，29.2% でほぼ 3 割を占めている．ハンバー

ガーの売れ残りを削減することにより大きなコスト削減が期待される．□

出力ウィンドウ

```
#数値計算
import numpy as np
import pandas as pd
#グラフを描画
import matplotlib.pyplot as plt
rei24=pd.read_csv('rei24.csv')
print(rei24)
Out[ ]:     syurui  kosu  nedan
0            bento     2    450
1             soba    15     45
2            sando     8    160
3          onigiri    12    120
4             baga    15    150
5            udon     23     50
print(rei24.shape)#データのサイズを表示
Out[ ]: (6, 3)
gaku=np.array(rei24['kosu'])*np.array(rei24['nedan'])
# 個数と値段をかけたものをgakuに代入
syurui=np.array(rei24['syurui'])
df=pd.DataFrame({"syurui":syurui,"gaku":gaku},columns=["syurui","gaku"])
df=df.sort_values(by="gaku",ascending=False)
#コストの降順に並び替えものをdfとする
#累積割合
df["ruiwa"]=np.cumsum(df["gaku"])
df["ruiritu"]=df["ruiwa"]/sum(df["gaku"])*100
fig=plt.figure()
ax=fig.add_subplot(111)
num=len(df)
#棒グラフ
ax.bar(range(num),df["gaku"])
ax.set_xticks(range(num))
ax.set_xticklabels(df["syurui"].tolist())
plt.title("売れ残り額のパレート図")
plt.ylabel('累積確率')
ax.set_xlabel("(項目)")
ax.set_ylabel("(頻度)")
#累積曲線
ax_add=ax.twinx()
ax_add.plot(range(num),df["ruiritu"])
ax_add.set_ylim([0,100])
ax_add.set_ylabel("(累積割合)")
#(参考) gaku_st=np.sort(gaku)
# コストの昇順に並べ替えたものをgaku_stに代入する
#gaku_rev=list(reversed(gaku_st))
# コストの降順に並べ替えたものをgaku_revに代入する
#gaku[::-1].sort() # と書いても降順に並べ替えができる
```

演習 2-4　表 2.8 のわが国の自動車等（原付以上）運転者の違反別交通死亡事故件数のデータについて，原因別を x 軸にとったパレート図を作成せよ（交通事故統合分析センター「交通統計」（平成 29 年版）より）．

表 2.8　交通死亡事故件数

原因	最高速度違反	運転操作	漫然運転	脇見運転	一時不停止	優先妨害通行	交差点安全通行
件数	162	429	545	393	107	88	169
原因	通行区分違反	信号無視	安全不確認	安全速度	歩行者妨害等	その他	合計
件数	180	126	365	84	238	160	3247

演習 2-5　表 2.9 は，ある大学への合格者の出身地（県）別の人数データである．パレート図を作成し，考察せよ．

表 2.9　出身別人数

北海道	8	青森県	0	岩手県	0	宮城県	0	秋田県	0
山形県	0	福島県	1	茨城県	3	栃木県	5	群馬県	1
埼玉県	0	千葉県	6	東京都	15	神奈川県	7	新潟県	0
富山県	3	石川県	7	福井県	4	山梨県	2	長野県	4
岐阜県	3	静岡県	12	愛知県	20	三重県	18	滋賀県	16
京都府	56	大阪府	87	兵庫県	447	奈良県	21	和歌山県	35
鳥取県	52	島根県	72	岡山県	669	広島県	175	山口県	87
徳島県	59	香川県	134	愛媛県	158	高知県	61	福岡県	30
佐賀県	5	長崎県	28	熊本県	8	大分県	10	宮崎県	10
鹿児島県	9	沖縄県	11	その他	18				

(4) 散布図

対応のあるデータ（組）を2次元の平面に打点（プロット）して得られる図を散布図 (scatter diagram) という．2変量間の関係を調べるのに利用される．

① 散布図の作成手順

手順 1　関係を知りたい二つの変量について，データをとる．

手順 2　目的とする変量（特性）を縦軸，残りの変量を横軸にとる．なお，それぞれの最大値と最小値の幅がほぼ同じになるように目盛る．

手順 3　データの打点（プロット）をする．

② 散布図の見方

代表的なパターンとして以上のようなものがある (図 2.15)．x が増加するとき y も増加するときには**正の相関**があるという（①）．逆に x が増加するとき y が減少するときに**負の相関**があるという (②)．また x の変化に対して，y がその変化に対応することなく変化したり，一定であるような場合には**無相関**であるという（③）．さらに，変量 x と y の間の相関の度合いを測るものさしとして，後述（p.47，式 (2.27)）の（ピアソンの）標本相関係数 r がよく使われる．その r は $-1 \leqq r \leqq 1$ であり（シュワルツの不等式から導かれる)，直線的な関係があるときには $|r|$ は 1 に近い値となり，相関関係が高いことを示している．しかし，散布図で相関があっても，相関係数の絶対値は小さいこともある（④，⑤)．また，特殊な関連性（⑥のような）がないか，データに異常値が含まれてないか（⑦)，層別（⑧）の必要性の有無などを調べる基本が散布図である．

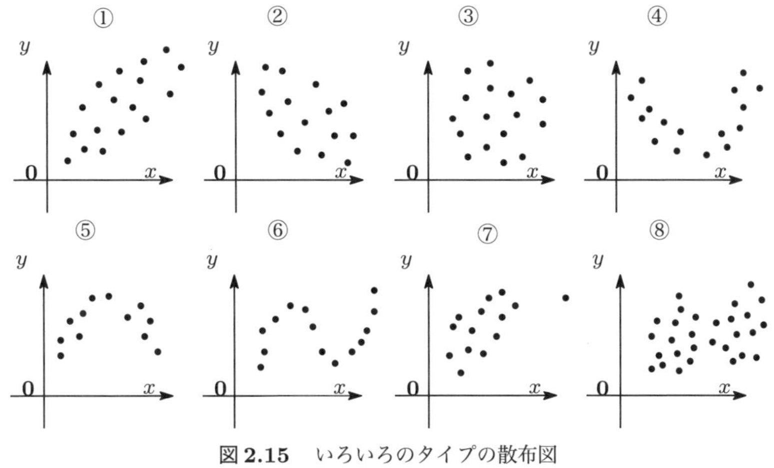

図 **2.15**　いろいろのタイプの散布図

例題 2-5

以下の表 2.10 は，ある大学の学生に関する親子の身長のデータである．散布図を作成せよ．

表 **2.10**　父子の身長のデータ (単位：cm)

子	172	173	169	183	171	168	170	165	168	176	177	173
父親	175	170	169	180	169	170	165	164	160	173	182	170
子	181	167	176	171	160	175	170	173	176	177	163	175
父親	173	160	172	170	169	170	160	168	162	170	165	170
子	172	171	172	163	172	162	167					
父親	177	160	172	160	176	161	170					

[解]　**手順 1**　図の作成．横軸と縦軸の長さをほぼ同じ長さになるようにして，x 軸を子供，y 軸を親の身長 (cm) とし，組 (x, y) を打点（プロット）すると，図 2.16 のようになる．

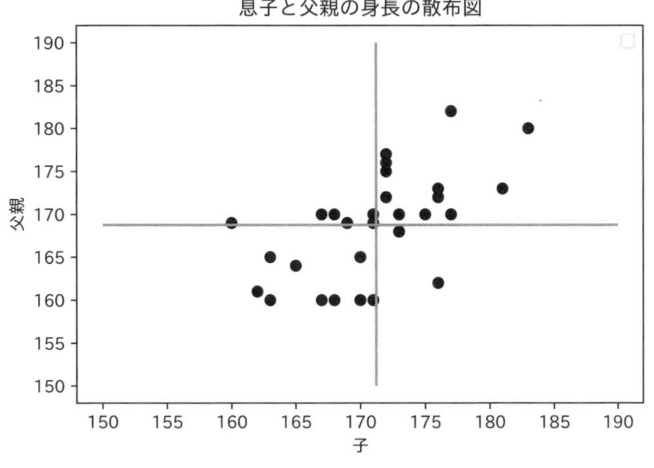

図 **2.16**　例題 2-5 の散布図

手順2　考察．x が増えると y も増える傾向があり，正の相関がありそうである．□

出力ウィンドウ

```
#数値計算
import numpy as np
import pandas as pd
#グラフを描画
import matplotlib.pyplot as plt
rei25=pd.read_csv('rei25a.csv')#rei25=pd.read_csv('rei25j.csv',
encoding='cp932')
print(rei25)
Out[ ]:     son   father  # 子    父親
       0    172     175
       1    173     170
         ～             #  ～
       30   167     170  #
print(rei25.shape)
Out[ ]: (31, 2)
x=np.array(rei25['son']) #x=np.array(rei25[' 子'])
y=np.array(rei25['father']) #y=np.array(rei25[' 父親'])
plt.title("息子と父親の身長の散布図")
plt.xlabel(' 子')
plt.ylabel(' 父親')
plt.scatter(x,y)
plt.vlines(np.mean(x),150,190)
plt.hlines(np.mean(y),150,190)
plt.legend()
plt.show()
```

なお，日本語のデータをもつ csv ファイルを読む場合，上記で#の後のような変更をする．

＜書式＞

plt.plot(x, y, labels='軸の名前')

＜意味＞

座標 (x,y) の指定に従って打点する．

演習 2-6　以下の表 2.11 のプロ野球チームの，これまでの勝率と打率のデータについて，散布図を作成せよ．

表 2.11　プロ野球チーム勝率表（セリーグ，2020 年度）

項目＼チーム	勝率	打率	得失点率
巨人	0.598	0.255	1.264
阪神	0.531	0.264	1.074
中日	0.522	0.252	0.877
DeNA	0.491	0.266	1.089
広島	0.481	0.262	0.989
ヤクルト	0.373	0.242	0.795

2.3.2　数量的なまとめ

データを数量としてまとめるには，図 2.17 にあるようにデータの代表となる中心的傾向をみる量，ばらつき具合をみる量および分布のその他の特徴をみる量に分類される．その他の特徴とは，例えば，分布の歪(ひず)み具合とか尖(とが)り具合をみる量に分けられる．

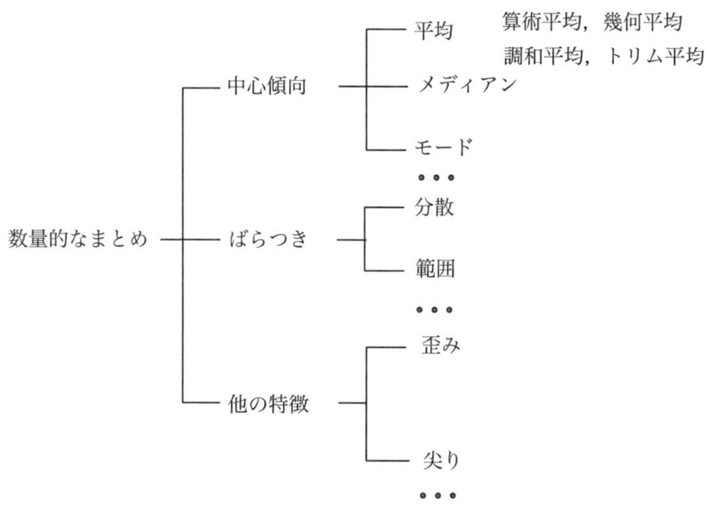

図 **2.17**　数量的なまとめ

(1) データ（分布）の中心的傾向をみる量

① **平均**（sample mean：算術平均）

$\overline{x}$（エックスバー）で表す．データ $x_1, \ldots, x_n$ に対し，データの和を $T = x_1 + \cdots + x_n$ で表すと，それらの平均 $\overline{x}$ は

$$\overline{x} = \frac{x_1 + \cdots + x_n}{n} = \frac{T}{n} = \frac{\text{データの和}}{\text{データ数}} \tag{2.2}$$

で定義される．

データが k 個のクラスに分けられた形で得られ，$i(=1, \ldots, k)$ クラスの階級値が x_i で，その度数が n_i であるとする．そこで表 2.12 のように度数分布表で与えられる場合には，次のように同じクラスに属するデータは，その度数だけ重複して足して平均化される．

表 **2.12**　度数分布表

No. ＼ 項目	階級値 (x)	度数 (n)
1	x_1	n_1
2	x_2	n_2
⋮	⋮	⋮
k	x_k	n_k
計		N

$$\overline{x} = \frac{x_1 n_1 + \cdots + x_k n_k}{n_1 + \cdots + n_k} = \frac{\sum_{i=1}^{k} x_i n_i}{N} \quad \left(N = \sum_{i=1}^{k} n_i\right) \tag{2.3}$$

（注 2-3）　データ数 $(=n)$ でデータの総和を割っているが，変数 n 個のうち独立な変数は，やはり n 個なので自由度が n と考えられ，**自由度**でデータの和を割ると考えれば，ばらつきのものさしの分散での自由度と対応がつく．◁

例題 2-6

次の学生6人の大学への通学時間のデータに関して平均を求めよ．

5, 3, 15, 30, 5, 20（分）

[解]　総和Tを求め，データ数で割ると求まる．つまり，表2.13の補助表より

$$\overline{x} = \frac{5+3+15+30+5+20}{6} = 13\,(分)$$

と計算される．なお，表中の=SUM(B2:B7)は表計算ソフトの指定範囲のセルの数値の合計を求める関数である．

表 2.13　補助表（表計算ソフト）

項目 / No.	x（分）
1	5
2	3
3	15
4	30
5	5
6	20
計	T =78(=SUM(B2:B7))

	A	B	C
1	No.＼項目	x（分）	
2	1	5	
3	2	3	
4	3	15	
5	4	30	
6	5	5	
7	6	20	
8	計	=SUM(B2:B7)	
9		SUM(数値1, [数値2], ...)	

□

以下のように，1. 直接計算するか，2. 関数を定義して利用するか，3. パッケージの関数を利用するかなどがある．順に実行してみよう．

1. 直接計算する．

出力ウィンドウ

```
import numpy as np
x=np.array([5,3,15,30,5,20])# xに5,3,15,30,5,20を代入する.
print(x)# xの値を表示する.
Out[ ]:[ 5  3 15 30  5 20]
T=np.sum(x)
print(T)
Out[ ]:78
n=len(x)#xの個数をnに代入する
print(n)
Out[ ]:6
heikin=T/n
print('平均=',heikin)
Out[ ]:平均= 13.0
```

2. 関数を定義する．

出力ウィンドウ

```
import numpy as hp
x=hp.array([5,3,15,30,5,20])
def mean(x):
 return sum(x)/len(x)
print('平均=',mean(x))
Out[ ]:平均= 13.0
```

3. パッケージ numpy,statistics,scipy 等の利用

出力ウィンドウ

```
# numpyの利用
import numpy as np
x=np.array([2,5,6,3,1])# 階級値 x
n=np.array([4,5,8,6,2])# 度数 n
print('平均=',np.mean(x))
Out[ ]:平均=13.0
# (参考)以下は度数分布表でデータが与えられた場合の例
wa=sum(x*n)
print('和',wa)
Out[ ]:和 101
N=sum(n)
print('データ数',N)
Out[ ]:データ数 25
mx=wa/N
print('平均',mx)
Out[ ]:平均 4.04
```

出力ウィンドウ

```
# statisticsの利用
from statistics import mean
x=[2,5,6,3,1]
print('平均',mean(x))
Out[ ]:平均 3.4
import statistics
print('平均',statistics.mean(x))
Out[ ]:平均 3.4
```

出力ウィンドウ

```
# scipyの利用
from scipy.stats import gmean
from scipy.stats import stats
import scipy as sp
x=[2,5,6,3,1]
print(sp.sum(x))
Out[ ]:17
print(sp.mean(x))
Out[ ]:3.4
print(gmean(x))
```

```
Out[ ]:2.825234500494767
print(stats.trim_mean(x,0.2))
Out[ ]:3.3333333333333335
```

出力ウィンドウ

```
import pandas as pd
import numpy as np
x=np.array([5,3,15,30,5,20])
y=pd.DataFrame({'a':x})
print(y)
Out[ ]:
    a
0   5
1   3
2  15
3  30
4   5
5  20
print(pd.Series(x).describe()) #xの要約
Out[ ]:
count        6
unique       1
top       (a,)
freq         6
dtype: object
scores=np.array([42,56,41,57])
print(np.sort(scores))
Out[  ]: [41, 42, 56, 57]
print(np.median(scores))
Out[  ]: 49.0
print(pd.Series(scores).describe()) #データの要約
Out[  ]:
count      4.000000  #個数
mean      49.000000 #平均
std        8.679478   #標準偏差
min       41.000000  #最小値
25%       41.750000  #25%点 (1/4分位点)
50%       49.000000  #50%点 (中央値)
75%       56.250000  #75%点 (3/4分位点)
max       57.000000  #最大値
dtype: float64
```

なお，# の後に記述した内容はコメントとなり，Pythonの実行に影響を与えない．また，表2.14にみられるような，いろいろな関数がある．なお，import numpy as np，import pandas as pd，from statistics import median，mode 等を入力しておく必要がある．

表 2.14　いろいろな関数

関　数	表　記	意　味
総和	sum(x)	ベクトル x の成分の合計
累積和	np.cumsum(x)	ベクトル x の各成分までの累積和
積	np.prod(x)	ベクトル x の成分の積
累積の積	np.cumprod(x)	ベクトル x の各成分までの積
差分	np.diff(x)	ベクトル x の各成分の前と後ろの差
並び替え	np.sort(x)	昇順に整列する
長さ	len(x)	ベクトル x の要素の個数
要約	pd.DataFrame(x).discribe()	最小値, 下側ヒンジ, 中央値, 上側ヒンジ, 最大値
最大値	max(x)	データ x で最も大きい値
最小値	min(x)	データ x で最も小さい値
平均	mean(x)	データの算術平均
中央値	np.median(x)	データ x を昇順に並べたときの真ん中の値
モード	mode(x)	データが最も多く観測される値
トリム平均	stats.trim_mean(x,p)	データを昇順に並べたとき上下合わせて p% を除いた平均
分位点	np.percentile(x,q)	データ x を昇順に並べたときの q% 分位点
標準偏差	std(x,ddof=1)	不偏分散の正の平方根
不偏分散	var(x,ddof=1)	偏差平方和をデータ数 -1 で割ったもの

演習 2-7　以下は学生の所持金のデータである．平均金額を求めよ．
3000, 1000, 4500, 25000, 6000（円）

② メディアン（median：中央値，中位数）

$\widetilde{x}$（エックス・テュルダまたはエックスウェーブと読む），Me, x_{med} で表す．データを大小の順に並べたときの真ん中の値である．そこでデータ数が奇数個のときは $(n+1)/2$ 番目の値で，偶数個のときは $n/2$ 番目と $n/2+1$ 番目を足して 2 で割ったものである．つまり，データ $x_1, \ldots, x_n$ に対し，それらを昇順に並べたものを $x_{(1)} \leqq x_{(2)} \leqq \cdots \leqq x_{(n)}$ としたとき，

$$\text{(2.4)} \qquad \widetilde{x} = \begin{cases} x_{\left(\frac{n+1}{2}\right)} & (n \text{ が奇数}) \\ \dfrac{x_{\left(\frac{n}{2}\right)} + x_{\left(\frac{n}{2}+1\right)}}{2} & (n \text{ が偶数}) \end{cases}$$

である．なお，$x_{(i)} (i = 1, \ldots, n)$ を**順序統計量**という．そして，その定義から異常値の影響を受けにくい性質がある．

また，データが度数分布表で与えられる場合は真ん中の値が属す級（クラス）を比例配分した値とする．つまり，

$$\text{(2.5)} \qquad \tilde{x} = \text{属す級の下側境界値} + \text{級間隔} \times \frac{n/2- \text{その級の 1 つ前までの累積度数}}{\text{その級の度数}}$$

で与えられる．

例題 2-7

以下は下宿している 8 人の学生の月当たりの家賃の金額である．中央値を求めよ．
45000, 53000, 50000, 65000, 48000, 60000, 80000, 39000（円）

[解]　**手順 1**　データを昇順に並びかえると

$$x_{(1)} = 39000 \leqq x_{(2)} = 45000 \leqq x_{(3)} = 48000 \leqq x_{(4)} = 50000$$

$$\leqq x_{(5)} = 53000 \leqq x_{(6)} = 60000 \leqq x_{(7)} = 65000 \leqq x_{(8)} = 80000$$

となる．$n = 8$ である．

手順 2　データ数が偶数なので，$n/2 = 4$ 番目のデータ $x_{(4)} = 50000$ と $n/2 + 1 = 5$ 番目のデータ $x_{(5)} = 53000$ を足して，2 で割った 51500 円がメディアンである．□

出力ウィンドウ

```
import numpy as np
import pandas as pd
x=[45000,53000,50000,65000,48000,60000,80000,39000]
# xに45000,53000,50000,65000,48000,60000,80000,39000を代入する.
print(x) # xを表示する.
Out[ ]:[45000, 53000, 50000, 65000, 48000, 60000, 80000, 39000]
x_st=np.sort(x) # xの成分を昇順に並べ替えて表示する.
print(x_st)
Out[ ]:[39000 45000 48000 50000 53000 60000 65000 80000]
def median(x):
 n=len(x)
 if n % 2 ==0:
  return (x[n//2-1]+x[n//2])/2
 else:
  return x[(n+1)//2]
print(median(x_st))
Out[ ]: 51500.0
print(np.median(x))   # xのメディアンを求める.
Out[ ]: 51500.0
print(pd.DataFrame(x).describe())
Out[  ]:             0
count       8.000000
mean    55000.000000
   ～
max     80000.000000
# xの上下それぞれ10%を除いた平均(トリム平均)を求める.
from scipy import stats
print(stats.trim_mean(x,0.1))
Out[  ]: 55000.0
```

演習 2-8　以下は 6 人の学生の昼ご飯にかける時間である．メディアンを求めよ．

20, 15, 5, 18, 40, 30（分）

③ モード（mode：最頻値（さいひんち））

Mo, x_{mod} で表す．データで最も多く観測される値である．度数分布表で普通用いられ，最も度数の多い階級の値である．

例題 2-8

次のある地区のサラリーマン 30 人の 1 か月の小遣いのデータについて，モードを求めよ．

2 万円：2 人，3 万円：5 人，4 万円：12 人，3 万 5 千円：4 人，
2 万 5 千円：3 人，5 万円：4 人

表 **2.15** 小遣いデータ（単位：万円）

No. ＼ 項目	階級値（x 単位：万円）	度数（n：人）
1	2	2
2	2.5	3
3	3	5
4	3.5	4
5	4	12
6	5	4
計		$N = 30$

[解] **手順 1** データの度数分布を求める．表 2.15 のようになる．
手順 2 度数の最も大きい階級の値 4 万円がモードとなる．□

出力ウィンドウ

```
import numpy as np
import pandas as pd
#度数を求めるCounter関数の利用
import collections
list = ['a', 'b', 'c', 'a', 'b', 'b']
clist = collections.Counter(list)
print(clist)
Out[ ]:Counter({'b': 3, 'a': 2, 'c': 1})
#モードの定義
def mode(x):
 clist=collections.Counter(x)
 print(clist.most_common()[0])
x=[2,2,2.5,2.5,2.5,3,3,3,3,3,4,4,4,4,4,4,4,4,4,4,4,4,3.5,3.5,3.5,
   3.5,5,5,5,5]
mode(x)
Out[ ]:(4, 12)
y=['A','A','A','A','A','B','B','B','C','C','C']
print(mode(y))
Out[ ]:('A', 5)
#パッケージの関数の利用
from statistics import median,mode
print(median(x));print(mode(x));print(pd.Series(x).mode())
Out[ ]:4.0
Out[ ]:4
Out[ ]:
0    4.0
dtype: float64
print(median(y));print(mode(y));pd.Series(y).mode()
Out[ ]:B
Out[ ]:A
Out[ ]:
0    A
dtype: object
#(参考) 関数tableを定義する.
def table(x):
 return {key:x.count(key) for key in set(x)}
x=['A','A','B','B','B','C']
```

```
print(table(x))# xを度数で表示する.
Out[  ]:{'A':2, 'C':1, 'B':3}
#(参考) 同じ文字, 数を複数入力するには以下のように入力する.
a=[np.tile("A",5),np.tile("B",3),np.tile("C",2)]
print(a)
Out[  ]:[array(['A', 'A', 'A', 'A', 'A'], dtype='<U1'),
 array(['B', 'B', 'B'], dtype='<U1'), array(['C', 'C'], dtype='<U1')]
x=[[2]*2,[2.5]*3,[3]*5,[4]*12,[3.5]*4,[5]*4]
# xに2を2個,2.5を3個,...,5を4個代入する.
print(x)
Out[  ]:[[2, 2], [2.5, 2.5, 2.5], [3, 3, 3, 3, 3], [4, 4, 4, 4, 4,
 4, 4, 4, 4, 4, 4, 4], [3.5, 3.5, 3.5, 3.5], [5, 5, 5, 5]]
```

演習 2-9　次のある学部学生200人の図書の貸し出し冊数のデータについて，モードを求めよ．

0冊 5人，1冊 10人，2冊 76人，3冊 44人，
4冊 25人，5冊 10人，6冊以上 30人

演習 2-10　演習2-5のデータについて，モードを求めよ．

例題 2-9

ある地区の月収の世帯数の分布は表2.16のようであった．このとき，モード，平均，メディアンの大小関係を調べよ．

表 2.16 月収の世帯数分布表（単位：万）

月収＼項目	階級値 (x)	度数 (n)
5.5〜15.5	10.5	1
15.5〜25.5	20.5	15
25.5〜35.5	30.5	26
35.5〜45.5	40.5	13
45.5〜55.5	50.5	4
55.5〜65.5	60.5	1
計		$N=60$

[解]　定義にしたがって求めると，以下のような大小関係になる．

$$x_{\rm mod}=30.5,\quad \overline{x}=\frac{10.5\times 1+\cdots+60.5\times 1}{60}=\frac{1900}{60}=31.67,$$

$$\widetilde{x}=25.5+10\times\frac{30-16}{26}=30.88$$ より $x_{\rm mod}<\widetilde{x}<\overline{x}$ である．□

なおデータの分布に対応して，だいたい以下の図2.18のような関係がある．

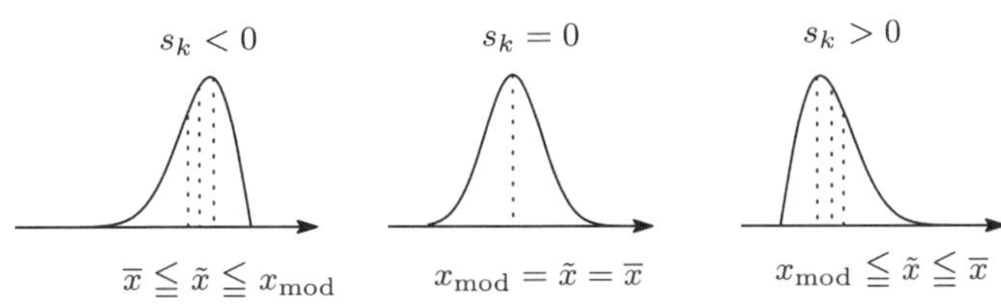

図 2.18 代表値と分布

④* **トリム平均** (trimmed mean)

$\overline{x}_T$（エックスバー・ティー）で表す．データを昇順に並べたとき，上下 r 個（ある割合）を除いて算術平均をとった以下のように定義されたものをトリム平均という．

$$\overline{x}_T = \frac{\sum_{i=r+1}^{n-r} x_i}{n-2r} \tag{2.5}$$

⑤* **幾何平均** (geometric mean)

$\overline{x}_G$（エックスバー・ジー）で表す．正の値をとるデータ $x_1, \ldots, x_n\ (>0)$ に対し，

$$\overline{x}_G = \sqrt[n]{x_1 \times \cdots \times x_n} = \sqrt[n]{\prod_{i=1}^{n} x_i} \tag{2.6}$$

で与えられ，年平均成長率，年平均物価上昇率などで使われる．

n 年の物価上昇率が $r_1\%, \ldots, r_n\%$ であるとき，n 年での平均物価上昇率は，

$$\sqrt[n]{\left(1+\frac{r_1}{100}\right) \times \cdots \times \left(1+\frac{r_n}{100}\right)} - 1$$

から計算される．ここで，過去 5 か年の経済成長率が 3%, 2%, 1%, 4%, 2% のとき，5 年間の平均成長率を求めてみよう．

出力ウィンドウ

```
import numpy as np
x=[1.03,1.02,1.01,1.04,1.02]# xに1.03,1.02,1.01,1.04,1.02を代入する.
print(x)# xを表示する.
Out[  ]:[1.03, 1.02, 1.01, 1.04, 1.02]
def gm(x):
 return np.power(np.prod(x),1/len(x))
 # または np.exp(np.sum(np.log(x))/len(x))-1
print(gm(x))
Out[  ]:1.023949306650807
from scipy.stats import gmean
print(gmean(x)) # xの幾何平均を求める.
Out[  ]:1.023949306650807
```

演習 2-11 過去 10 か年の経済成長率が 1%, 3%, 2%, 5%, 2%, 3%, 2%, 1%, 4%, 2% のとき，10 年間の平均成長率を求めよ．

⑥* **調和平均** (harmonic mean)

$\overline{x}_H$（エックスバー・エイチ）で表す．データ $x_1, \dots, x_n$ に対し，

$$\overline{x}_H = \frac{n}{\dfrac{1}{x_1} + \cdots + \dfrac{1}{x_n}} = \frac{1}{\dfrac{1}{n}\displaystyle\sum_{i=1}^{n} \dfrac{1}{x_i}} \tag{2.7}$$

で与えられる．お金のドル換算，平均時速などの例がある．

ここで，往きは60km/時，帰りが40km/時で，目的地まで往復したときの平均時速を求める場合，平均時速は移動距離を要した時間で割ればよいので，距離を $a$km とすれば，要した時間が $\dfrac{a}{60} + \dfrac{a}{40}$ より，平均時速は，$\dfrac{2a}{\dfrac{a}{60} + \dfrac{a}{40}} = \dfrac{2}{\dfrac{1}{60} + \dfrac{1}{40}}$ と求まる．

出力ウィンドウ

```
import numpy as np
x=np.array([60,40]) # xに60,40を代入する.
y=1/np.sum(1/x)*len(x) # xの調和平均を求める.
print(y)
Out[ ]: 47.99999999999999
```

演習 2-12　往きは30km/時，帰りが50km/時で，目的地まで往復したときの平均時速を求めよ．
演習 2-13　1ドルが90円，100円，120円，112円であるときの平均換算率を求めよ．
演習 2-14　$x_1, \dots, x_n > 0$ のとき，$\overline{x}_H \leqq \overline{x}_G \leqq \overline{x}$ の関係が成立することを示せ．

(2) データ（分布）の広がり具合（ばらつき，散布度）をみる量

① **（偏差）平方和** (sum of squares)

S で表す．データ $x_1, \dots, x_n$ に対し，それらの（偏差）平方和 S は

$$\begin{aligned} S &= \sum_{i=1}^{n}(x_i - \overline{x})^2 = \sum \left(x_i^2 - 2x_i\overline{x} + \overline{x}^2\right) \\ &= \sum x_i^2 - 2\overline{x}\sum x_i + n\overline{x}^2 \\ &= \sum x_i^2 - n\overline{x}^2 \left(\because \sum x_i = n\overline{x}\right) = \sum x_i^2 - \frac{(\sum x_i)^2}{n} = \sum x_i^2 - \frac{T^2}{n} \\ &= \text{データの2乗和} - \frac{\text{データの和の2乗}}{\text{データ数}} \end{aligned} \tag{2.8}$$

で定義される．

また $\dfrac{(\sum x_i)^2}{n}$ を**修正項** (correction term) といい，CT で表す．このとき，式 (2.9) が成立する．

$$S = \sum x_i^2 - CT \tag{2.9}$$

度数分布表でデータが与えられる場合（表2.17参照）の平方和は，以下で定義される．

$$\begin{aligned} S &= \sum_{i=1}^{k}(x_i - \overline{x})^2 n_i = \sum \left(x_i^2 - 2x_i\overline{x} + \overline{x}^2\right) n_i \\ &= \sum x_i^2 n_i - 2\overline{x}\sum x_i n_i + N\overline{x}^2 \end{aligned} \tag{2.10}$$

$$= \sum x_i^2 n_i - N\overline{x}^2 = \sum x_i^2 n_i - \frac{(\sum x_i n_i)^2}{N} \quad \left(\because \sum x_i n_i = N\overline{x}\right)$$

$$= \sum x_i^2 n_i - \frac{(\sum x_i n_i)^2}{N}$$

表 2.17　度数分布表

No.＼項目	階級値 (x)	度数 (n)	$x_i n_i$	$x_i^2 n_i$
1	x_1	n_1	$x_1 n_1$	$x_1^2 n_1$
2	x_2	n_2	$x_2 n_2$	$x_2^2 n_2$
⋮	⋮	⋮	⋮	⋮
k	x_k	n_k	$x_k n_k$	$x_k^2 n_k$
計		$n. = N$	$\sum x_i n_i$	$\sum x_i^2 n_i$

例題 2-10

以下は学生 6 人の 1 週間のアルバイト代のデータである．このデータについて平方和を求めよ．

25000, 30000, 45000, 21000, 15000, 8000（円）

[解]　**手順 1**　各データの和, 個々のデータの 2 乗和を求めるため補助表（表 2.18）を作成する．

表 2.18　補助表

No.＼項目	x	x^2
1	25000	625000000
	～	
6	8000	64000000
計	① 144000	② 4280000000

手順 2　補助表より平方和は以下のように計算される．

$$S = ② - \frac{①^2}{6} = 4280000000 - \frac{144000^2}{6} = 824000000 \ \square$$

1. 直接計算する

出力ウィンドウ

```
import numpy as np
x=[25000,30000,45000,21000,15000,8000]
# xに25000,30000,45000,21000,15000,8000を代入する.
print(x) # xを表示する.
Out[    ]: [25000, 30000, 45000, 21000, 15000, 8000]
mx=np.mean(x)# 平均の値をmxに代入
print(mx) # mxの値を表示する.
Out[    ]: 24000.0
print(sum((x-mx)**2))
Out[    ]: 824000000.0
```

2. 関数を定義する

出力ウィンドウ

```
import numpy as np
def S(x):
 return  np.sum(x*x)-np.sum(x)*np.sum(x)/len(x)
x=np.array([25000,30000,45000,21000,15000,8000])/1000
S=S(x)*1000000
print('偏差平方和',S)
Out[   ]: 偏差平方和 824000000.0
```

（補 2-1）　データの桁数が大きい場合や小数点以下の小さい値をとる場合などには，データ変換 $\left(u_i = \dfrac{x_i - a}{b}\right)$ をした u について統計量を計算しておいて，後で戻して求めてよい．ただし，$\overline{x} = b\overline{u} + a$, $S_x = b^2 S_u$ なる関係がある．例題2-10では $a = 0, b = 1000$ として計算すれば，$\overline{u} = (25 + \cdots + 8)/6 = 24, S_u = 25^2 + \cdots + 8^2 - (25 + \cdots + 8)^2/6 = 824$ より，$\overline{x} = 1000\overline{u} + 0 = 24000, S_x = 1000^2 S_u = 824000000$ と求まる．◁

演習 2-15　表2.19のアルバイトの業種別時間給のデータに関して，平方和 S を求めよ．

表 2.19　アルバイト時間給

種別	スーパー店員	家庭教師	コンビニ店員	調査員	飲食店店員
時給（円）	650	2000	750	900	850
種別	ファーストフード店員	添削	パチンコ店員		
時給（円）	800	650	950		

②　**（不偏）分散** (unbiased variance)

V で表す．データ $x_1, \ldots, x_n$ に対し，平方和 S をデータ数 $-1(= n - 1 =\phi)$ で割ったものが（不偏）分散 V である．

$$V = \frac{S}{n-1} = \frac{S}{\phi} \tag{2.11}$$

（注 2-4）　ここで $n - 1$ は**自由度** (df:degree of freedom) と呼ばれ，ϕ（ファイ）で表す．S は $x_1 - \overline{x}, \ldots, x_n - \overline{x}$ の n 個のそれぞれの2乗和であるが，それらの和について，$x_1 - \overline{x} + \cdots + x_n - \overline{x} = 0$ が成立し，制約が一つある．つまり，自由度が一つ減り $n - 1$ が自由度になると考えればよい．データが同じ分散 σ^2 の分布から独立にとられるとき，V の期待値について，$E(V) = \sigma^2$ が成立し，V は σ^2 の不偏 (unbiased) な推定量になっている．なお，n で S を割ったものを（標本）分散としている本も多い．◁

データが度数分布表で与えられている場合，（不偏）分散は

$$V = \frac{S}{N-1} = \frac{1}{N-1}\left\{\sum x_i^2 n_i - \frac{(\sum x_i n_i)^2}{N}\right\} \tag{2.12}$$

で定義される．ここで，データ 1, 3, 10, 6, 5, 2 の（不偏）分散を求めてみよう．

1. 関数の定義

出力ウィンドウ

```
import numpy as np
def var(x):
 n=len(x);mx=np.mean(x)
 return sum((x-mx)**2)/(n-1)
x=[1,3,10,6,5,2]# xに1,3,10,6,5,2を代入する.
```

```
print(var(x))
Out[ ]:10.7
```

2. パッケージ scipy の利用

出力ウィンドウ

```
import numpy as np
x=[1,3,10,6,5,2]# xに1,3,10,6,5,2を代入する.
print(np.var(x,ddof=1))# xの不偏分散を求める.
Out[ ]: 10.7
#ddof はdelta degrees of freedom
```

出力ウィンドウ

```
import numpy as np
x=[1,3,10,6,5,2]# xに1,3,10,6,5,2を代入する.
print(np.var(x,ddof=1)) # xの不偏分散を求める.
#delta degrees of freedom
Out[ ]: 10.7
print(np.std(x,ddof=1))# xの標準偏差を求める
Out[ ]: 3.271085446759225
```

③ **標準偏差** (standard deviation)

s で表す．データ $x_1, \ldots, x_n$ に対し，分散 V の平方根を標準偏差 s という．つまり

$$s = \sqrt{V} \tag{2.13}$$

で定義される．

ここで，データ 1, 3, 10, 6, 5, 2 の標準偏差を求めてみよう．

出力ウィンドウ

```
import numpy as np
x=[1,3,10,6,5,2] # xに1,3,10,6,5,2を代入する.
print(np.sqrt(np.var(x,ddof=1)))# xの標準偏差を求める.
Out[ ]: 3.271085446759225
print(np.std(x,ddof=1))
Out[ ]: 3.271085446759225
```

(補 2-2) 度数分布表でデータが与えられる場合で級の数が少ない（12 以下の）とき，級の中心が平均より分布の端へずれるので，度数分布表の V が真の分散より大きくなる傾向がある．それを修正する次のシェパードの式がある．$s' = \sqrt{V - \frac{h^2}{12}}$. ◁

④ **範囲** (range)

データ $x_1, \ldots, x_n$ に対し，最大値 $(= x_{\max})$ から最小値 $(= x_{\min})$ を引いたものを範囲といい，R で表す．つまり

$$R = x_{\max} - x_{\min} = x_{(n)} - x_{(1)} \tag{2.14}$$

で，普通データ数が10以下のような少ないときに利用する．

ここで，データ1, 3, 10, 6, 5, 2の範囲を求めてみよう．なお，以下のrange(x)はxの最大値と最小値の差を求める．

出力ウィンドウ

```
x=[1,3,10,6,5,2] # xに1,3,10,6,5,2を代入する.
R=max(x)-min(x) # 範囲の計算をし，Rに代入する.
print(R)
Out[  ]:9
def range(x):
 return max(x)-min(x)# 範囲の計算をし，返す.
print(range(x))
Out[  ]:9
```

(補2-3)　$X_1, \ldots, X_n$が互いに独立に$N(\mu, \sigma^2)$に従うとき，範囲Rの期待値と分散は$E(R) = d_2\sigma$, $V(R) = d_3^2\sigma^2$である．◁

⑤* **四分位範囲**（しぶんい）(interquartile range)

IQRで表す．

$$IQR = Q_3 - Q_1 \tag{2.15}$$

である．また，$Q = IQR/2$を**四分位偏差**という．ただし，データを昇順に並べたときの小さい方から1/4番目のデータをQ_1，小さい方から3/4番目のデータをQ_3で表す．ちょうど1/4番目，3/4番目のデータがないときは線形（直線）補間を用いる．度数分布表の場合にはQ_1は，小さい方から$n/4$番目のデータの属す級（クラス）を用いて，

$$Q_1 = \text{その級の下側境界値} + \text{級間隔} \times \frac{n/4- \text{その級の1つ前までの累積度数}}{\text{その級の度数}} \tag{2.16}$$

で与えられる．同様にQ_3も計算する．

ここで，データ1, 3, 10, 6, 5, 2の四分位範囲を求めてみよう．

出力ウィンドウ

```
import numpy as np
x=[1,3,10,6,5,2] # xに1,3,10,6,5,2を代入する.
Q1=np.percentile(x,.25)# 下側25%点をQ1に代入する.
# Q1=stats.scoresatpercentile(x,0.25)
print(Q1) # Q1を表示する.
Out[  ]:1.0125
Q3=np.percentile(x,.75) # 下側75%点をQ3に代入し，表示する.
# Q3=stats.scoresatpercentile(x,0.75)
print(Q3)
Out[  ]:1.0375
def IQR(x):
 return np.percentile(x,.75)-np.percentile(x,.25)
#return stats.scoresatpercentile(x,0.75)-stats.scoresatpercentile(x,0.25)
print(IQR(x)) # 四分位範囲を表示する.
Out[  ]: 0.025000000000000133
```

⑥* **平均（絶対）偏差** (mean deviation)

データ $x_1, \ldots, x_n$ に対し，平均との絶対値での偏差の平均を絶対偏差といい，MD で表す．つまり

$$MD = \frac{\sum_{i=1}^{n} |x_i - \overline{x}|}{n} \tag{2.17}$$

ここで，データ 1, 3, 10, 6, 5, 2 の平均偏差を求めてみよう．

出力ウィンドウ

```
import numpy as np
x=[1,3,10,6,5,2] # xに1,3,10,6,5,2を代入する.
mx=np.mean(x) # 平均の値をmxに代入する.
md=sum(abs(x-mx)/len(x)) # 絶対偏差の計算結果をmdに代入.
print(md) # mdの値を表示する
Out[ ]: 2.5
```

⑦* **変動係数** (coefficient of variation)

データ $x_1, \ldots, x_n$ に対し，ばらつき具合を平均値と相対的にみる量で，標準偏差を平均で割ったものを変動係数といい，CV で表す．つまり

$$CV = \frac{s}{\overline{x}} \tag{2.18}$$

であり，相対的な変動としてみる．単位の異なるデータ間でのばらつきを比較したい場合などに利用される．例えば，体重 (kg) と身長 (cm) それぞれについて，クラスでのばらつきの比較を考える際，体重，身長それぞれの CV は $\frac{\text{kg}}{\text{kg}}, \frac{\text{cm}}{\text{cm}}$ という量で単位に関係ない．そこで，ばらつきが比較できる．ここで，データ 1, 3, 10, 6, 5, 2 の変動係数 CV を求めてみよう．

出力ウィンドウ

```
import numpy as np
import pandas as pd
x=[1,3,10,6,5,2] # xに1,3,10,6,5,2を代入する.
mx=np.mean(x)
cv=np.std(x,ddof=1)/mx # 変動係数の計算結果をcvに代入し，表示する.
print(cv)
Out[ ]:0.7269078770576055
print(pd.DataFrame(x).describe()) #要約統計量を表示する.
Out[ ]:          0
count    6.000000
mean     4.500000
   ～
max     10.000000
```

なお，下側 α% 点は $(n-1) \times \alpha/100$ の整数部分を p，小数部分を f とすれば，$(1-f)x_{(p+1)} + fx_{(p+2)}$ で計算される．また，fivenum(x)：5 個の要約統計量とは，データ x に関する最小値，下側ヒンジ，中央値，上側ヒンジ，最大値の 5 個である．なお，下側ヒンジとは中央値より小さいデータの中央値であり，上側ヒンジとは中央値より大きいデータの中央値である．

演習 2-16 以下の小学生の平均テレビ視聴時間数について

1, 2, 4, 1, 3, 2, 5, 2（時間）

① 平均　②メディアン　③モード　④ 分散　⑤ 標準偏差

⑥ 範囲　⑦ * 四分位範囲　⑧ * 平均偏差　⑨ * 変動係数

を求めよ．

以下に，取り上げた統計量で重要なものを再度載せておこう．

公式

平均：$\overline{X} = \dfrac{T}{n} = \dfrac{\text{データの和}}{\text{データ数}}.$

平方和：$S = \sum(X_i - \overline{X})^2 = \sum X_i^2 - \dfrac{T^2}{n} = \sum X_i^2 - \underbrace{CT}_{\text{修正項}}$

$= \text{データの 2 乗和} - \dfrac{\text{データの和の 2 乗}}{\text{データ数}}.$

分散：$V = \dfrac{S}{n-1} = \dfrac{\text{平方和}}{\text{データ数} - 1}.$

(3) データ（分布）のその他の特徴をみる量

①（標本）モーメント (moment)

データ $x_1, \ldots, x_n$ に対し，原点のまわりの k 次のモーメントは

$$a_k = \frac{1}{n}\sum_{i=1}^{n} x_i^k \tag{2.19}$$

で定義され，平均のまわりの k 次のモーメントは

$$m_k = \frac{1}{n}\sum_{i=1}^{n}(x_i - \overline{x})^k \tag{2.20}$$

と定義される．

なお，p 次のモーメントを求める関数は以下のように作成される．

モーメントを求める関数 moment

```
import numpy as np
def moment(x,p): # x:データ,p:モーメントの次数
  n=len(x);s=0;m=np.mean(x)
  for i in np.arange(n):
   s=s+(x[i]-m)**p
  mp=s/n
  print(p,"次のモーメント=",mp)
```

ここで，データ 1, 3, 10, 6, 5, 2 の 3 次のモーメントを求めてみよう．

出力ウィンドウ

```
import numpy as np
x=np.array([1,3,10,6,5,2])# xに1,3,10,6,5,2を代入する.
moment(x,3) # 上の関数を使ってxの3次のモーメントを求める.
Out[ ]:3 次のモーメント= 18.0
```

演習 2-17 以下の式を示せ.

① $m_1 = 0$ ② $m_2 = a_2 - \overline{x}^2$ ③ $m_3 = a_3 - 3a_2\overline{x} + 2\overline{x}^3$

④ $m_4 = a_4 - 4a_3\overline{x} + 6a_2\overline{x}^2 - 3\overline{x}^4$ ⑤ $m_k = \sum_{r=0}^{k} {}_kC_r a_{k-r}(-\overline{x})^r$

② 歪度(わいど)(skewness)

s_k で表す. 歪み(ひずみ)ともいわれ, 分布の非対称度を測るものさしであり, 以下に定義される.

$$s_k = \frac{m_3}{m_2^{3/2}} \tag{2.21}$$

0 であれば, ほぼ対称とみなせる. その正負との関係は図 2.19 のようである.

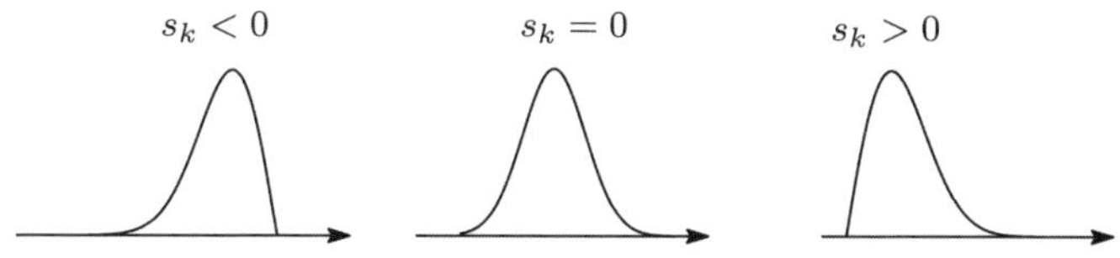

図 2.19 歪みと分布

歪度を求める関数 skew

```
import numpy as np
from statistics import mean
def skew(x): # x:データ
 m3=np.sum((x-mean(x))**3)/len(x)
 s3=(np.sqrt(sum((x-mean(x))**2))/len(x))**3
 print("歪度",m3/s3)
```

出力ウィンドウ

```
from scipy.stats import norm
x=np.random.randn(10000) # 10000個の標準正規乱数を生成し, xに代入する.
skew(x) # 上の関数を使ってxの歪度を求める.
Out[  ]: 歪度 0.020869699263036882
x=norm.rvs(0,1,10000)
skew(x) # 上の関数を使ってxの歪度を求める.
Out[  ]: 歪度0.0015465481097873936
```

③ 尖度(せんど)(kurtosis)

κ (カッパ) で表す. 分布のモードでの尖り具合を表す量であり, 以下で定義される.

$$\kappa = \frac{m_4}{m_2^2} \tag{2.22}$$

なお正規分布の場合, 期待値で計算すれば 3 である (図 2.20 参照).

尖度を求める関数 kurtosis

```
import numpy as np
def kurtosis(x):
 m4=sum((x-np.mean(x))**4)/len(x)
 s4=(sum((x-np.mean(x))**2)/len(x))**2
```

```
print("尖度",m4/s4)
```

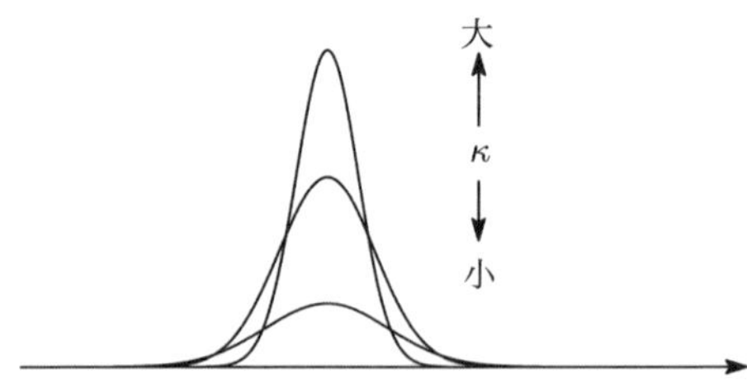

図 **2.20**　尖りと分布

④* **工程能力指数** (process capability index)

C_p, C_{pk} で表す．安定した工程における規格と比較して，工程の良さを表す指標であり，以下で定義される．S_U：上限規格 (upper specification limit)，S_L：下限規格 (lower specification limit) と表記するとする．このとき，規格が目標値に関して対称である場合には

$$C_p = \frac{S_U - S_L}{6s} \tag{2.23}$$

であり，対称でない場合には

$$C_{pk} = \min\left\{\frac{S_U - \overline{x}}{3s}, \frac{\overline{x} - S_L}{3s}\right\} \tag{2.24}$$

で定義される．図 2.21 のようである．

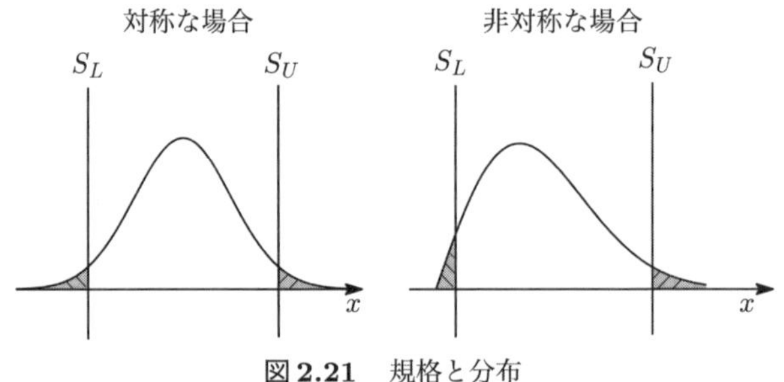

図 **2.21**　規格と分布

また，指数による評価としては

$1.33 < C_p$　工程は十分よい，　$1 < C_p < 1.33$　まあ良い，　$C_p < 1$　不足している

が目安となっている．

工程能力指数を求める関数 CP

```
import numpy as np
def CP(x,u,l) :
 mx=np.mean(x);s=np.std(x); CP=(u-l)/6/s;
 print("工程能力指数CP=",CP)
```

出力ウィンドウ

```
x=np.random.randn(30)# 標準正規乱数30個を生成し，xに代入する.
CP(x,1,-1)
Out[ ]:工程能力指数CP= 0.3009804904807721
# 上の関数を使ってxのCPを求める.
```

工程能力指数を求める関数 CPK

```
import numpy as np
def CPK(x,u,l) :
 mx=np.mean(x);s=np.std(x,ddof=1)
 CPK=min((u-mx)/3/s,(mx-l)/3/s)
 print("工程能力指数CPK",CPK)
```

出力ウィンドウ

```
x=np.random.chisquare(3,50)
# 自由度3のカイ2乗分布に従う乱数50個を生成し，xに代入する.
CPK(x,4,2) # 上の関数を使ってxのCPKを求める.
Out[ ]:工程能力指数CPK 0.1191900076174017
```

⑤* **ジニ係数**

GI で表す．平均差と算術平均 $\overline{x}$ の2倍との比である

$$GI = \frac{1}{2n^2\overline{x}}\sum_{i=1}^{n}\sum_{j=1}^{n}|x_i - x_j| \qquad (x_i > 0) \tag{2.25}$$

をジニ (Gini,C) 係数という．

データ $x_1,\ldots,x_n(>0)$ を大きさの順に並べ替えた $x_{(1)} \leqq \cdots \leqq x_{(n)}$（順序統計量という）を用いれば

$$GI = \frac{1}{n^2\overline{x}}\sum_{i<j}^{n}(x_{(j)} - x_{(i)}) = \frac{1}{\overline{x}}\sum_{i=1}^{n}\left(\frac{2i-n-1}{n^2}\right)x_{(i)} \tag{2.26}$$

$$= \frac{2}{n^2\overline{x}}\left(\sum_{i=1}^{n} ix_{(i)}\right) - \frac{n+1}{2n}$$

とも書ける．$0 \leqq GI < 1$ が成立している．不平等度や集中度の指標として用いられる．ジニ係数は，45度の完全平等線とローレンツ曲線 (Lorenz curve) に囲まれる弓形の面積の2倍である．ローレンツ曲線は横軸を累積相対度数，縦軸を累積データの割合（累積所得の割合）をとって打点したものを折れ線で結んだものである．つまり，全データの和を $T = x_1 + \cdots + x_n$ とし，データの小さい順に i 個足したものを $r_i = x_{(1)} + \cdots + x_{(i)}$ とするとき，点 $(0,0)$, $\left(\frac{1}{n},\frac{r_1}{T}\right),\ldots,\left(\frac{i}{n},\frac{r_i}{T}\right),\ldots,(1,1)$ を直線で結んだグラフである．図2.22を参照されたい．

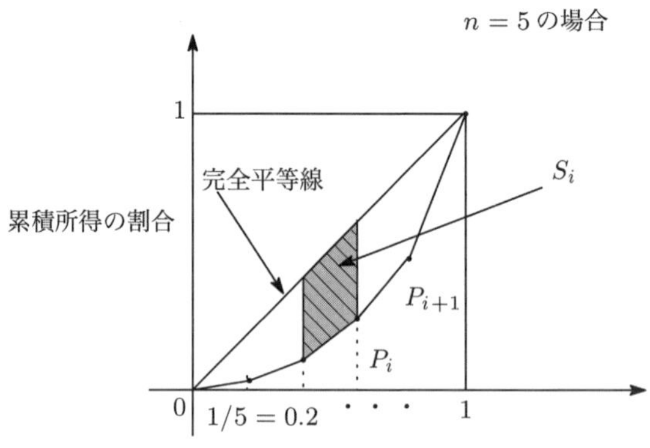

図 2.22　ローレンツ曲線

ジニ係数を求める関数 GI

```
import numpy as np
def GI(x): # x:データ
 n=len(x);s=0
 for i in np.arange(0,n-1):
   for j in np.arange(i+1,n):
    s=s+abs(x[i]-x[j])
 gini=s/n**2/np.mean(x);print("ジニ係数:",gini.round(4))
#（参考）　以下のようにも作成される
def GI(x): # x:データ
 n=len(x)
 zesa=[]#空リストの設定
 for i in np.arange(0,n-1):
   for j in np.arange(i+1,n):
      zesa.append(np.abs(x[i]-x[j]))
 gini=sum(zesa)/n**2/np.mean(x);print("ジニ係数:",gini.round(4))
```

出力ウィンドウ

```
x=30+10*np.random.randn(50)
# 平均 30，標準偏差 10 の正規乱数を 50 個生成し，x に代入
GI(x)  # 上の関数を使って x のジニ係数を求める．（データが全て正の場合）
Out[  ]:ジニ係数: 0.2105
```

演習 2-18　① $\displaystyle\sum_{i<j}(x_{(j)}-x_{(i)})=\sum_{i=1}^{n}(2i-n-1)x_{(i)}$ が成立することを示せ．

② 図 2.21 中の斜線部の面積 $S_i(i=0,\ldots,n-1)$ について

$$S_i=\frac{1}{n^2\overline{x}}\left(\sum_{i=1}^{n}ix_{(i)}\right)-\frac{n+1}{2n}$$

が成立することを示せ．

⑥* （標本）**相関係数**（2 次元での指標）

r で表す．例えば，身長と体重といった二つの変数（量）の関連の度合いを表す量に相関係

数がある．身長が高ければやはり体重も重いのか，数学の成績が良い生徒は英語の成績も良いか，など一つの変数の変動に対し，もう一つの変数の変動はどうかといったことをみる量でもある．ランダムに得られる n 個のデータの組 $(x_1, y_1), \ldots, (x_n, y_n)$ に対して，

$$r = \frac{S(x,y)}{\sqrt{S(x,x)S(y,y)}}. \tag{2.27}$$

ただし，

$$S(x,y) = \sum_{i=1}^{n}(x_i - \overline{x})(y_i - \overline{y}) = \sum x_i y_i - \frac{(\sum x_i)(\sum y_i)}{n} : x \text{ と } y \text{ の偏差積和},$$

$$S(x,x) = \sum_{i=1}^{n}(x_i - \overline{x})^2 = \sum x_i^2 - \frac{(\sum x_i)^2}{n} : x \text{ の偏差平方和},$$

$$S(y,y) = \sum_{i=1}^{n}(y_i - \overline{y})^2 = \sum y_i^2 - \frac{(\sum y_i)^2}{n} : y \text{ の偏差平方和}$$

である．これを（標本）**相関係数**という．シュワルツの不等式から $-1 \leqq r \leqq 1$ である．

ここで，4 個のデータの組 (2,6), (4,12), (6,34), (9,36) の相関係数を求めてみよう．

出力ウィンドウ

```
import numpy as np
x=np.array([2,4,6,9]) # xに2,4,6,9を代入する.
y=np.array([6,12,34,36])# yに6,12,34,36を代入する.
print(np.corrcoef(x,y))# xとyの相関係数を求める.
Out[ ]:[[1.         0.92343011]
 [0.92343011 1.        ]]
print(np.corrcoef(x,y)[0,1])# xとyの相関係数行列の[0,1]成分を求める.
Out[ ]:0.923430111662338
```

第3章　確率と確率分布

3.1　確率と確率変数

3.1.1　事象と確率

サイコロを1回振って出る目といったように，起こる事柄を**事象** (event) という．またサイコロを振ることを**試行** (trial) という．そして，事象をアルファベット大文字で表すことにする．このとき，以下のようにいろいろな事象が定義される．

根元事象：これ以上分解できないただ1つの事象からなる事象のことをいう．

全事象：起こりうる全体の事象をいい，U で表す．

空事象：起こりえない事象をいい，ϕ で表す．

和事象：事象 A または事象 B のいずれかが起こるとき，それを事象 A と B の和事象といい，$A \cup B$ で表す．

積事象：事象 A と事象 B のどちらも起こる事象をいい，$A \cap B$ で表す．

余事象：事象 A が起こらないという事象のことを A の余事象といい，A^c または $\overline{A}$ で表す．

なお，互いに同時に起こることのない事象を互いに**排反**であるという．つまり，事象 A, B について $A \cap B = \phi$ が成立するとき，事象 A, B は互いに排反であるという．そしてその事象の起こる確からしさの程度を，0から1の間の数値で表したものを**確率** (probability) といい，次の性質をみたすもの（U の部分集合上の関数 P）としている．

① 任意の事象 A について，$0 \leqq P(A) \leqq 1$.

② 全事象 U について，$P(U) = 1$.

③ 互いに排反な事象 $A_1, A_2, \ldots, A_n, \ldots,$ に対して，事象 $A_1, A_2, \ldots, A_n, \ldots,$ のいずれかが起こる和事象 $\bigcup_{i=1}^{\infty} A_i$ の起こる確率について，

$$P\left(\bigcup_{i=1}^{\infty} A_i\right) = \sum_{i=1}^{\infty} P(A_i)$$

が成立する．

この性質を**確率の公理**という．これらから以下の性質が導かれる．

性質

(3.1)　$P(A \cup B) = P(A) + P(B) - P(A \cap B)$
　　　$P(A^c) = 1 - P(A)$

(∵)　<u>式 (3.1) の第1式について</u>　事象 $A \cap B^c$, $A \cap B$, $A^c \cap B$ は排反で，$A \cup B = A \cap B^c + A \cap B + A^c \cap B$ だから公理の③から $P(A \cup B) = P(A \cap B^c) + P(A^c \cap B) + P(A \cap B)$ が成立する．同様に $P(A) = P(A \cap B^c) + P(A \cap B)$, $P(B) = P(A^c \cap B) + P(A \cap B)$ だから，$P(A \cap B^c) = P(A) - P(A \cap B)$,

$P(A^c \cap B) = P(B) - P(A \cap B)$ を上の式に代入して，求める右辺が導かれる．
式 (3.1) の第2式について　事象 A と A^c は排反で，$U = A + A^c$ だから公理の②，③から $1 = P(U) = P(A) + P(A^c)$ が成立する．そこで $P(A^c)$ を移項して，求める関係式が導かれる．□

事象 A が起こるもとで事象 B が起こる確率を，A のもとでの B の**条件付確率** (conditional probability) といい，$P(B|A)$ で表す．このとき，A と B が同時に起こる積事象 $A \cap B$ の確率は $P(A \cap B) = P(A)P(B|A) = P(B)P(A|B)$ である．また事象 A が起きても起きなくても事象 B の起こる確率に変わりがないとき，事象 A と B は**独立**であるという．このとき，$P(B|A) = P(B|A^c) = P(B)$ が成立する．また積事象について $P(A \cap B) = P(A)P(B)$ が成立することと同値である．そこで事象 A と B が独立であることを $P(A \cap B) = P(A)P(B)$ が成立することで定義しても同じである．

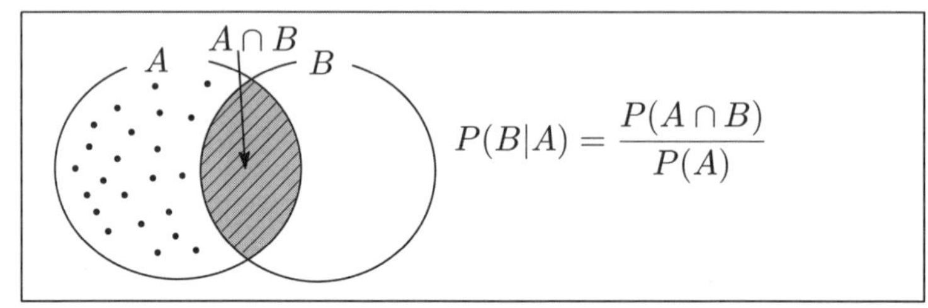

図 3.1　条件付確率とベン図

● **乗法公式**　$P(A_1 \cap \cdots \cap A_{n-1}) > 0$ のとき，

$$P(A_1 \cap A_2 \cap \cdots \cap A_n) = P(A_1)P(A_2|A_1)\cdots P(A_n|A_1 \cap \cdots \cap A_{n-1}).$$

例題 3-1

100円玉を独立に2回投げたとき，2回目が表という条件のもとで1回目が裏である確率を求めよ．

表 3.1

1回目	2回目
表	表
表	裏
裏	表
裏	裏

[解]　1回目に表が出る事象を A，2回目に表が出る事象を B で表すとする．このとき起こりうる事象は，表3.1のように4通りである．そこで求める事象は，B の条件のもとでの A^c であり，求める確率は

$$P(A^c|B) = \frac{P(A^c \cap B)}{P(B)} = \frac{1/4}{1/2} = \frac{1}{2} \qquad \square$$

出力ウィンドウ

```
PB=1/2 # 事象Bの起こる確率をPBに代入する
PA_candB=1/4 # 事象Aの余事象と事象Bが同時に起こる確率を代入する
PA_ccondB=PA_candB/PB # Bが起きた下でのAの余事象が起こる条件付確率の計算
print(PA_ccondB)# 上の結果の表示
out[ ]: 0.5
```

演習 3-1 サイコロを2回投げたときの1回目，2回目の出る目の数をそれぞれ x_1, x_2 と表すとき，$x_1 + x_2 = 6$ の条件のもとで，$x_1 = x_2$ である確率を求めよ．

事象 $E_1, E_2, \ldots, E_k$ が互いに排反，すなわち $E_i \cap E_j = \phi$ for all i, j $(i \neq j)$ であり，$E_1 \cup E_2 \cup \cdots \cup E_k = U$ のとき，任意の事象 A に対して，

$$P(A) = P(E_1)P(A|E_1) + P(E_2)P(A|E_2) + \cdots + P(E_k)P(A|E_k)$$

が成立する．これを**全確率の定理**という（図 3.2 参照）．

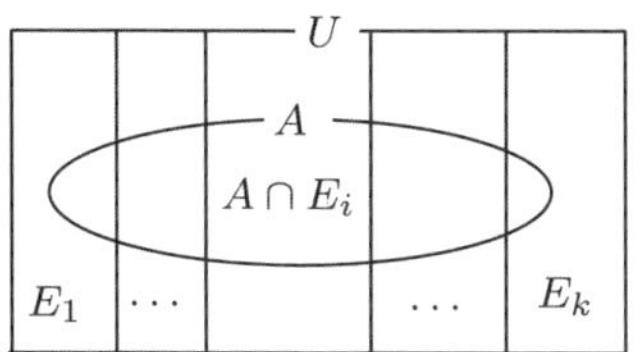

図 3.2 全確率に関する図

任意の事象 A と標本空間 U の分割 $E_1, \ldots, E_k$ について，

$$P(E_1|A) = \frac{P(E_1 \cap A)}{P(A)} = \frac{P(A|E_1)P(E_1)}{P(A)} = \frac{P(A|E_1)P(E_1)}{P(A|E_1)P(E_1) + \cdots + P(A|E_k)P(E_k)} \tag{3.2}$$

が成立する．これを**ベイズの定理**といい，条件確率 $P(E|A)$ を計算するために，すでに既知である確率 $P(A|E), P(E)$ を利用することができることを示している．事象 A が起こったとすると，確率 $P(E_1), \ldots, P(E_k)$ は事象 A が観測される前（事前）に与えられているので，**事前確率** (prior probability) という．また，事象 A が起こった後（事後）での条件付確率である $P(E_1|A), \ldots, P(E_k|A)$ を**事後確率** (posterior probability) という．

例題 3-2

ある病気に罹っているかどうかの検査で陽性反応が出る事象を A とし，実際にその病気を発症する事象を E とする．そして，次のように各確率が与えられとする．

$P(A|E) = 0.56, P(A^c|E) = 0.44,\ P(A|E^c) = 0.04, P(A^c|E^c) = 0.96,$

$P(E) = 0.035, P(E^c) = 0.965$

このとき，検査で陽性反応である確率，陽性反応で実際に病気を発症する確率を求めよ．

[解] $P(A)$ が検査で陽性反応である確率であり，$P(E|A)$ が陽性反応で実際に病気を発症する確率である．そこでベイズの定理から求める．

$P(A) = P(A|E)P(E) + P(A|E^c)P(E^c) = 0.56 \times 0.035 + 0.04 \times 0.965 = 0.0582$

と検査で陽性反応である確率が求まる．また，

$$P(E|A) = \frac{P(E \cap A)}{P(A)} = \frac{P(A|E)P(E)}{P(A)} = \frac{P(A|E)P(E)}{P(A|E)P(E) + P(A|E^c)P(E^c)}$$
$$= \frac{0.035 \times 0.56}{0.56 \times 0.035 + 0.04 \times 0.965} = \frac{0.0196}{0.0582} = 0.337 \quad \square$$

演習 3-2　ある適正検査で適正と判定される事象を T とし，実際に適正があるという事象を E とする．また，$P(E) = 0.6, P(E^c) = 0.4$, $P(T|E) = 0.8, P(T|E^c) = 0.04$ のとき，適正と判定されるもとで適正である事象の確率を求めよ．

3.1.2　確率変数，確率分布と期待値

(1) 1次元の場合

実数の値をとる変数 X の値のとり方が確率に基づいているとき，変数 X を**確率変数** (random variable : r.v.) といい，普通，アルファベット大文字で表す．そして，実際のとる値を**実現値** (realized value) といい，普通，アルファベット小文字で表される．表も裏も $\frac{1}{2}$ の確率で出るコイン投げをして，表が出るとき1をとり，裏が出ると0をとる変数は確率変数で値1, 0のとり方はいずれも確率 $\frac{1}{2}$ である．またサイコロを振ったときに出る目の数のように，とびとびの値をとる確率変数を**離散（計数）型確率変数** (discrete random variable) という．実際のとる値を $x_1, \ldots, x_n$ とし，それぞれのとる確率を $p_{x_1}, \ldots, p_{x_n} (p_{x_i} \geqq 0, \sum_{i=1}^{n} p_{x_i} = 1)$ とするとき，$p_{x_i} (i = 1, \ldots, n)$ を**確率分布** (probability distribution) という．また，塩分の濃度，あるクラスの生徒のそれぞれの身長，体重のように連続な値をとる確率変数を**連続（計量）型の確率変数** (continuous random variable) という．そして，x 以下である確率が

$$P(X \leqq x) = F(x) = \begin{cases} \displaystyle\sum_{x_i \leqq x} P(X = x_i) = \sum_{x_i \leqq x} p_{x_i} & (X \text{ が離散型のとき}) \\ \displaystyle\int_{-\infty}^{x} f(x)dx & (X \text{ が連続型のとき}) \end{cases} \tag{3.3}$$

と書かれるとき，$F(x)$ を**分布関数** (distribution function：d.f.) という．離散型の場合 $P(X = x_i) = p_{x_i}$ を**確率関数** (probability function：p.f.) といい，連続型の場合 $f(x)$ を**（確率）密度関数** (probability density function：p.d.f.) という．分布関数と確率関数（密度関数）をグラフに描くと，図3.3のようになる．

このとき分布関数について

① $F(x)$ は単調非減少な関数

② $\displaystyle\lim_{x \to -\infty} F(x) = 0, \ \lim_{x \to \infty} F(x) = 1$

③ $F(x)$ は右連続な関数 $\left(\displaystyle\lim_{x \to a+0} F(x) = F(a)\right)$

$\left(\displaystyle\lim_{x \to a+0}\right.$ ：は x が a より大きな値をとりながら a に近づくことを意味する．)

また，確率関数（密度関数）について

① $p_{x_i} \geqq 0 \quad (f(x) \geqq 0)$

② $\sum p_{x_i} = 1 \quad \left(\displaystyle\int_{-\infty}^{\infty} f(x)dx = 1\right)$

が成立している．

なお，X がある分布 $F(x)$ に従う確率変数であることを $X \sim F(x)$ のように表す．

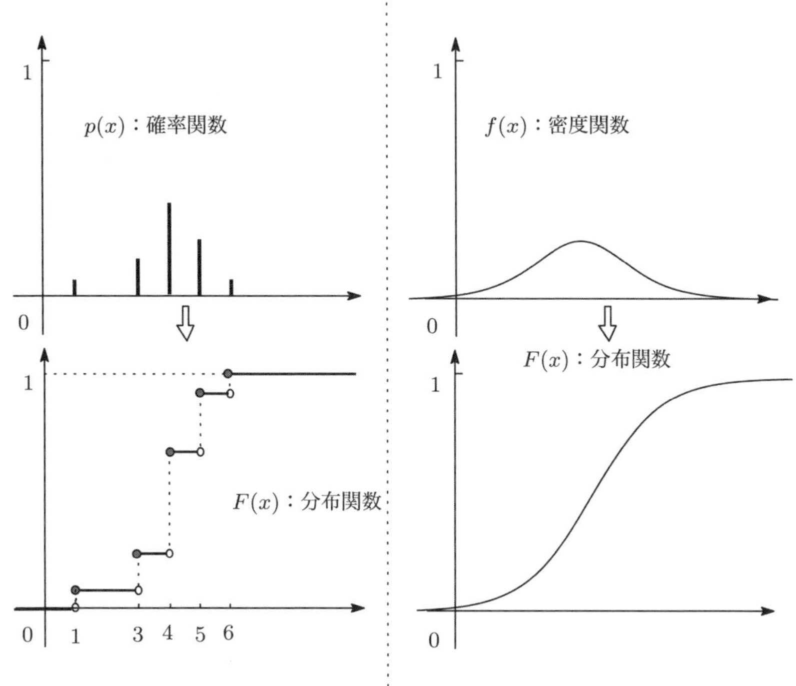

図 3.3 分布関数と確率関数（確率密度関数）

演習 3-3 ① 100 円玉 2 枚を投げたときに表の出る枚数の確率関数と分布関数を求めよ．②サイコロを独立に 2 回振ったときに出る目の数の和の確率関数と分布関数を求めよ．

(補 3-1) ヒストグラムで n 個のサンプルのうち区間幅 h の区間 $\left(x-\dfrac{h}{2}, x+\dfrac{h}{2}\right]$ に入る確率変数の個数を n_i とする．$F_n(x)$ が x 以下のサンプルの個数を n で割った x 以下の割合を表す関数とすると $F_n\left(x+\frac{h}{2}\right)-F_n\left(x-\frac{h}{2}\right)=\dfrac{n_i}{n}$ である．そこで，$f_n(x)=\dfrac{F_n(x+h/2)-F_n(x-h/2)}{h}=\dfrac{n_i}{nh}$ とおけば，$n\to\infty$ $(h\to 0)$ のとき $f_n(x)\to f(x)$ である．◁

次に，確率変数のとる値とその確率の積の総和を**期待値** (expectation) といい，以下のように定義される．

$$(3.4) \qquad E(X)=\begin{cases}\displaystyle\sum_{i=1}^{n} x_i P(X=x_i)=\sum_{i=1}^{n} x_i p_{x_i} & \text{(離散型)}\\ \displaystyle\int_{-\infty}^{\infty} x f(x)dx & \text{(連続型)}\end{cases}$$

x の関数を $h(x)$ とするとき，$h(X)$ の期待値は以下で定義される．

$$(3.5) \qquad E(h(X))=\begin{cases}\displaystyle\sum_{i=1}^{n} h(x_i) P(X=x_i)=\sum_{i=1}^{n} h(x_i) p_{x_i} & \text{(離散型)}\\ \displaystyle\int_{-\infty}^{\infty} h(x) f(x)dx & \text{(連続型)}\end{cases}$$

例題 3-3

サイコロを 1 回振ったときに出る目の数を X とするとき，X の確率関数と分布関数を求め，グラフに表せ．さらに X および X^2 の期待値を求めよ．

[解]　**手順1**　出る目の数とそれぞれの目の出る確率を求めると，以下のようになる（確率関数）．

出る目の数 x	1	2	3	4	5	6
確率 $P(X=x)$	$\frac{1}{6}$	$\frac{1}{6}$	$\frac{1}{6}$	$\frac{1}{6}$	$\frac{1}{6}$	$\frac{1}{6}$

そこで分布関数は以下のような階段関数となる．

出る目の数 x	1	2	3	4	5	6
確率 $P(X \leqq x)$	$\frac{1}{6}$	$\frac{2}{6}$	$\frac{3}{6}$	$\frac{4}{6}$	$\frac{5}{6}$	1

さらにグラフに表すと，図3.4のようになる．

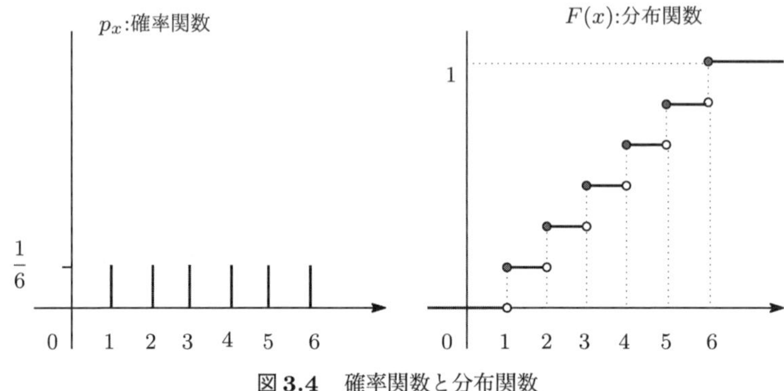

図3.4　確率関数と分布関数

手順2　X および X^2 の期待値をそれぞれ定義に沿って計算すると

$$E(X) = \sum_{i=1}^{6} iP(X=i) = \frac{1+2+3+4+5+6}{6} = 3.5,$$

$$E(X^2) = \sum_{i=1}^{6} i^2 P(X=i) = \sum \frac{i^2}{6} = \frac{91}{6} = 15\frac{1}{6}$$

となる．表3.2のようにして表計算ソフトを用いて計算してもよい．□

表3.2　計算補助表

x	p_x	xp_x	x^2p_x
1	1/6	1/6	1/6
2	1/6	2/6	4/6
3	1/6	3/6	9/6
4	1/6	4/6	16/6
5	1/6	5/6	25/6
6	1/6	6/6	36/6
計	1 $=\sum p_x$	21/6 $=E(X)$	91/6 $=E(X^2)$

Pythonを用いて，確率関数と分布関数を描いてみよう．

出力ウィンドウ

```
#数値計算のライブラリ
import numpy as np
#グラフ描画のライブラリ
import matplotlib.pyplot as plt
plt.figure(figsize=(10,6))#図の大きさを(横,縦)の指定
plt.subplot(1,1,1)
X=np.arange(1,7,1)#X=[1,2,3,4,5,6] または X=np.array([1,2,3,4,5,6])
#確率関数の定義
def p(x):
    if x in X:
        return 1/6
    else:
        return 0
#分布関数の定義
def F(x):
    return np.sum([p(y) for y in X if y <=x ])#x以下の確率の和
xs=np.arange(7)#x=0,・・・,6
for x in xs:
 plt.vlines(x,0,p(x),color='black')#x座標がxでy座標が0からp(x)までの垂線
 plt.hlines(F(x),x,x+1,colors='blue')
 #y座標がF(x)でx座標がxからx+1までの水平線
plt.title('サイコロの確率関数と分布関数')#グラフのタイトルを・・・とする
plt.xlabel('x目の数')#x軸のラベルをx目の数とする
plt.ylabel('y確率')#y軸のラベルをy確率とする
plt.legend()
plt.show()#図3.5
```

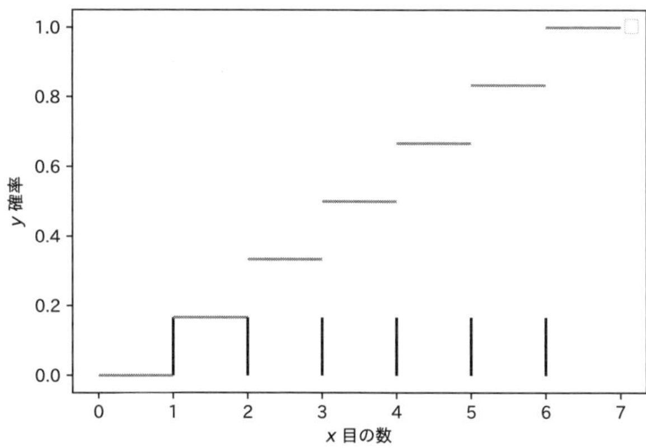

図 3.5 サイコロの確率関数と分布関数のグラフ

出力ウィンドウ

```
import numpy as np
import matplotlib.pyplot as plt
x=np.arange(1,7,1) # xに1から6まで1刻みの値を代入する.
y=np.array([1/6,1/6,1/6,1/6,1/6,1/6]) # yに確率の値を代入する.
ex=sum(x*y) # とる値と確率の積の和でxの期待値を計算し，表示する.
print('EX=',ex)
Out[  ]:EX= 3.5
ex2=sum(x**2*y) # xの2乗の期待値を計算し，表示する.
print('EX**2=',ex2)
Out[  ]:EX**2= 15.166666666666666
#確率関数と分布関数の描画
xs=np.arange(1,7,1)#X=[1,2,3,4,5,6] または X=np.array([1,2,3,4,5,6])
#確率関数の定義
def p(x):
    if x in xs:
        return 1/6
    else:
        return 0
#分布関数の定義
def F(x):
    return np.sum([p(y) for y in xs if y <=x ])#x以下の確率の和
plt.figure(figsize=(10,6))#グラフ画面のサイズを10×6とする
plt.subplot(1,1,1)#1行1列で1番目のグラフ画面に
for x in xs:
 plt.vlines(x,0,p(x),color='black')
 plt.hlines(F(x),x,x+1,color='black')
plt.xlabel('とる値x')#x軸のラベルを'とる値x'とする
plt.ylabel('確率')#y軸のラベルを'確率'とする
plt.legend()
plt.grid(color='black')
plt.show()
```

演習 3-4　サイコロを1回振って出た目の数に関して，偶数の目のときは100円もらい，奇数のときは50円あげるとする．このときのもらえる金額の期待値を求めよ．

演習 3-5　コインを投げて表のとき0，裏のとき1をとる変数 X の期待値を求めよ．

性質

(3.6)　$E(aX+b)=aE(X)+b$

$(\because)$　離散型の場合

$$\text{左辺}=E(aX+b)=\sum(ax_i+b)P(X=x_i)=a\underbrace{\sum x_iP(X=x_i)}_{=E(X)}+b\underbrace{\sum P(X=x_i)}_{=1}$$

$$=aE(X)+b=\text{右辺}$$

連続型の場合

$$\text{左辺}=E(aX+b)=\int(ax+b)f(x)dx=a\underbrace{\int xf(x)dx}_{=E(X)}+b\underbrace{\int f(x)dx}_{=1}$$

$$=aE(X)+b=\text{右辺}\quad\square$$

また，特に $h(x)=(x-\mu)^2(\mu=E(X))$ のときである $(X-E(X))^2$ の期待値を X の**分散** (variance) といい，$V(X)$ または $Var(X)$ で表す．つまり

$$
V(X)=E\Big((X-E(X))^2\Big)=\begin{cases}\displaystyle\sum_{i=1}^{n}(x_i-E(X))^2P(X=x_i) & (\text{離散型})\\ \displaystyle\int_{-\infty}^{\infty}(x-E(X))^2f(x)dx & (\text{連続型})\end{cases} \tag{3.7}
$$

と定義される．

性質

(3.8) $V(X)=E(X^2)-\{E(X)\}^2$

(3.9) $V(aX+b)=a^2V(X)$

$(\because)$ 左辺 $=V(X)=E(X-E(X))^2=E(X^2)-2E(XE(X))+\{E(X)\}^2=$ 右辺．□

演習 3-6 例題3-3でのサイコロの出る目の数 X の分散を求めよ．

演習 3-7 上の性質の式 (3.9) を示せ．

演習 3-8 密度関数 $f(x)$ が以下で与えられる確率変数 X について，以下の設問に答えよ．

$$
f(x)=\begin{cases}1-|x| & |x|\leqq 1\\ 0 & |x|>1\end{cases}
$$

① X の分布関数を求めよ．

② X の期待値 $E(X)$ と分散 $V(X)$ を求めよ．

(補 3-2) X の原点のまわりの k 次のモーメント (moment) は

$$
\alpha_k=E(X^k)=\int x^kf(x)dx\Big(=\sum_i x_i^kp(x_i)\Big)
$$

である．X の平均 μ のまわりの k 次のモーメントは

$$
\mu_k=E(X-\mu)^k=\int(x-\mu)^kf(x)dx\Big(=\sum_i(x_i-\mu)^kp(x_i)\Big)
$$

である．$\varphi(\theta)=E[e^{\theta X}]$ を X の**積率母関数** (moment generating function) といい，分布と 1 対 1 に対応している．つまり積率母関数が決まれば分布が決まり，その逆もいえる．◁

(2) 2次元もしくはそれ以上（多次元）の場合

まず2次元の場合を考えてみよう．

● 離散型の場合　2変数の組 (X,Y) について**同時確率関数**が $P(X=x_i,Y=y_j)=p(x_i,y_j)$ で与えられるとき，分布関数 $F(x,y)$ は

$$
F(x,y)=P(X\leqq x,Y\leqq y)=\sum_{u\leqq x,v\leqq y}p(u,v) \tag{3.10}
$$

となる．Y の値は何でもよく，X の値が x である確率 $p_{x\cdot}=P(X=x)$ を X の**周辺分布**という．同様に，$p_{\cdot y}=P(Y=y)$ を Y の**周辺分布**という（図3.6）．

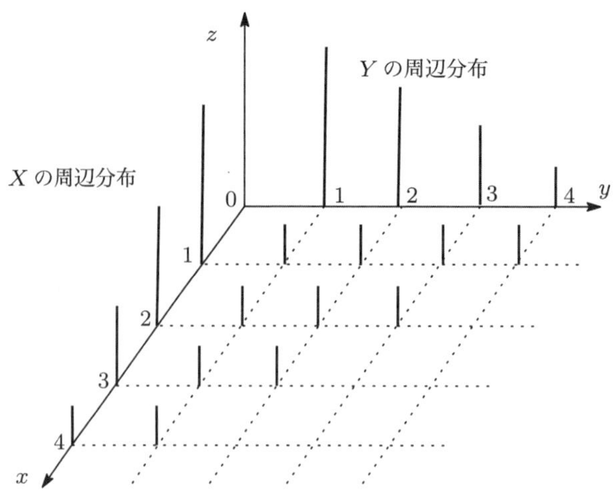

図 3.6　X と Y の周辺分布

$$(3.11) \qquad p_{x\cdot} = P(X = x) = \sum_{y=-\infty}^{+\infty} p_{xy},$$

$$(3.12) \qquad p_{\cdot y} = P(Y = y) = \sum_{x=-\infty}^{+\infty} p_{xy}.$$

さらに，X と Y が**独立**とは，すべての (x, y) の組について

$$(3.13) \qquad p_{xy} = p_{x\cdot} \times p_{\cdot y}$$

が成立する場合をいう．つまり，同時分布が周辺分布の積で表される場合で，X の値の出方が Y の値の影響を受けない場合である．また，Y の値の出方が X の値の影響を受けない場合である．

例題 3-4

$1 \leqq X \leqq 4$, $1 \leqq Y \leqq 4$ である確率変数 X, Y の同時確率分布 p_{xy} が表 3.3 のように与えられる場合，空欄を埋めよ．

表 3.3　X と Y の同時分布

X \ Y	1	2	3	4	$p_{x\cdot}$
1	0.1	0.1	□	0.1	0.4
2	0.1	0.1	0.1	0	0.3
3	0.1	0.1	0	0	□
4	0.1	0	0	0	0.1
$p_{\cdot y}$	0.4	□	0.2	0.1	□

[解]　1行の空欄は行和が0.4より，0.1である．3行の空欄は行和である0.2である．最下行の3列目の空欄は列和である0.3である．最下行の右端列の空欄は，確率の総和である1である．□

• X と Y がともに連続的な確率変数の場合　X と Y の同時分布の密度関数を $f(x, y)$ とする

と，X が $a < X \leqq b$ かつ Y が $c < Y \leqq d$ となる確率は

$$P(a < X \leqq b, c < Y \leqq d) = \int_c^d \left\{ \int_a^b f(x, y) dx \right\} dy \tag{3.14}$$

となる．また X, Y の取り得る値全域で確率が 1 となるから

$$\int_{-\infty}^{+\infty} \left\{ \int_{-\infty}^{+\infty} f(x, y) dx \right\} dy = 1. \tag{3.15}$$

特に 2 次元正規分布 $N(\mu_x, \mu_y, \sigma_x^2, \sigma_y^2, \rho)$ の同時確率密度関数は，以下の式 (3.16) で与えられる．

$$f(x, y) = \frac{1}{\sqrt{(2\pi)^2 \sigma_x^2 \sigma_y^2 (1 - \rho^2)}} \exp \left[-\frac{1}{2(1 - \rho^2)} \left\{ \left(\frac{x - \mu_x}{\sigma_x} \right)^2 - 2\rho \left(\frac{x - \mu_x}{\sigma_x} \right) \left(\frac{y - \mu_y}{\sigma_y} \right) + \left(\frac{y - \mu_y}{\sigma_y} \right)^2 \right\} \right]. \tag{3.16}$$

また，同時確率密度関数 $f(x, y)$ を Y の全域で積分すると，X だけの確率密度関数 $f_x(x)$ が得られる．これを X の**周辺密度関数** (marginal density function) という．同様に Y の**周辺密度関数** $f_y(y)$ も定義される．

$$f_x(x) = \int_{-\infty}^{+\infty} f(x, y) dy, \tag{3.17}$$

$$f_y(y) = \int_{-\infty}^{+\infty} f(x, y) dx. \tag{3.18}$$

さらに X と Y が**独立**とは任意の (x, y) に対し，

$$f(x, y) = f_x(x) \times f_y(y) \tag{3.19}$$

が成立する場合をいう．

分布関数 $F(x, y)$ は，

$$F(x, y) = P(X \leqq x, Y \leqq y) = \int_{-\infty}^{x} \int_{-\infty}^{y} f(u, v) du dv \tag{3.20}$$

となる．

そして，二つの確率変数 X,Y の分散に関して以下が成立する．

性質

$$V(X + Y) = V(X) + V(Y) + 2C(X, Y) \tag{3.21}$$

$(\because)$ 左辺 $= V(X + Y) = E(X + Y - E(X + Y))^2$
$= E(X - E(X))^2 + 2E(X - E(X))(Y - E(Y)) + E(Y - E(Y))^2$
$= V(X) + 2C(X, Y) + V(Y) =$ 右辺 となり，示される．□

なお，

$$C(X, Y) = E(X - E(X))(Y - E(Y)) \tag{3.22}$$

$$= E(XY) - E(X)E(Y)$$

で, これは X と Y の**共分散** (covariance) といわれ, $Cov(X, Y)$ で表わす．X と Y が独立なときには0である．

(∵)　$E(XY) = \iint xyf(x, y)dxdy = \int xf_x(x)dx \times \int yf_y(y)dy = E(X) \times E(Y)$ から $C(X, Y) = 0$ がいえる．□

演習 3-9　二つの確率変数 X と Y の同時分布が以下（表 3.4）のように与えられている．

表 3.4　X と Y の同時分布

X \ Y	1	2	$p_{x\cdot}$
0	0.3	□	0.4
1	0.1	0.5	□
$p_{\cdot y}$	□	0.6	1

① 表の空欄を埋めよ．
② X と Y の周辺分布を求めよ．また，X と Y は独立か．
③ X の周辺分布の平均と分散を求めよ．
④ X と Y の共分散，相関係数を求めよ．
⑤ $Y = 1$ が与えられたもとでの，X の条件付分布および平均，分散を求めよ．
⑥ $Z = X + Y$ とするとき，Z の確率分布およびその平均と分散を求めよ．

また n 個の確率変数 $X_1, \ldots, X_n$ についても，次のように平均と分散についての関係が成立する．

性質

(3.23)　$E(a_1X_1 + \cdots + a_nX_n) = a_1E(X_1) + \cdots + a_nE(X_n)$.

(3.24)　$V(a_1X_1 + \cdots + a_nX_n)$

$$= a_1^2V(X_1) + \cdots + a_n^2V(X_n) + 2a_1a_2C(X_1, X_2) + \cdots + 2a_{n-1}a_nC(X_{n-1}, X_n).$$

演習 3-10　式 (3.23), (3.24) が成立することを示せ．

(3) 条件付分布

X と Y の同時分布を考え，$Y = y$ が与えられたときの X の分布を**条件付分布**といい，その確率関数（密度関数）を

(3.25)　$p(x|y) = P(X = x|Y = y)(f(x|y))$

で表す．二つの確率変数 X, Y に関して，図 3.7 のように同時密度関数を条件 $Y = y$ のうえで確率分布を考えることになる．

演習 3-11　サイコロを2回独立に振ったときの1回目，2回目の出る目の数を X, Y とするとき，以下の設問に答えよ．
① Y が偶数という条件のもとで X の確率分布を求めよ．
② Y が偶数という条件のもとで X が奇数である確率を求めよ．
③ 目の和 $(X + Y)$ が8であるという条件のもとで X, Y とも偶数である確率を求めよ．

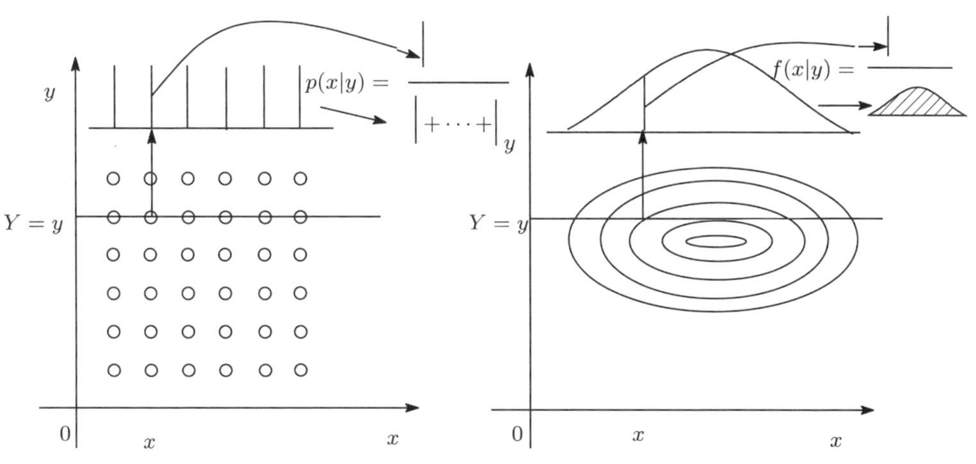

図 3.7 条件付の確率分布

3.2 主要な分布

データは連続的な値をとる連続型分布と，とびとびの値をとる離散型確率変数に対応した確率分布の離散型分布に大別される．以下にいろいろな分布の密度関数を挙げながら特徴を調べよう．

3.2.1 連続型分布

(1) 正規分布 (normal distribution)

密度関数 $f(x)$ が式 (3.26) で与えられる分布を平均 μ，分散 σ^2 の正規分布といい，$N(\mu,\sigma^2)$ と表す．特に $\mu=0,\sigma^2=1$ のとき $N(0,1^2)$ であり，これを**標準正規分布**という．発見者に因（ちな）んで**ガウス分布** (Gauss distribution) ともいわれる．

$$f(x)=\frac{1}{\sqrt{2\pi\sigma^2}}\exp\left[-\frac{(x-\mu)^2}{2\sigma^2}\right]\quad(-\infty<x<\infty) \tag{3.26}$$

ただし，$\pi=3.14159\cdots, \exp(x)=e^x$ で $e=2.7182818\cdots$ である．

グラフを描くと図 3.8 のようになる．そして，密度関数の性質 $f(x)\geqq 0$ と $\displaystyle\int_{-\infty}^{\infty}f(x)dx=1$ を満足している．

(補 3-3) ここで，$\int_{-\infty}^{\infty}f(x)dx=1$ であることは $t=\dfrac{x-\mu}{\sigma}$ なる変数変換をして

$$\int_{-\infty}^{\infty}\frac{1}{\sqrt{2\pi}}e^{-t^2/2}dt=1$$

を示せばよい．これは広義積分で微積分のテキストに載っているので参照されたい．

$\int_{-\infty}^{\infty}e^{-t^2/2}dt=\sqrt{2\pi}$ と覚えておくと便利である．◁

図 3.9 の左上は，平均が変化したときのグラフ，右上は，分散（標準偏差）が変化したときのグラフ，下中央は，平均と分散が変化したときのグラフを描いたものである．

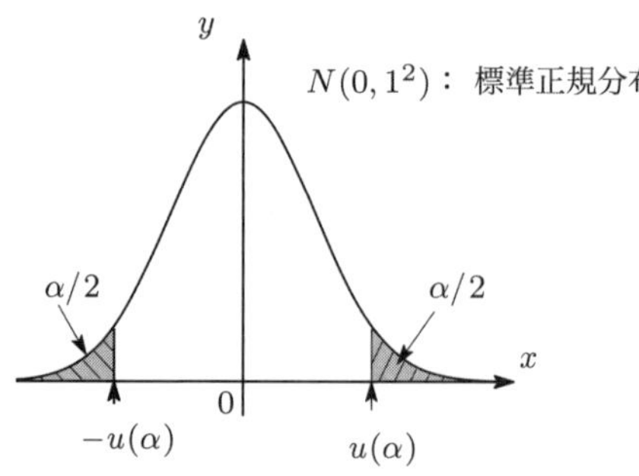

図 3.8　正規分布 $N(\mu, \sigma^2)$ の密度関数

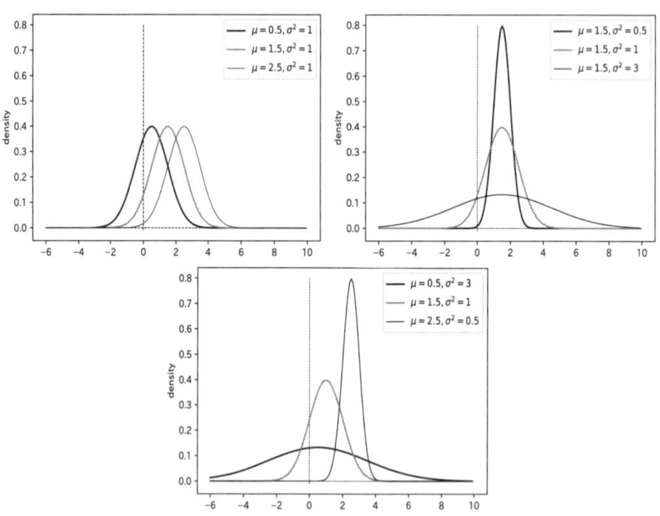

図 3.9　μ, σ^2 の変化と正規分布の密度関数のグラフ

そして以下のような性質がある．

① 平均 μ に関して対称である．

② $x = \mu \pm \sigma$ で変曲点をとる（曲線が下（上）に凸から上（下）に凸となる点）．

③ x 軸が漸近線である $\left(\lim_{x \to \pm\infty} f(x) = 0\right)$．

また平均と分散は以下のようである．

性質

$X \sim N(\mu, \sigma^2)$ のとき，$E(X) = \mu$，$V(X) = \sigma^2$

Python で，密度関数，分布関数のグラフを描く場合，1．関数を定義してそれを利用する場合，2．パッケージ scipy にある stats.norm.pdf(x), stats.norm.cdf(x) のような関数を利用する場合，3．確率変数を定義し，その密度関数，分布関数を利用する場合などがある．更に，4．いくつかの母数を変化させた場合の密度関数を描いてみよう．

1. 正規分布の密度関数の定義

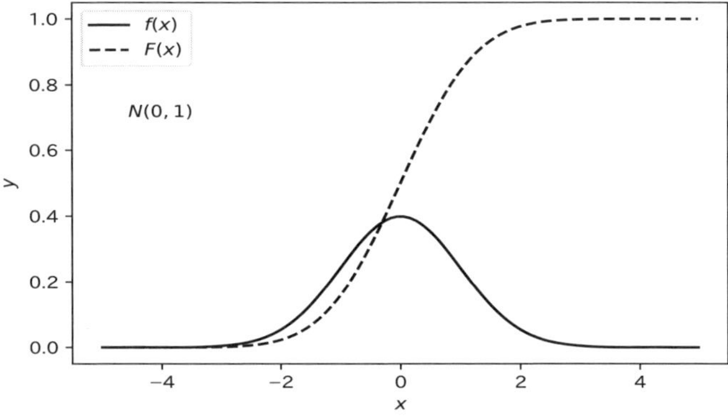

図 **3.10**　正規分布の密度関数と分布関数のグラフ

出力ウィンドウ

```
# 正規分布の密度関数のグラフ
import numpy as np
import matplotlib.pyplot as plt
from scipy import integrate
#import scipy.stats as st
#import math
#X=[-np.inf,np.inf]
#確率密度関数の定義
def dnorm(x):
       return 1/np.sqrt(2*np.pi*s**2)*np.exp(-(x-m)**2/(2*s**2))
#分布関数の定義
def pnorm(x):
        return integrate.quad(dnorm, -np.inf, x)[0]
m=0;s=1
plt.figure(figsize=(10,6)) #図のサイズ
plt.subplot(1,1,1)
xs=np.linspace(-5,5,100)
plt.plot(xs, [dnorm(x) for x in xs],label='f(x)', color='gray')
plt.plot(xs, [pnorm(x) for x in xs],label='F(x)', ls='--', color='gray')
plt.title(' 正規分布の確率密度関数と分布関数')
plt.xlabel('x')
plt.ylabel('y')
plt.text(-4,0.8,'N(0,1)',ha='center')
plt.legend()
plt.show()#図3.10
```

2. パッケージ scipy の利用

出力ウィンドウ

```
import numpy as np
import matplotlib.pyplot as plt
from scipy import stats
import scipy.stats as st
import math
```

```
plt.figure(figsize=(10,6)) #図のサイズ
plt.subplot(1,1,1)
x=np.linspace(-3,3,100)
plt.plot(x,stats.norm.pdf(x,0,2),label='f',color='gray') #m=0,s=4
plt.plot(x,stats.norm.cdf(x,0,2),label='F',ls='--',color='gray')
plt.title('正規分布の確率密度関数と分布関数')
plt.xlabel('x')
plt.ylabel('y')
plt.legend()
plt.show()
print(st.norm.cdf(3,loc=2,scale=2))#平均2，標準偏差2の正規分布の3以下の確率
Out[ ]:0.6914624614740131
print(st.norm.ppf([0.025,0.975]))#標準正規分布の0.025から0.975の確率
#ppfはpercent point functionの略．stats.norm.ppf(p)：標準正規分布の下側確率
#がpであるx座標
Out[ ]:[-1.95996398,1.95996398]
```

3. 確率変数 rv を定義して利用

出力ウィンドウ

```
import numpy as np
import matplotlib.pyplot as plt
from scipy import stats
from scipy.optimize import minimize_scalar
linestyles=['-','--',':']#実線，破線，点線（線種の定義）
m=0;s=1
plt.figure(figsize=(10,6))
plt.subplot(1,1,1)
xs=np.linspace(-5,5,100)
rv=stats.norm(m,s)
plt.plot(xs,rv.pdf(xs),label=f'N{m},{s**2})',color='gray')
plt.plot(xs,rv.cdf(xs),label=f'N{m},{s**2})',ls='--',color='gray')
plt.title('正規分布の確率密度関数と分布関数')
plt.xlabel('x')
plt.ylabel('y')
plt.legend()
plt.show()
print(rv.isf(0.975))#上側97.5%点
Out[  ]:-1.959963984540054
print(rv.isf(0.025))#上側2.5%点
Out[  ]:1.9599639845400545
print(rv.interval(0.95))#f95%信頼区間
Out[  ]:(-1.959963984540054, 1.959963984540054)
```

4. いろいろな正規分布 $(N(\mu,\sigma^2),(\mu,\sigma^2)=(0,1),(0,2),(1,1))$

出力ウィンドウ

```
import numpy as np
import matplotlib.pyplot as plt
from scipy import stats
linestyles=['-','--',':']#実線, 破線, 点線（線種の定義）
xs=np.linspace(-5,5,100)
params=[(0,1),(0,2),(1,1)]#母数（平均, 標準偏差）の組
for para, ls in zip(params,linestyles):
 m,s=para
 rv=stats.norm(m,s)
 plt.plot(xs,rv.pdf(xs),label=f'N{m},{s**2})',ls=ls,color='gray')
 plt.legend()
 plt.show()
```

特に標準（規準）化 $\left(U=\dfrac{X-\mu}{\sigma}\right)$ したときの密度関数は $\overset{ファイ}{\phi}(u)$ で表し，

$$\phi(u)=\frac{1}{\sqrt{2\pi}}\exp\left[-\frac{u^2}{2}\right]=\frac{1}{\sqrt{2\pi}}e^{-\frac{u^2}{2}} \tag{3.27}$$

である．そこで，$U\sim N(0,1^2)$ である．また標準正規分布の分布関数は $\overset{ファイ}{\Phi}(x)$ と表す．つまり，$U\sim N(0,1^2)$ のとき，

$$P(U\leqq x)=\int_{-\infty}^{x}\phi(x)dx=\Phi(x),\quad\left(\frac{d\Phi(x)}{dx}=\phi(x)\right) \tag{3.28}$$

である．

例題 3-5（偏差値）

各個人の数学の成績は平均 60 点，分散 10^2 点の正規分布 $N(60,10^2)$ に従っているとする．このとき数学の成績が 70 点の人の偏差値を求めよ．また偏差値はどのような分布に従っているか．ただし，偏差値は次式で定義される．

$$偏差値=10\times\frac{個人の得点-平均点}{標準偏差}+50.$$

[解] 各個人の数学の成績を X で表し，$X\sim N(\mu,\sigma^2)$ とする．このとき偏差値 T は，

$$T=10\times\frac{X-\mu}{\sigma}+50$$

と表される．$U=\dfrac{X-\mu}{\sigma}$ とおけば，$U\sim N(0,1^2)$ である．そこで，$T\sim N(50,10^2)$ とわかる．次に実際の得点 $X=70$ を代入して偏差値は，$T=10\times\frac{70-60}{10}+50=60$ と求まる．□

出力ウィンドウ

```
T=10*(70-60)/10+50
print(T)
Out[ ]: 60.0
```

そして，次の重要な性質がある．

性質

$X_1, \ldots, X_n$ が互いに独立に $N(\mu, \sigma^2)$ に従うとき，

$$\overline{X} \sim N\Big(\mu, \frac{\sigma^2}{n}\Big).$$

(補 3-4)

データ数が増えてくるときの（算術）平均の行き先（収束）に関して以下の性質がある．

- **大数（たいすう）の法則**

$X_1, \ldots, X_n$ が互いに独立で平均がいずれも μ，分散が $\sigma^2 (< \infty)$ であるとき，データ数が増えてくると算術平均 $\overline{X}$ は確率的に平均 μ に近づく．式で書けば次のようである．

任意の正数 ε に対し，$P(|\overline{X} - \mu| > \varepsilon) \to 0 (n \to \infty)$

具体的に，データ数を増やしながら一様乱数の平均を求めグラフに表示してみよう．

出力ウィンドウ

```
#大数の法則
import numpy as np
from scipy import stats
import matplotlib.pyplot as plt
linestyles=['-','--',':','-.']#実線，破線，点線，一点鎖線
rv=stats.uniform(0,1)
n=int(1e5)#nに10の5乗を代入する
sample=rv.rvs((n,4))
space=np.linspace(100,n,50).astype(int)
plot_list=np.array([np.mean(sample[:sp],axis=0)
 for sp in space]).T
#def taisu(n,r,m,s,cl):
#n:サンプル数,r:繰返し数,m：母平均、s：母分散,cl信頼係数
plt.figure(figsize=(10,6))
plt.subplot(1,1,1)
for pl,ls in zip(plot_list,linestyles):
   plt.plot(space,pl,ls=ls,color='gray')
#plt.hlines(p,-1,n,'k')
plt.xlabel('サンプルサイズ')
plt.ylabel('標本平均')
plt.show()#図3.11
```

これを証明するとき利用される，確率の集中度を大雑把に評価する**チェビシェフ**(Chebyshef) **の不等式**がある．それは以下で与えられる．

- **チェビシェフの不等式**　確率変数 X の平均を μ，分散を σ^2 とするとき，

正の数 k に対し，$P(|X - \mu| \geqq k\sigma) \leqq \dfrac{1}{k^2}$

が成立する．

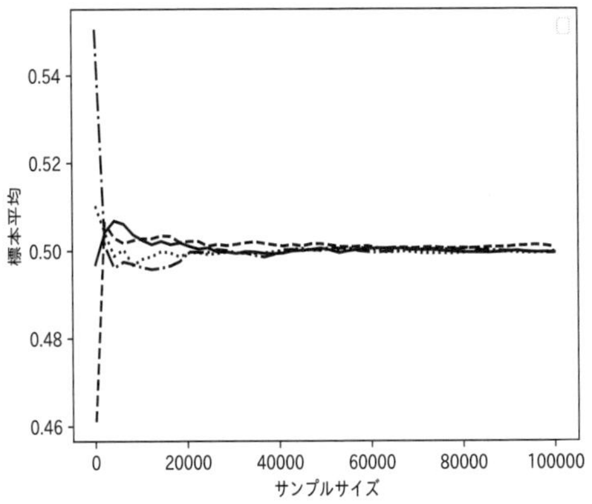

図 3.11 大数の法則の確認

(∵) 連続型のデータのとき，$\sigma^2 = \int_{-\infty}^{\infty}(x-\mu)^2 f(x)dx \geqq \int_{|x-\mu| \geqq k\sigma}(x-\mu)^2 f(x)dx \geqq k^2\sigma^2 \int_{|x-\mu| \geqq k\sigma} f(x)dx = k^2\sigma^2 P(|X-\mu| \geqq k\sigma)$ から示される．X が離散型データの場合も同様に示される．各自やってみよう．□

- **中心極限定理**

$X_1, \ldots, X_n$ が互いに独立で平均がいずれも $E(X_i) = \mu$ で，分散が $V(X_i) = \sigma^2$ の分布に従うとき，データ数が増えてくると算術平均 $\overline{X}$ の分布は平均 μ，分散 $\dfrac{\sigma^2}{n}$ の正規分布で近似される．式で書けば以下のようになる．◁

$$\frac{\overline{X} - E(\overline{X})}{\sqrt{V(\overline{X})}} = \frac{\sqrt{n}(\overline{X} - \mu)}{\sigma} \longrightarrow N(0, 1^2) \qquad (n \to \infty)$$

具体的に，データ数 n を 3 から 3 刻みで 12 までとしたときの一様乱数のデータの平均のヒストグラムを作成してみよう．

出力ウィンドウ

```
#中心極限定理
import numpy as np
from scipy import stats
import matplotlib.pyplot as plt
fig,axes=plt.subplots(nrows=2,ncols=2,figsize=(12,8.5),sharex=True,\
sharey=True) #サイズ12×8.5を2×2に分割
for n in [3,6,9,12]: #n=np.arrange(3,12,3)
 i=int(n/3)
 mx=[]#空リストの設定
 for r in range(1000):
     np.random.seed()
     x=stats.uniform(0,1).rvs(n)
 #一様乱数をn個生成しxに代入する
     m=np.mean(x)
     mx.append(m)
```

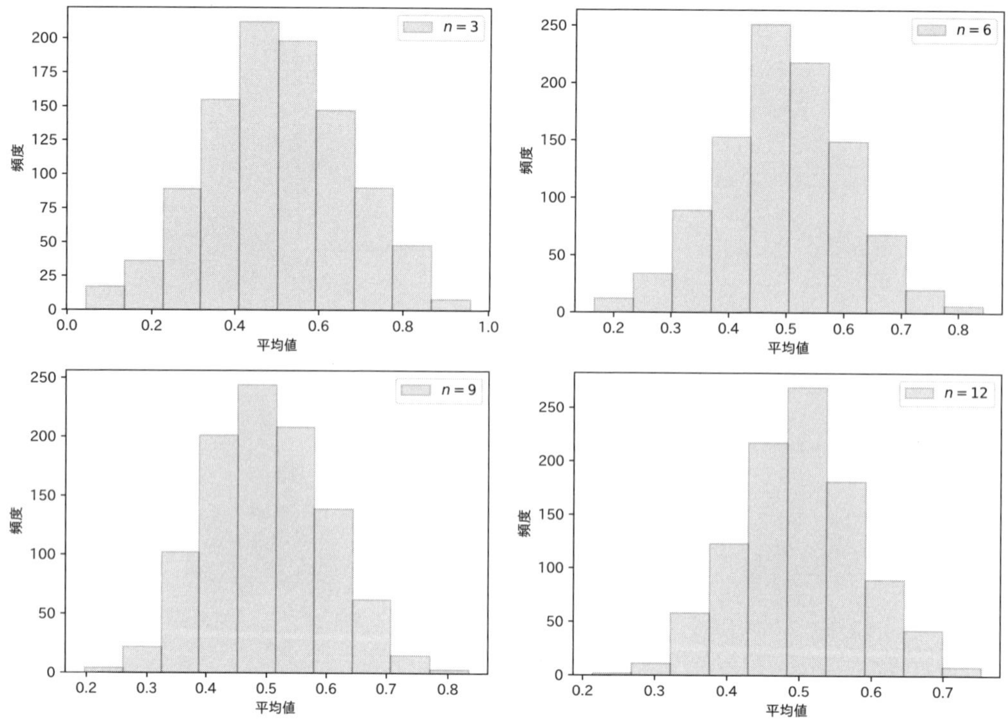

図 3.12　中心極限定理の確認

```
    plt.subplot(2,2,i)
    plt.xlabel('平均値')
    plt.ylabel('頻度')
    plt.hist(mx,bins=10,color='gray',ec='black',alpha=0.3,label=f'n={n}')
    plt.legend()
plt.show()#図3.12
```

正規分布に従う（確率）変数に関する確率を求めるときには，標準化することで標準正規分布に従うので，基本となる標準正規分布に関する面積などの数値表があればよい．そして，$u \sim N(0,1^2)$ のとき，$P\big(|u| \geqq u(\alpha)\big) = \alpha$ を満足する $u(\alpha)$ を標準正規分布の**両側** $100\alpha\%$ **点**または**両側** α **分位点** (α-th quantile) という．片側では $\dfrac{\alpha}{2}$ **分位点**または $100\dfrac{\alpha}{2}\%$ **点** という．

正規分布数値表の見方

① x **座標**から**面積**（確率：α）を与える表の見方　$\left(u(\alpha) \Longrightarrow \dfrac{\alpha}{2}\right)$

数値表では図 3.13 のように小数第 1 位までが縦（行）方向の値で，小数第 2 位が横（列）方向の値で，その交差する位置に求める上側確率の値がのっている．例えば $u(\alpha) = 1.96$ だと縦方向に 1.9 のところまで下りて，横方向に 0.06 いったところで交差する位置の値の 0.025 が上側確率である．

$$u(\alpha)：x\text{座標} \Longrightarrow \frac{\alpha}{2}：\text{面積（確率）}$$

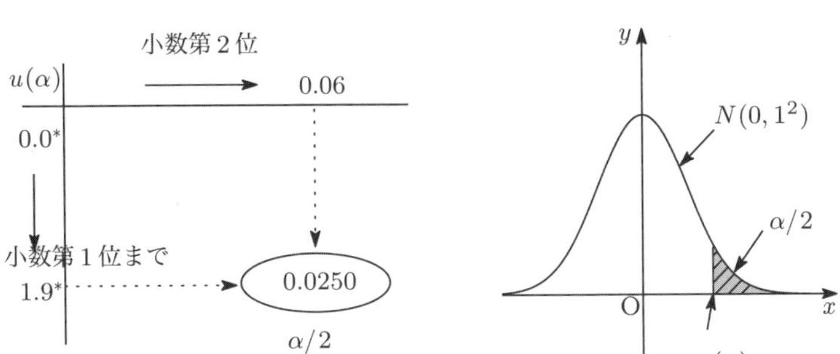

図 3.13 数値表の見方

② **面積**（確率：α）から x **座標**を与える表の見方（図 3.14）

$$\frac{\alpha}{2}\text{: 面積 (確率)} \Longrightarrow u(\alpha)\text{ : }x\text{ 座標}$$

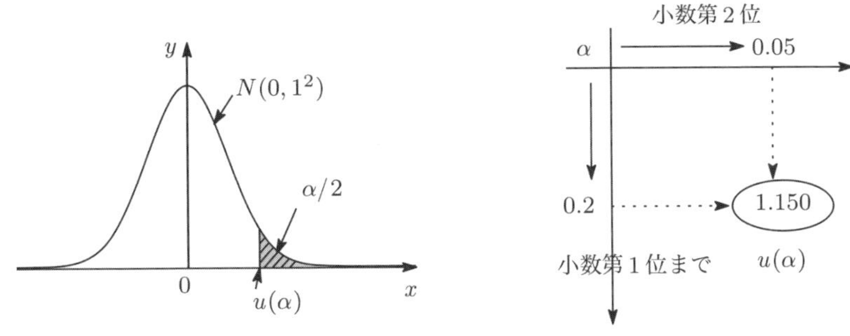

図 3.14 確率から x 座標の見方

例えば $\dfrac{\alpha}{2} = 0.05 \longrightarrow u(\alpha) = u(0.10) = 1.645$ のようにみる．一部を以下の表 3.5 に与えておこう．

表 3.5 正規分布表（一部）$\alpha/2 \to u(\alpha)$

$\alpha/2$	0.10	0.05	0.025	0.01	0.005
$u(\alpha)$	1.282	1.645	1.960	2.326	2.576

対称な密度関数の分布は両側確率の形で与えることにする．本によっては片側で与えている．また $\varepsilon \to K_\varepsilon, Z_\varepsilon, P \to K_P$ の記号を用いた数表も多い．

例題 3-6

正規分布表を利用して，次の確率を求めよ．

(1) $X \sim N(3,\ 2^2)$ のとき，以下の確率を求めよ．

① $P(X < 4)$ ② $P(X < 0)$ ③ $P(-0.5 < X < 5.5)$

(2) $X \sim N(\mu, \sigma^2)$ のとき，$P(\mu - k\sigma < X < \mu + k\sigma)(k = 1, 2, 3)$ を求めよ．

(3) 標準正規分布において以下の数値を求めよ．

① 下側 1% 点 ②下側 5% 点（上側 95% 点） ③ 上側 10% 点（下側 90% 点）

④ 上側 2.5% 点（下側 97.5% 点） ⑤ 両側 5% 点 ⑥ 両側 10% 点

[解] (1) 各問の確率に対応して，以下のように考えて計算する．不等号の向きに注意しながら図を描いて求めるようにしたい．

① $P(X<4)=P\left(\dfrac{X-3}{2}<\dfrac{4-3}{2}\right)=P\,(U<0.5)=0.6915$

② $P(X<0)=P\big(U<-1.5\big)=0.0668$

③ $P(-0.5<X<5.5)=P\big(-1.75<U<1.25\big)=0.8543$

(2) $P\Big(-k<\dfrac{X-\mu}{\sigma}<k\Big)=P\big(-k<U<k\big)$ で，$U\sim N(0,1^2)$ なので，

$k=1$ のとき，$P(-1<U<1)=1-2P(U>1)=0.6826$,

$k=2$ のとき，$P(-2<U<2)=0.9544$,

$k=3$ のとき，$P(-3<U<3)=0.9974$

である．そこで，3シグマからはずれる確率は，**千三つの法則**(せんみっつ)といわれるように約0.003である．図3.15を参照されたい．

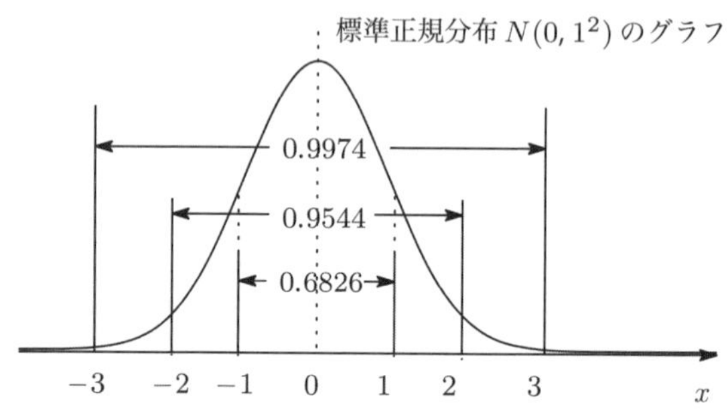

図 3.15　正規分布の3シグマ範囲と確率

例題3-5の偏差値 T について，

$P(20<T<80)=P(-3<U<3)=0.9974(\mu=50,\sigma=10,k=3)$

だから，偏差値が20から80の間に約99.7%の人がいるとわかる．

(3) ① 上側99%点で，$-u(0.02)=-2.326$　② 上側95%点で，$-u(0.10)=-1.645$　③ 下側90%で，$u(0.20)=1.281552$　④ 下側97.5%点で，$u(0.05)=1.96$　⑤ 下側2.5%点と上側2.5%点で，$\pm u(0.05)=\pm 1.96$　⑥ 下側5%点と上側5%点で，$\pm u(0.10)=\pm 1.645$ □

ここで正規分布に関して，Pythonにおいて密度，累積確率，分位点を与える関数をみておこう．x 座標に対して，rv.pdf(x) (stats.norm.pdf(x)) が x における標準正規分布の密度の値を与え，rv.cdf(x) (stats.norm.cdf(x)) が x 以下である確率 (累積確率または下側確率) を与える．また確率 p に対して，rv.isf($1-p$) (stats.norm.ppf(p,μ,σ)) が累積確率が p(上側確率が $1-p$) となる x 座標の値を与える．平均と標準偏差が与えられる場合には stats.norm.cdf(x,μ,σ) のように関数を書けばよい．図3.16を参照されたい．

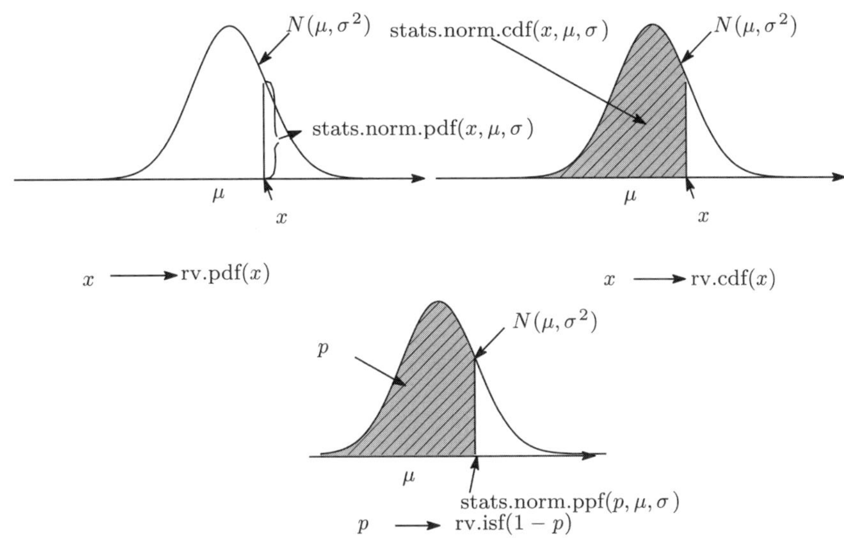

図 3.16 平均 μ, 分散 σ^2 の正規分布の密度関数の値，下側確率，下側分位点 (% 点)

次に，例題を Python を利用して解いてみよう．

出力ウィンドウ

```
# (1)
rv=stats.norm(0,1)
print(rv.cdf(3)-rv.cdf(-3))
 # ①標準正規分布に従う確率変数が −3 から 3 であるときの確率
0.9973002039367398
print(rv.cdf(2)-rv.cdf(-2))
 # ②標準正規分布に従う確率変数が −2 から 2 であるときの確率
0.9544997361036416
print(rv.cdf(1)-rv.cdf(-1))
 # ③標準正規分布に従う確率変数が −1 から 1 であるときの確率
0.6826894921370859
 # (2)
print(stats.norm.cdf(4,3,2))
 # ① 平均 3，標準偏差 2 の正規分布に従う確率変数が 4 以下である確率
0.6914624612740131
print(rv.cdf((4-3)/2))
0.6914624612740131
print(stats.norm.cdf(0,3,2))
 # ② 平均 3，標準偏差 2 の正規分布に従う確率変数が 0 以下である確率
0.06680720126885807
print(stats.norm.cdf(5.5,3,2)-stats.norm.cdf(-0.5,3,2))
 # ③ 平均 3，標準偏差 2 の正規分布に従う確率変数が −0.5 以上 5.5 以下である確率
0.8542910694693275
 # (3)
print(rv.isf(1-0.01))
 # ① 標準正規分布の下側確率が 0.01 である x 座標の値
-2.3263478740408408 # 下側 1%点，上側 99%点
print(rv.isf(1-0.05))
```

```
# ② 標準正規分布の下側確率が 0.05 である x 座標の値
-1.6448536269514722 # 下側 5%点，上側 90%点
print(rv.isf(1-0.9)) # ③ 標準正規分布の下側確率が 0.90 である x 座標の値
1.2815515655446004 # 下側 90%点，上側 10%点
print(rv.isf(0.025))
# ④ 標準正規分布の下側確率が 0.975 である x 座標の値
1.9599639845400545 # 下側 97.5%点，上側 2.5%点，解答は± 1.959964
print(rv.isf(0.05)) # ⑤ 標準正規分布の下側確率が 0.95 である x 座標の値
1.6448536269514729# 解答は± 1.644854
```

演習 3-12　以下について数値表を利用して求めよ．

(1) $X \sim N(20, 16^2)$ のとき，以下の確率を求めよ．

① $P(X \leqq 4)$　② $P(X \leqq 25)$　③ $P(X \geqq 35)$　④ $P(-2 \leqq X \leqq 45)$

(2) 校内での英語の試験は平均 40 点，分散 12^2 の正規分布に従っているとみなされる．このとき，以下の設問に答えよ．

① 70 点の人は偏差値はいくらか．

② 偏差値が 60 の人は上位何 % と考えられるか．

(2)* 一様分布 (uniform)

$U(a, b)$ で表す．密度関数 $f(x)$ が式 (3.29) で与えられる分布で，$a = 1, b = 2$ の場合の $f(x)$ は図 3.17 のようである．一様乱数が従う分布である．

$$f(x) = \begin{cases} \dfrac{1}{b-a} & a < x < b \\ 0 & \text{その他} \end{cases} \tag{3.29}$$

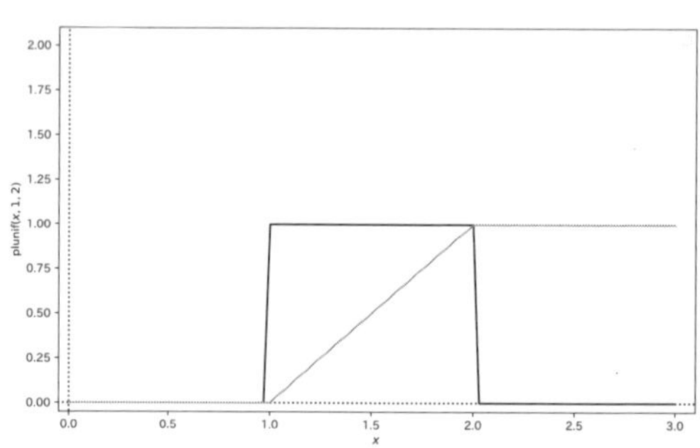

図 3.17　一様分布のグラフ

1. 一様分布の密度関数の定義

出力ウィンドウ

```
import numpy as np
import matplotlib.pyplot as plt
from scipy import integrate
#確率密度関数の定義
def dunif(x):
```

```
  if (a<=x) and (x<=b):
    return 1/(b-a)
  else:
    return 0
#分布関数の定義
def punif(x):
  if (a<=x) and (x<= b):# if x<a :return 0
   return integrate.quad(dunif,a,x)[0] # elif x<b:(x-a)/(b-a)
  elif x< a: # else: 1
   return 0
  else:
   return 1
a=0;b=1
plt.figure(figsize=(10,6))
plt.subplot(1,1,1)
xs=np.linspace(-1,2,100)
plt.plot(xs,[dunif(x) for x in xs],color='gray')
plt.plot(xs,[punif(x) for x in xs],ls='--',color='gray')
plt.title(' 一様分布の確率密度関数と分布関数')
plt.xlabel('x')
plt.ylabel('y')
plt.legend()
plt.show()#図3.18
```

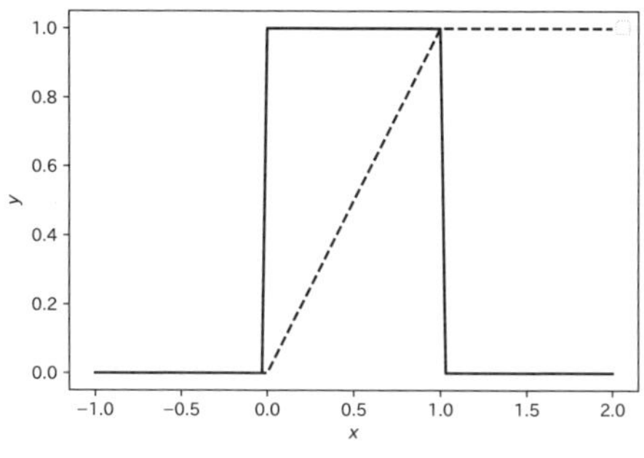

図 3.18 一様分布のグラフ

2. パッケージ scipy.stats の利用

plt.plot(x,stats.uniform.pdf(x),$\cdots$),plt.plot(x,stats.uniform.cdf(x),$\cdots$)

3.rv の利用

rv=stats.uniform(0,1),x=np.linspace(0,3,100),plt.plot(x,rv.pdf(x),$\cdots$),

plt.plot(x,rv.cdf(x),$\cdots$)

演習 3-13 ① $X \sim U(a,b)$ のとき，X の分布関数 $F(x)$ を求めよ．
② X の分布関数を $F(x)$ とするとき，$F(X)$ は一様分布 $U(0,1)$ に従うことを示せ．
演習 3-14 ① $X \sim U(a,b)$ のとき $E(X)$, $V(X)$ を求めよ．

② $X \sim U(a,b)$ のとき $\dfrac{X-a}{b-a}$ の分布を求めよ．

(3)*　指数分布 (exponential)

密度関数 $f(x)$ が式 (3.30) で与えられる分布である．そして，いくつかの λ に対し $f(x)$ は図 3.19 のようになる．待ち行列でよく利用される分布である．

$$f(x) = \begin{cases} \lambda e^{-\lambda x} & 0 \leqq x \ \ (\lambda > 0) \\ 0 & x < 0 \end{cases} \tag{3.30}$$

このような確率変数 X は指数分布 $Exp(\lambda)$ に従うといい，$X \sim Exp(\lambda)$ と表す．

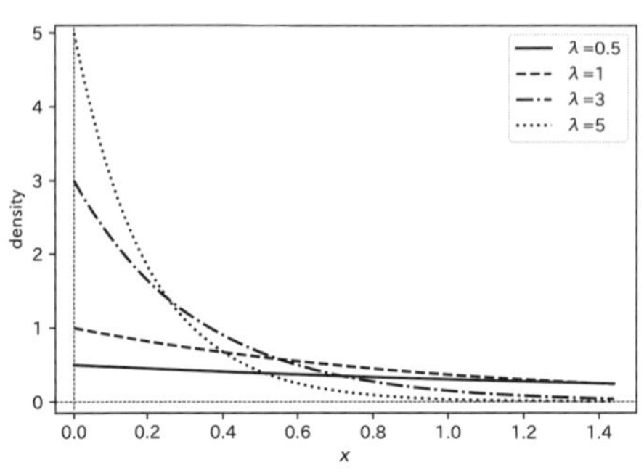

図 3.19　指数分布のグラフ

1. 指数分布の密度関数の定義

出力ウィンドウ

```
#import math
import numpy as np
import matplotlib.pyplot as plt
from scipy import integrate
linestyles=['-','--',':']#線種（実線，破線，点線）の定義
#X=[0,np.inf]
#確率密度関数の定義
def dexp(x):
 if x >= 0:
    return lam*np.exp(-lam*x)
 else:
    return 0
#分布関数の定義
def pexp(x):
  if x>= 0:
    return integrate.quad(dexp,0,x)[0]
  else:
    return 0
plt.figure(figsize=(10,6))
plt.subplot(1,1,1)
lam=1/3
xs=np.linspace(0,6,100)
plt.plot(xs,[dexp(x) for x in xs],label='f(x)',color='black')
```

```
plt.plot(xs,[pexp(x) for x in xs],label='F(x)',ls='--',color='black')
plt.title(' 指数分布の確率密度関数と分布関数')
plt.xlabel('x')
plt.ylabel('y')
plt.legend()
plt.show()#図3.20
```

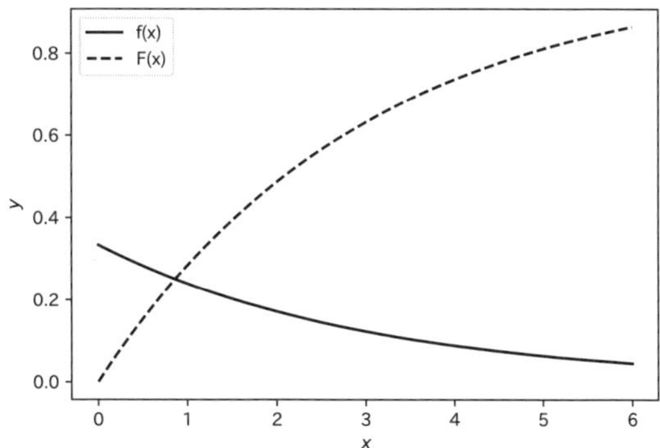

図 3.20　指数分布の確率密度関数と分布関数のグラフ

2. パッケージ scipy.stats の利用

plt.plot(x,stats.expon.pdf(x,1/3),$\cdots$),plt.plot(x,stats.expon.cdf(x,1/3),$\cdots$)

3. rv からの定義

rv=stats.expon(1/3),plt.plot(x,rv.pdf(x),$\cdots$),plt.plot(x,rv.cdf(x),$\cdots$)

4. いろいろな指数分布 $(Exp(\lambda), (\lambda = (1, 2, 3))$

出力ウィンドウ

```
import numpy as np
import matplotlib.pyplot as plt
linestyles=['-','--',':']
from scipy import stats
xs= np.linspace(0, 6.0, 1000)
for lam,ls in zip([1,2,3],linestyles):
 rv=stats.expon(1/lam)
 plt.plot(xs,rv.pdf(xs),label=f'lambda:{lam}',ls=ls,color='gray')
plt.title(' 指数分布の確率密度関数')
plt.xlabel('x')
plt.ylabel('y')
plt.legend()
plt.show()
```

演習 3-15　① $X \sim Exp(\lambda)$ のとき，分布関数 $F(x)$ を求めよ．
② $X \sim U(0,1)$ のとき $-\log X$ の分布を求めよ．

演習 3-16　$X \sim Exp(\lambda)$ のとき $E(X)$, $V(X)$ を求めよ．

例題 3-7

あるハンバーガー店のドライブスルーへは，車で来る客の到着間隔の分布が平均3分の指数分布である．このとき，以下の設問に答えよ．

① 5分以上，車が来ない確率を求めよ．

② 単位時間あたりに来る車の台数（平均到着率）はいくらか．

③ t 分来ないという条件のもとで，さらに次の車が x 分来ない確率を求めよ．

[解]　① 到着間隔時間を X 分とすると $X \sim Exp(1/3)$ だから，X が5以上である確率は

$$P(X>5)=1-P(X \leqq 5)=1-\int_0^5 \lambda e^{-\lambda x}dx=1-\lambda\left[\frac{e^{-\lambda x}}{-\lambda}\right]_0^5=1+\left[e^{-x/3}\right]_0^5$$
$$=e^{-5/3} \fallingdotseq 0.189$$

② 3分で1台だから，1分あたりでは $\lambda = 1/3$（台/分）である．

③ 求める確率は条件付確率で，以下のようになる．

$$P(X \geqq x+t | X \geqq t)=\frac{P(X \geqq x+t)}{P(X \geqq t)}=\frac{\int_{x+t}^{\infty}\lambda e^{-\lambda x}dx}{\int_t^{\infty}\lambda e^{-\lambda x}dx}=e^{-\lambda x}\ (t\text{ に無関係})\ \square$$

演習 3-17　あるガソリンスタンドへは，車が平均10分に1台の割合で給油に訪れている．この時間分布が指数分布に従うとして，以下の設問に答えよ．

① 平均待ち時間はいくらか．

② 15分以上，車が来ない確率はいくらか．

3.2.2　離散型分布

(1) 二項分布 (binomial distribution)

1回の試行で失敗する確率が p で成功する確率が $1-p$ であるとき，独立に5回試行したうち2回失敗する確率は，順番を考えないときには $p^2(1-p)^{5-2}$ である．このような試行をベルヌーイ試行 (Bernoulli trial) という．そして順番を考えると，×：失敗，○：成功と表せば以下のように5個から2個とる組合せの数の場合がある．

○○○××，○○××○，$\cdots$，××○○○

そこで X が失敗回数を表すとすれば，2回失敗する確率は

$$P(X=2)=\binom{5}{2}p^2(1-p)^3$$

となる．一般に，不良率 $p(0<p<1)$ の工程からランダムに n 個の製品を取ったとき，x 個が不良品である確率は

$$P(X=x)=\binom{n}{x}p^x(1-p)^{n-x}\ (x=0,1,\ldots,n) \qquad \left(\binom{n}{x}={}_n\mathrm{C}_x\right) \tag{3.31}$$

で与えられる．ただし，$\binom{n}{x}$ は相異なる n 個から x 個取るときの組合せの数を表し，

$$\binom{n}{x}=\frac{n!}{x!(n-x)!}=\frac{n(n-1)\cdots(n-x+1)}{x(x-1)\cdots 1}=\binom{n}{n-x} \tag{3.32}$$

である．このような確率変数 X は二項分布 $B(n,p)$ に従うといい，$X \sim B(n,p)$ と表す．

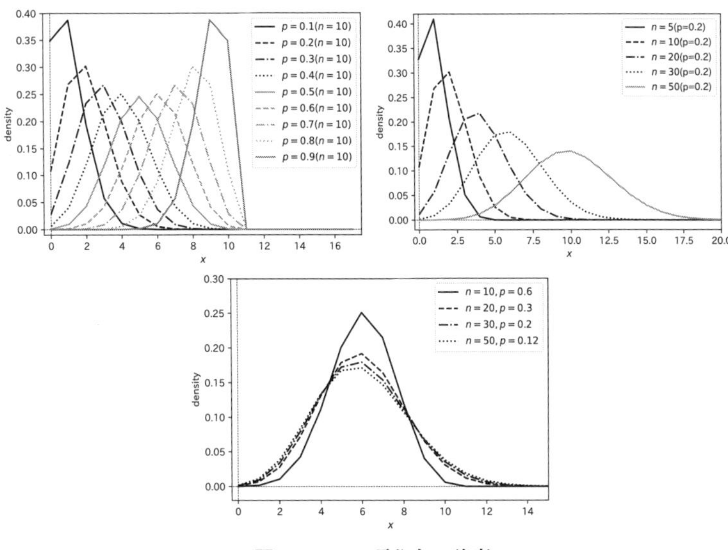

図 3.21 二項分布の確率

確率計算をするときはこの式を使って計算する．コンピュータによって逐次計算すればよいが，累積確率を計算するときには F 分布の積分によっても求められ，数値表が利用できる．そして，各 n, p に対してその確率をグラフに描くと図 3.21 のようになる．図 3.21 の左上の図は n を 10 で一定のもと p を 0.1 から 0.9 まで変化させたときのグラフであり，右上の図は逆に p を 0.2 で一定としたもとで，n を 5, 10, 20, 30 と変化させたときのグラフである．下中央の図は n と p の積 np を $6(\geqq 5)$ で一定となる n と p の組についてグラフを描いたものである．

1. 二項分布の確率関数の定義

出力ウィンドウ

```
#数値計算のライブラリ
import numpy as np
import math
#グラフ描画のライブラリ
import matplotlib.pyplot as plt
def comb(n,x):
    return math.factorial(n)/math.factorial(x)/math.factorial(n-x)
#確率関数の定義
n=10;p=0.3
X=np.arange(n+1)
def dbinom(x,n,p):
  if x in X:
    return comb(n,x) * p**x * (1-p)**(n-x)
   #return comb(n,x)*math.pow(p,x)*math.pow(1-p,n-x)
  else:
    return 0
#分布関数の定義
def pbinom(x,n,p):
  return np.sum([dbinom(y,n,p) for y in X if y<= x])
```

```
p=plt.figure(figsize=(10,6))
plt.subplot(1,1,1)
xs=np.arange(n+1)
for x in xs:
 plt.vlines(x,0,dbinom(x,10,0.3),color='black')
 plt.hlines(pbinom(x,10,0.3),x,x+1,colors='blue')
plt.title('二項分布の確率関数と分布関数')
plt.xlabel('x')
plt.ylabel('y')
plt.legend()
plt.show()#図3.22
```

2. パッケージ scipy.stats の利用

出力ウィンドウ

```
#数値計算のライブラリ
import numpy as np
import scipy as sp
#グラフ描画のライブラリ
import matplotlib.pyplot as plt
plt.figure(figsize=(10,6))
plt.subplot(1,1,1)
x=np.arange(11)#x=0,1,・・・,10
plt.plot(x,sp.stats.binom.pmf(x,10,0.3),color='black')
plt.plot(x,sp.stats.binom.cdf(x,10,0.3),ls='--',color='black')
plt.title(' 二項分布の確率関数と分布関数')
plt.xlabel('x')
plt.ylabel('y')
plt.legend()
plt.show()
```

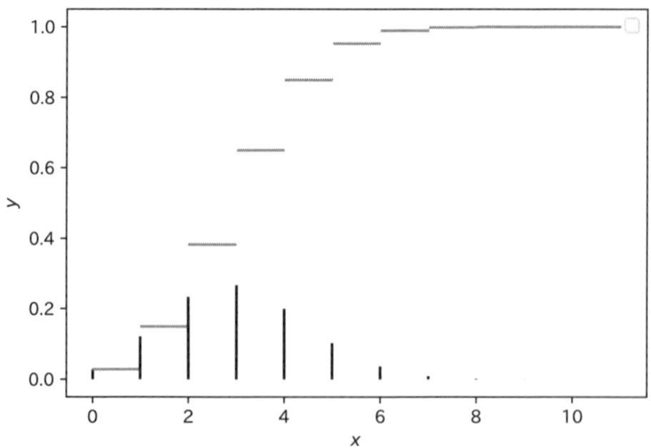

図 3.22　二項分布の確率関数と分布関数

3.rv の利用

出力ウィンドウ

```
#数値計算のライブラリ
import numpy as np
from scipy import stats
#グラフ描画のライブラリ
import matplotlib.pyplot as plt
p=0.3
plt.figure(figsize=(10,6))
plt.subplot(1,1,1)
x=np.arange(11)
rv=stats.binom(10,0.3)
plt.plot(x,rv.pmf(x),label=f'p:{p}',color='gray')
plt.plot(x,rv.cdf(x),label=f'p:{p}',ls='--',color='gray')
plt.title(' 二項分布の確率関数と分布関数')
plt.xlabel('x')
plt.ylabel('y')
plt.legend()
plt.show()
```

4. いろいろな二項分布 $(B(n,p), n = 10, p = (10, 0.3, 0.5, 0.7))$

出力ウィンドウ

```
#数値計算のライブラリ
import numpy as np
from scipy import stats
#グラフ描画のライブラリ
import matplotlib.pyplot as plt
linestyles=['-','--',':']
plt.figure(figsize=(10,6))
plt.subplot(1,1,1)
n=10
xs=np.arange(n+1)
for p,ls in zip([0.3,0.5,0.7],linestyles):
 rv=stats.binom(n,p)
 plt.plot(xs,rv.pmf(xs),label=f'p:{p}',ls=ls,color='gray')
plt.title(' 二項分布の確率関数')
plt.xlabel('x')
plt.ylabel('y')
plt.legend()
plt.show()
```

例題 3-8

バスケットボールでシュートの成功率が0.6である人が，4回シュートするときの成功回数をXとする．このとき，Xのとる値とその確率，および分布関数を求めよ．さらに確率関数と分布関数をグラフに表せ．

[解] 題意から，Xは成功確率$p = 0.6$の二項分布に従う．つまり，$X \sim B(n,p)$で$n = 4, p = 0.6$である．□

演習 3-18　二項分布 $B(n,p)$ に関して，$n=3, p=0.2$ のときの確率を計算し，グラフを描け．また分布関数も求めグラフを描け．

演習 3-19　二項分布 $B(n,p)$ に関して，

$$\sum_{x=0}^{n} \binom{n}{x} p^x (1-p)^{n-x} = 1$$

が成立することを示せ．

演習 3-20　打率が3割であるバッターが4回打つとき，ヒットである回数の確率分布と分布関数を求めよ．

演習 3-21　マウスにある薬を一定量投与するとき死亡率が0.8であるとする．ランダムに6匹のマウスにこの薬を投与して死亡する数の確率分布を求めよ．また分布関数も求めよ．

なお二項係数のパスカルの三角形（図3.23）について，上段の前後2項の和が下段の項と同じなので

$$\text{(3.33)} \qquad \binom{n+1}{x+1} = \binom{n}{x} + \binom{n}{x+1} \qquad \left({}_{n+1}\mathrm{C}_{x+1} = {}_n\mathrm{C}_x + {}_n\mathrm{C}_{x+1}\right)$$

が成立する．

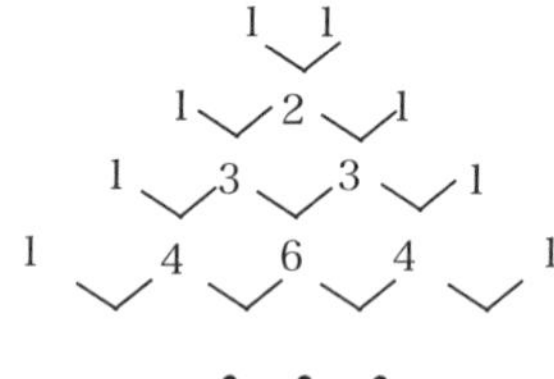

図 3.23　パスカルの三角形

性質

$X \sim B(n,p)$ のとき，

(3.34)　$E(X) = np, \qquad V(X) = np(1-p).$

$$(\because) \quad E(X) = \sum_{x=0}^{n} x \frac{n!}{x!(n-x)!} p^x (1-p)^{n-x}$$

$$= \sum_{x=1}^{n} \frac{n(n-1)!}{(x-1)!(n-1-(x-1))!} p p^{x-1} (1-p)^{n-1-(x-1)}$$

$$= np \underbrace{\sum_{y=0}^{n-1} \frac{(n-1)!}{y!(n-1-y)!} p^y (1-p)^{n-1-y}}_{=1} = np$$

$$E(X(X-1)) = \sum_{x=0}^{n} x(x-1) \frac{n!}{x!(n-x)!} p^x (1-p)^{n-x}$$

$$= \sum_{x=2}^{n} \frac{n(n-1)(n-2)!}{(x-2)!(n-2-(x-2))!} p^2 p^{x-2} (1-p)^{n-2-(x-2)}$$

$$= n(n-1)p^2 \underbrace{\sum_{y=0}^{n-2} \frac{(n-2)!}{y!(n-2-y)!} p^y (1-p)^{n-2-y}}_{=1} = n(n-1)p^2$$

$E(X^2) = EX(X-1) + E(X) = n(n-1)p^2 + np,$
$V(X) = E(X^2) - E(X)^2 = n(n-1)p^2 + np - n^2p^2 = np(1-p)$ □

正規近似 $\left[\ np \geqq 5,\ n(1-p) \geqq 5\ \right]$ のとき，中心極限定理より

$$\frac{X - np}{\sqrt{np(1-p)}} \longrightarrow N(0,1) \quad \text{a.s.} \quad n \to \infty$$

例題 3-9

$X \sim B(n,p)$ のとき，$n = 15$, $p = 0.4$ の場合について X が 4 以下である確率を直接計算と正規近似および連続補正による計算で比較してみよ．

[解]
$$P(X \leqq x) = P\left(\frac{X-np}{\sqrt{np(1-p)}} \leqq \frac{x-np}{\sqrt{np(1-p)}}\right) \fallingdotseq \varPhi\left(\frac{x-np}{\sqrt{np(1-p)}}\right) \fallingdotseq \varPhi\left(\frac{x-np+1/2}{\sqrt{np(1-p)}}\right).$$

直接計算だと $\sum_{k \leqq x} P(X=k)$ より求めるので，逐次漸化式を利用して確率 $P(x=k)$ を計算し，足し合わせて求めればよい．最後から 2 番目の列は正規近似による計算式である．最後の列での近似式は**連続補正** (continuity correction)（または**半整数補正**という）により近似の精度をあげている．整数値が 1 ずつの変化なのでその半分による修正である．そこで表 3.6 のような計算結果となる．表 3.6 より連続修正による確率近似がかなり良いことがわかる．□

表 3.6 計算表

x	$P(X=x)=p_x$	$P(X \leqq x)$	$\varPhi\left(\frac{x-np}{\sqrt{np(1-p)}}\right)$	$\varPhi\left(\frac{x-np+1/2}{\sqrt{np(1-p)}}\right)$
0	$p_0 = 0.00047$	0.00047	$\varPhi(-3.16) = 0.00078$	$\varPhi(-2.90) = 0.00187$
1	$p_1 = 0.0047$	0.00517	$\varPhi(-2.64) = 0.0042$	$\varPhi(-2.37) = 0.00889$
2	$p_2 = 0.0219$	0.027	$\varPhi(-2.108) = 0.0175$	$\varPhi(-1.85) = 0.03216$
3	$p_3 = 0.0634$	0.091	$\varPhi(-1.58) = 0.0569$	$\varPhi(-1.32) = 0.09342$
4	$p_4 = 0.1268$	0.2173	$\varPhi(-1.05) = 0.1459$	$\varPhi(-0.79) = 0.21476$

Python で，x の範囲を $(x = 0 \sim 15)$ に広げて計算を行ってみよう．

出力ウィンドウ

```
import numpy as np
import matplotlib.pyplot as plt
import math
from scipy import stats
rv1=stats.binom(15,0.4)#試行回数 15 成功率 0.4 の二項分布に従う確率変数の設定
rv2=stats.norm(0,1)#標準正規分布に従う確率変数の設定
x=np.arange(0,16,1) # xを0から15までの整数値とする
d_niko=rv1.pmf(x)
```

```
print(d_niko)
Out[ ]:[4.70184985e-04  …  6.33879016e-02]
    ～
1.64886479e-03  …  1.07374182e-06
# xを0から15までの整数値に対しての二項確率を計算し，代入する．
p_niko=rv1.cdf(x) # 試行回数15成功率0.4のとき，xを0から15までの整数値に
# 対してのx以下である二項確率を計算し，代入する．
p_nikokin1=rv2.cdf((x-15*0.4)/np.sqrt(15*0.4*(1-0.4)))
# 正規近似によるx以下である確率計算し，代入する．
p_nikokin2=rv2.cdf((x-15*0.4+0.5)/np.sqrt(15*0.4*(1-0.4)))
# 連続修正したときの正規近似によるx以下である確率計算し，代入する．
hyouni=pd.DataFrame({'x':x,'d_niko':d_niko,'p_niko':p_niko,
                    'p_nikokin1':p_nikokin1,'p_nikokin2':p_nikokin2})
# 上記の計算結果を行列に結合してhyouniに代入する．
print(hyouni)
Out[  ]: d_niko     p_niko  p_nikokin1  p_nikokin2    x
0    0.000470  0.000470    0.000783    0.001873    0
   ～
15   0.000001  1.000000    0.999999    1.000000   15
plt.plot(x,d_niko,'-',x,p_niko,'--',x,p_nikokin1,':',x,p_nikokin2,'-.')
#図3.24
```

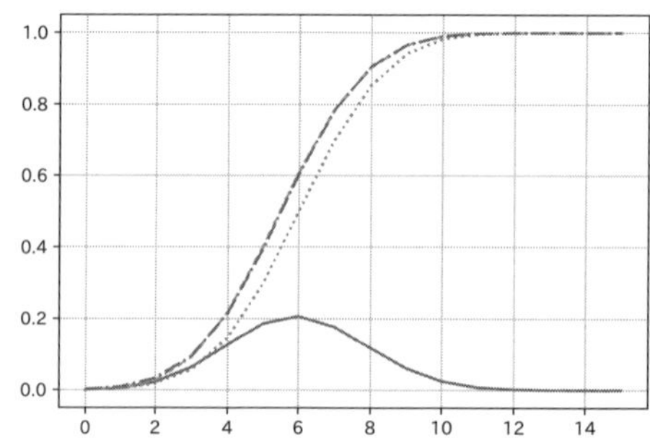

図 3.24　確率の近似の比較

図3.24より，破線（真の確率）は点線（正規近似）より一点鎖線（連続修正した正規近似）のグラフでより近似されているとわかる．

(補 3-5)　$X \sim B(n,p)$，$U \sim N(0,1^2)$ と二つの確率変数を考える．次の図3.25から斜線部の長方形の面積を連続な曲線の面積で近似するとき，直観的にみて半整数補正したほうが近似がよい．そこで x が整数のとき，以下のように三つの場合に分けて補正をして確率計算の近似をすればよいだろう．

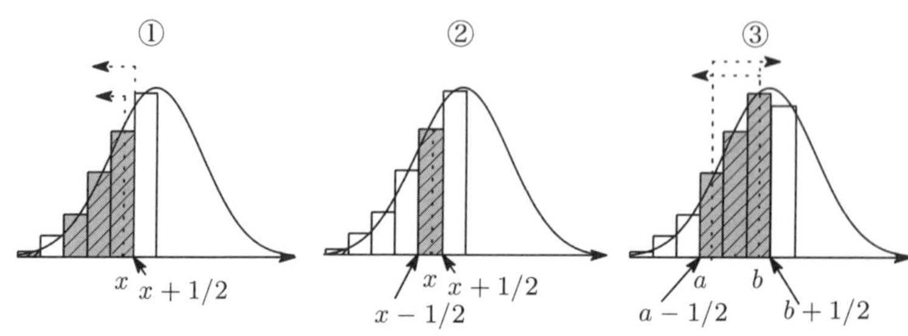

図 **3.25** 半整数補正

① $P(X \leqq x) = P\left(X < x + \dfrac{1}{2}\right) = P\left(\dfrac{X - np}{\sqrt{np(1-p)}} \leqq \dfrac{x - np + 1/2}{\sqrt{np(1-p)}}\right)$

$$\fallingdotseq P\left(U \leqq \frac{x - np + 1/2}{\sqrt{np(1-p)}}\right) = \Phi\left(\frac{x - np + 1/2}{\sqrt{np(1-p)}}\right).$$

② $P(X = x) = P\left(x - \dfrac{1}{2} < X < x + \dfrac{1}{2}\right)$

$$= P\left(\frac{x - np - 1/2}{\sqrt{np(1-p)}} < \frac{X - np}{\sqrt{np(1-p)}} < \frac{x - np + 1/2}{\sqrt{np(1-p)}}\right)$$

$$\fallingdotseq P\left(\frac{x - np - 1/2}{\sqrt{np(1-p)}} < U < \frac{x - np + 1/2}{\sqrt{np(1-p)}}\right).$$

③ $P(a \leqq X \leqq b) \fallingdotseq P\left(\dfrac{a - np - 1/2}{\sqrt{np(1-p)}} < U < \dfrac{b - np + 1/2}{\sqrt{np(1-p)}}\right).$ ◁

演習 3-22 コンビニエンスストアで仕入れる弁当の数 n のうち売れ残る数を X で表すとする．$X \sim B(n, p)$ のとき，$n = 20, p = 0.3$ の場合について売れ残る数が 5 以上 10 以下である確率を直接計算と正規近似による計算で比較してみよ．

(2) ポアソン (poisson) 分布

1 日の火事の件数，単位時間内に銀行の窓口に来店する客の数，単位面積あたりのトタン板のキズの数，布の 1 反あたりのキズの数，本の 1 ページあたりのミス数などの確率分布は次のような確率分布で近似される．つまり平均の欠点数が $\lambda(>0)$ のとき，単位あたりの欠点数 X が，x である確率が，

$$P(X = x) = p_x = \frac{e^{-\lambda}\lambda^x}{x!} \quad (x = 0, 1, \ldots) \tag{3.35}$$

で与えられるとき，X は平均 λ の**ポアソン分布**に従うといい，$X \sim P_o(\lambda)$ のように表す．ただし，e はネイピア (Napier) 数または自然対数の底と呼ばれる無理数で $e = 2.7182828\cdots$ であり，

$$\lim_{n\to\infty}\left(1 + \frac{1}{n}\right)^n = e$$

である．これは少ない回数が起こる確率が大きく回数が多いと確率は単調に減少する．

そしていくつかの λ について確率のグラフを描くと図 3.26 のようになる．

1. ポアソン分布の確率関数の定義

出力ウィンドウ

```
#数値計算のライブラリ
import numpy as np
#グラフ描画のライブラリ
import matplotlib.pyplot as plt
#階乗の定義
def factorial(x):
    if (x==0) or (x==1):
        return 1
    else:
```

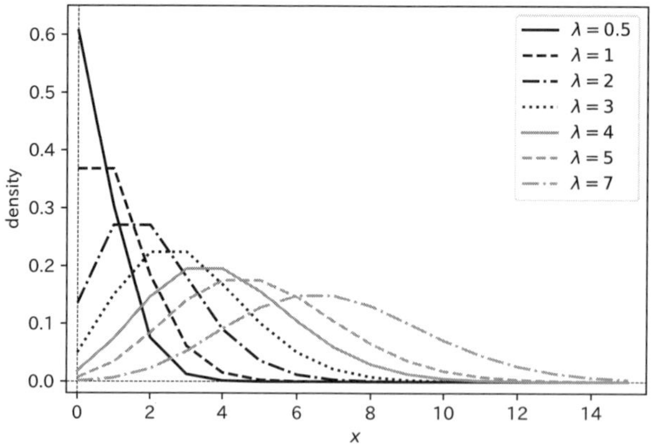

図 3.26　ポアソン分布の確率のグラフ

```
        return x*factorial(x-1)
#確率関数の定義
def dpois(x,lam):
    return np.power(lam,x)/factorial(x)*np.exp(-lam)
#分布関数の定義
def ppois(x,lam):
 return np.sum([dpois(y,lam) for y in xs if y<= x])
plt.figure(figsize=(10,6))
plt.subplot(1,1,1)
xs=np.arange(0,15,1)
for x in xs:
 plt.vlines(x,0,dpois(x,5),color='black')
 plt.hlines(ppois(x,5),x,x+1,colors='blue')
plt.title(' ポアソン分布の確率関数と分布関数')
plt.xlabel('x')
plt.ylabel('y')
plt.legend()
plt.show()#図 3.27
```

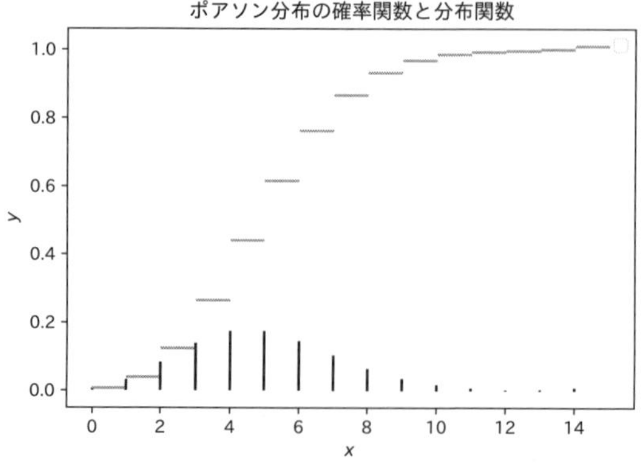

図 3.27　ポアソン分布の確率関数と分布関数

2. パッケージ scipy.stats の利用

出力ウィンドウ

```
#数値計算のライブラリ
import numpy as np
import scipy as sp
#グラフ描画のライブラリ
import matplotlib.pyplot as plt
plt.figure(figsize=(10,6))
plt.subplot(1,1,1)
x=np.arange(0,15,1)
lam=5
plt.plot(x,sp.stats.poisson.pmf(x,5),label=f'lam:{lam}',color='black')
plt.plot(x,sp.stats.poisson.cdf(x,5),label=f'lam:{lam}',ls='--',\
color='black')
plt.title('ポアソン分布の確率関数と分布関数')
plt.xlabel('x')
plt.ylabel('y')
plt.legend()
plt.show()
```

3.rv の利用

出力ウィンドウ

```
#数値計算のライブラリ
import numpy as np
from scipy import stats
#グラフ描画のライブラリ
import matplotlib.pyplot as plt
plt.figure(figsize=(10,6))
plt.subplot(1,1,1)
xs=np.arange(0,15,1)
lam=3
rv=stats.poisson(lam)
plt.plot(xs,rv.pmf(xs),label=f'lam:{lam}',color='gray')
plt.plot(xs,rv.cdf(xs),label=f'lam:{lam}',ls='--',color='gray')
plt.title('ポアソン分布の確率関数と分布関数')
plt.xlabel('x')
plt.ylabel('y')
plt.legend()
plt.show()
```

4. いくつかのポアソン分布 $(P_o(\lambda), \lambda = (1,3,5))$

出力ウィンドウ

```
#数値計算のライブラリ
import numpy as np
from scipy import stats
#グラフ描画のライブラリ
import matplotlib.pyplot as plt
```

```
linestyles=['-','--',':']
plt.figure(figsize=(10,6))
plt.subplot(1,1,1)
xs=np.arange(0,15,1)
for lam,ls in zip([1,3,6],linestyles):
  rv=stats.poisson(lam)
  plt.plot(xs,rv.pmf(xs),label=f'lam:{lam}',color='gray')
  plt.plot(xs,rv.cdf(xs),label=f'lam:{lam}',ls='--',color='gray')
  plt.title('ポアソン分布')
  plt.legend()
plt.show()
```

例題 3-10

ある市における1日の火事の発生件数が平均 $\lambda = 2$ のポアソン分布に従うとして，件数についての確率関数，分布関数を求めグラフに表せ．さらに1日に3件以下の火事が起こる確率はいくらか．実際にある都市での1年間での各自で決めた件数以下の火事が起こる割合とポアソン分布による確率と比較してみよ．

[解]　文章から発生件数 X は，平均2のポアソン分布に従う．つまり $X \sim P_o(2)$ である．また，1日に火事が3件以下である確率は，

$$P(X \leqq 3) = \sum_{x=0}^{3} \frac{e^{-2}2^x}{x!} = 0.8571$$

である．□

演習 3-23　$X \sim P_o(\lambda)$ で $\lambda = 4$ のとき，X のとる値とその確率を求めグラフに表せ．さらに分布関数も求めグラフに表せ．

演習 3-24　ポアソン分布 $P_o(\lambda)$ に関して，$\lambda = 3$ のときの下表の場合に確率を計算し，グラフを描け．さらに分布関数も求めグラフに表せ．

演習 3-25　ポアソン分布 $P_o(\lambda)$ に関して，

$$\sum_{x=0}^{\infty} \frac{e^{-\lambda}\lambda^x}{x!} = 1$$

が成立することを示せ．

また次の指数分布とポアソン分布の関係がある．

性質

ある事象についてその発生回数が平均 λ のポアソン分布に従うとき，その事象の発生時間間隔は母数 λ（平均 $1/\lambda$）の指数分布に従う．

演習 3-26　ある銀行のキャッシュサービスには1時間あたり平均3人の客がきている．いま来客数がポアソン分布に従うとして以下の設問に答えよ．

① 1時間に5人以上の客が来る確率を求めよ．
② 2時間に客が1人も来ない確率を求めよ．
③ 次の客が来るまでの間隔が20分を超える確率を求めよ．

性質

$X \sim P_o(\lambda)$ のとき，

(3.36) $\quad E(X) = \lambda, \qquad V(X) = \lambda$

$$(\because) \quad E(X) = \sum_{x=0}^{\infty} x \frac{e^{-\lambda}\lambda^x}{x!} = \sum_{x=1}^{\infty} \frac{e^{-\lambda}\lambda\lambda^{x-1}}{(x-1)!} = \lambda \underbrace{\sum_{y=0}^{\infty} \frac{e^{-\lambda}\lambda^y}{y!}}_{=1} = \lambda \quad \square$$

演習 3-27 上の性質のポアソン分布に従う変数の分散の式を示せ．

正規近似 $\left[\lambda \geqq 5\right]$ されるとき，中心極限定理より

$$\frac{X-\lambda}{\sqrt{\lambda}} \quad \longrightarrow \quad N(0,1) \quad \text{a.s.} \quad \lambda \to \infty$$

例題 3-11

$X \sim P_o(\lambda)$ のとき，$\lambda = 6$ の場合について X が 4 以下である確率を直接計算と正規近似による計算で比較してみよ．

[解] 以下の式変形を利用して計算する．

$$P(X \leqq x) = P\left(\frac{X-\lambda}{\sqrt{\lambda}} \leqq \frac{x-\lambda}{\sqrt{\lambda}}\right) \fallingdotseq \Phi\left(\frac{x-\lambda}{\sqrt{\lambda}}\right) \fallingdotseq \Phi\left(\frac{x-\lambda+1/2}{\sqrt{\lambda}}\right)$$

二項分布の場合（例題 3-12）と同様に，直接だと $\sum_{k \leqq x} P(X=k)$ より求めるので，逐次漸化式を利用して確率 $P(X=k)$ を計算し，足し合わせて求める．また，最後の列から 2 番目が正規近似の式で，最後の列での近似式は**連続補正** (continuity correction) により近似の精度をあげている（表 3.7）．
□

表 3.7 計算結果表

x	$P(X=x)=p_x$	$P(X \leqq x)$	$\Phi\left(\frac{x-\lambda}{\sqrt{\lambda}}\right)$	$\Phi\left(\frac{x-\lambda+1/2}{\sqrt{\lambda}}\right)$
0	$p_0 = 0.00248$	0.00248	$\Phi(-2.449) = 0.0072$	$\Phi(-2.25) = 0.01222$
1	$p_1 = 0.0149$	0.017	$\Phi(-2.041) = 0.0206$	$\Phi(-1.84) = 0.03288$
2	$p_2 = 0.0446$	0.062	$\Phi(-1.633) = 0.0512$	$\Phi(-1.43) = 0.07636$
3	$p_3 = 0.0892$	0.151	$\Phi(-1.225) = 0.1103$	$\Phi(-1.02) = 0.15386$
4	$p_4 = 0.1339$	0.285	$\Phi(-0.817) = 0.207$	$\Phi(-0.61) = 0.27093$

Python で，x の範囲を $(x = 0 \sim 14)$ に広げて計算を行なってみよう．

出力ウィンドウ

```
import numpy as np
import pandas as pd
import matplotlib.pyplot as plt
from scipy import stats
rv1=stats.poisson(6)#母欠点数 6 のポアソン分布に従う確率変数の設定
rv2=stats.norm(0,1)#標準正規分布に従う確率変数の設定
x=np.arange(0,15,1) # xを0から14までの整数値とする
d_po=rv1.pmf(x)
# xを0から14までの整数値に対してのポアソン確率を計算し，代入する.
p_po=rv1.cdf(x)
# 母欠点数 6 のポアソン分布について，xを0から14までの整数値に
```

```
# 対してのx以下であるポアソン確率を計算し，代入する.
p_pokin1=rv2.cdf((x-6)/np.sqrt(6))
# 正規近似によるx以下である確率計算し，代入する.
p_pokin2=rv2.cdf((x-6+0.5)/np.sqrt(6))
# 連続修正したときの正規近似によるx以下である確率計算し，代入する.
hyoupo=pd.DataFrame({'x':x,'d_po':d_po,'p_po':p_po,\
                    'p_pokin1':p_pokin1,'p_pokin2':p_pokin2})
# 上記の計算結果を行列に結合してhyoupoに代入する.
print(hyoupo)
Out[ ]: d_po       p_po    p_pokin1  p_pokin2   x
0    0.002479  0.002479  0.007153  0.012372   0
   ～
14   0.002228  0.998600  0.999455  0.999740  14
plt.plot(x,d_po,'-',x,p_po,'--',x,p_pokin1,':',x,p_pokin2,'-.')#図3.28
```

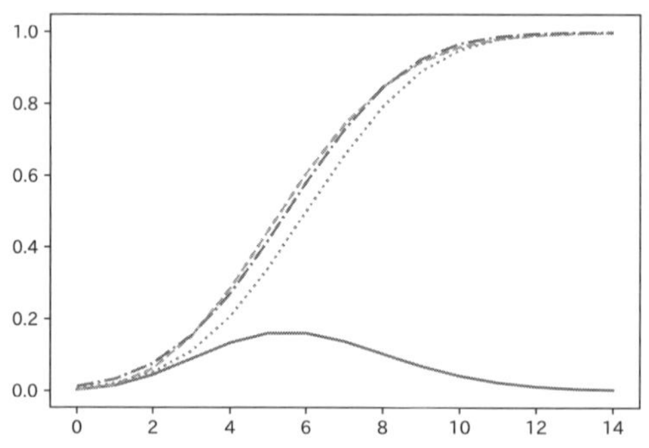

図 3.28　ポアソン分布の近似のグラフ比較

図3.28より，破線（真の確率）は点線（正規近似）より一点鎖線（連続修正した正規近似）のグラフでより近似されているとわかる．

演習 3-28　ある書籍において，1ページあたり8個のミスがあるとき，ミスの個数 X が4以下である確率を直接計算と正規近似による計算で比較してみよ．

演習 3-29　$X \sim P_o(\lambda)$ のとき，$\lambda = 5$ の場合について X が4以下である確率を直接計算と正規近似による計算で比較してみよ．

（補 3-6） 二項分布 $B(n,p)$ の特別な場合として，ポアソン分布 $P_o(\lambda)$ が導出される．つまり $np=\lambda$ 一定のもと $n \to \infty (p \to 0)$ の場合で以下のように二項確率がポアソン確率で近似される．

$$
\begin{aligned}
P(X=x) &= \frac{n!}{x!(n-x)!}p^x(1-p)^{n-x} \\
&= \frac{n!}{(n-x)!}\cdot\frac{1}{x!}\cdot\frac{\lambda^x}{n^x}\left(1-\frac{\lambda}{n}\right)^n\left(1-\frac{\lambda}{n}\right)^{-x} \quad (p=\frac{\lambda}{n}\text{を代入}) \\
&= \frac{n(n-1)\times\cdots\times(n-x+1)}{n^x}\frac{\lambda^x}{x!}\left(1-\frac{\lambda}{n}\right)^n\left(1-\frac{\lambda}{n}\right)^{-x} \\
&= \underbrace{1\times\left(1-\frac{1}{n}\right)\times\cdots\times\left(1-\frac{x-1}{n}\right)}_{\to 1}\frac{\lambda^x}{x!}\underbrace{\left(1-\frac{\lambda}{n}\right)^n}_{\to e^{-\lambda}}\underbrace{\left(1-\frac{\lambda}{n}\right)^{-x}}_{\to 1(n\to\infty)} \longrightarrow \frac{e^{-\lambda}\lambda^x}{x!} \quad \triangleleft
\end{aligned}
$$

演習 3-30　ある路線の電車では乗降客500人あたり平均4件の忘れ物がある．この路線の電車で，

100 人の乗降客について，2 件以上の忘れ物がある確率を二項分布，ポアソン分布による近似，正規近似でそれぞれ求めよ．

(3)* その他の分布など

● **超幾何分布** (hyper geometric distribution)

$H(N,M,n)$ で表す．N 個のある製品からなる母集団のうち M 個が不良品であることがわかっている．この N 個の製品の中からランダムに n 個の製品を取ってくるとき，x 個が不良品である確率は

$$P(X=x)=\frac{\binom{M}{x}\binom{N-M}{n-x}}{\binom{N}{n}},\quad \max\{0,n-(N-M)\}\leqq x\leqq \min\{n,M\} \tag{3.37}$$

であり，図 3.29 のようなサンプリングである．$\dfrac{n}{N}$ は**抜き取り比**といわれ，$\dfrac{n}{N}<0.1$ なら二項分布 $B(n,p)$ で確率は近似される．

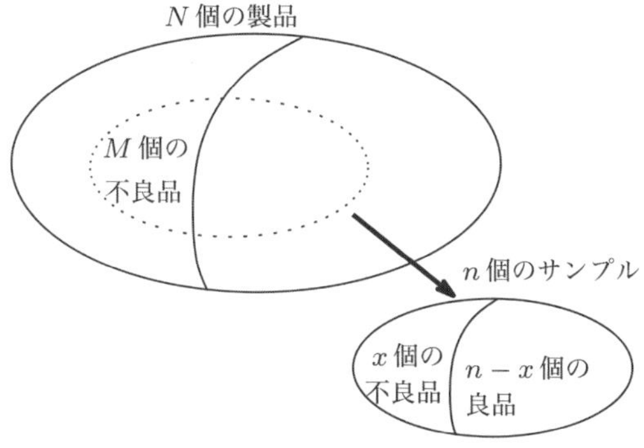

図 3.29 超幾何分布の概念図

(補 3-7) $\dfrac{M}{N}=p$ とおき，$N\to\infty(M\to\infty)$ のとき

$$P(X=x)\longrightarrow\binom{n}{x}p^x(1-p)^{n-x}$$

と二項分布で近似される．◁

演習 3-31 X が超幾何分布に従うとき

$$E(X)=\frac{nM}{N},V(X)=n\frac{M}{N}\frac{N-M}{N}\frac{N-n}{N-1}$$

であることを示せ．また，$EX(X-1)$ を求めよ．

演習 3-32 一点のみに確率をもつ分布を**単位分布**という．そこで確率は式 (3.38) のように与えられる．

$$P(X=x)=\begin{cases}1 & (x=a),\\ 0 & (x\neq a)\end{cases} \tag{3.38}$$

X が単位分布（$X=a$ でのみ値をとる）のとき，$E(X),V(X)$ を求めよ．

演習 3-33 2 点の一点を確率 p，もう一点を確率 $1-p$ でとる分布を **2 点分布**という．つまり，$P(X=a)=p,P(X=b)=1-p(0<p<1)$ のようになる．

① このときn個の独立な同じ2点分布に従う変数のうち，値aをとる変数の個数の分布は何か．
② $E(X), V(X)$を求めよ．

● **多項分布** (multinomial distribution)

$M(n; p_1, \ldots, p_k)$で表す．k個の互いに排反な事象（項目）のいずれかが確率$p_1, \ldots, p_k$で起こるとき($\sum_i p_i = 1$) 独立なn回の試行のうち各項目が$n_1, \ldots, n_k$回起こる確率は

$$(3.39)\qquad P(n_1, \ldots, n_k) = \frac{n!}{\prod_{i=1}^k n_i!} \prod_{i=1}^k p_i^{n_i} \qquad \left(\frac{n!}{\prod_{i=1}^k n_i!} = \binom{n}{n_1 n_2 \cdots n_k}\right)$$

で与えられる．このような確率変数の組（確率ベクトル）$\boldsymbol{n} = (n_1, \ldots, n_k)$は多項分布$M(n; p_1, \ldots, p_k)$に従うといい，$\boldsymbol{n} \sim M(n; p_1, \ldots, p_k)$と表す．

例題 3-12

ゲームで勝ちか，負けか，引き分けかのいずれかが起こる確率がそれぞれ0.4, 0.5, 0.1である人が6回試行して，勝ちが3回，負けが2回，引き分けが1回である確率を求めよ．

[解]　確率計算の式に代入して計算する．

$$P(n_1 = 3, n_2 = 2, n_3 = 1) = \frac{6!}{3!2!1!} 0.4^3 0.5^2 0.1^1 = 60 \times 0.064 \times 0.25 \times 0.1 = 0.096 \quad \square$$

出力ウィンドウ

```
import math
prob=math.gamma(7)/math.gamma(4)/math.gamma(3)/math.gamma(2)\
  *0.4**3*0.5**2*0.1**1
print(prob)
Out[  ]:0.09600000000000003
```

演習 3-34　ある農家ではある果物をL, M, Sに等級分けして箱につめて出荷している．各等級の割合が0.2, 0.5, 0.3であるとき，10個についてL, M, Sがそれぞれ2, 4, 4個である確率を求めよ．

演習 3-35　成功か失敗かのベルヌーイ試行を繰り返し，初めて成功するまでの回数の確率分布は幾何分布といわれる．成功確率が$p(= 0.3)$のときの，幾何分布に関する確率分布，分布関数のグラフを描いてみよ．

3.2.3　いくつかの統計量の分布

(1) $\overline{X}, \widetilde{X}$ の分布

$X_1, \ldots, X_n$が互いに独立に正規分布$N(\mu, \sigma^2)$に従うとき，$\overline{X}$は正規分布$N\left(\mu, \dfrac{\sigma^2}{n}\right)$に従う．また，メディアン$\widetilde{X}$の分布は順序統計量の分布で，密度関数はやや複雑な形をしているため省略するが，期待値と分散は

性質

$$(3.40)\qquad E(\widetilde{X}) = \mu, \qquad V(\widetilde{X}) = \frac{(m_3\sigma)^2}{n}$$

である．m_3はnに応じて決まる数で表3.8に与えている．

表 3.8　標準偏差，範囲などに関する係数表

群の大きさ n	m_3	d_2	d_3	c_2^*	c_3^*
2	1.000	1.128	0.853	0.7979	0.6028
3	1.160	1.693	0.888	0.8862	0.4632
4	1.092	2.059	0.880	0.9213	0.3888
5	1.198	2.326	0.864	0.9400	0.3412
6	1.135	2.534	0.848	0.9515	0.3076
7	1.214	2.704	0.833	0.9594	0.2822
8	1.160	2.847	0.820	0.9650	0.2458
9	1.223	2.970	0.808	0.9693	0.2458
10	1.177	3.078	0.797	0.9727	0.2322
⋮					
20 以上				$1-\dfrac{1}{4n}$	$\dfrac{1}{\sqrt{2n}}$

(2) V, S, s, R **の分布**

$X_1, \ldots, X_n$ が互いに独立に正規分布 $N(\mu, \sigma^2)$ に従うとき，V は補正して次の (3) の自由度 $n-1$ のカイ２乗分布に従うが，その期待値と分散は

性質

(3.41)　$E(V) = \sigma^2, \qquad V(V) = \dfrac{2}{n-2}\sigma^4$

である．また $s = \sqrt{V}, R$ の期待値と分散は

性質

(3.42)　$E(s) = c_2^*\sigma, \qquad V(s) = (c_3^*)^2\sigma^2$

(3.43)　$E(R) = d_2\sigma, \qquad V(R) = d_3^2\sigma^2$

である．ただし，c_2^*, c_3^*, d_2, d_3 はいずれもデータ数 n によって定まる定数で表 3.8 に与えてある．

(3) χ^2 **（カイ２乗）分布**

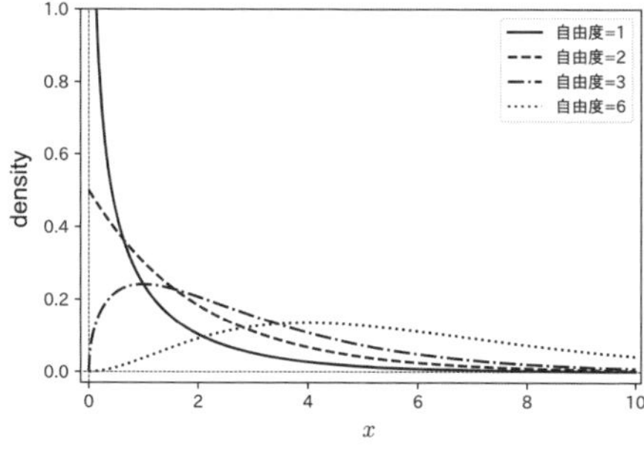

図 3.30　カイ２乗分布の確率密度関数のグラフ

$X_1, \ldots, X_n$ が互いに独立に標準正規分布 $N(0, 1^2)$ に従うとき，$T = \sum_{i=1}^n X_i^2$ は**自由度** n **のカイ２乗分布**に従うといい，$T \sim \chi_n^2$ のように表す．

自然数 n に対し，T の密度関数は

$$(3.44) \qquad f(t) = \frac{1}{2^{\frac{n}{2}}\Gamma(n/2)} t^{\frac{n}{2}-1} e^{-\frac{t}{2}} \qquad (0 < t < \infty)$$

で与えられる．（ここに $\Gamma(x)$ はガンマ関数で，$\Gamma(x) = \int_0^\infty e^{-t} t^{x-1} dt (x > 0)$ で定義される．そこで部分積分により，$\Gamma(x+1) = x\Gamma(x)$ なる関係がある．また $\Gamma(1/2) = \sqrt{\pi}, \Gamma(1) = 1$ である.）また，いくつかの n についてそのグラフを描くと，図 3.30 のようになる．

1. カイ 2 乗分布の密度関数の定義

出力ウィンドウ

```
linestyles=['-','--',':']#実線，破線，点線
import numpy as np
import math
import matplotlib.pyplot as plt
from scipy import integrate
X=[0,np.inf]
#確率密度関数の定義
def dchi(x):
  return 1/np.sqrt(2**(n/2))/math.gamma(n/2)*x**(n/2-1)*np.exp(-x/2)
#分布関数の定義
def pchi(x):
  return integrate.quad(dchi,0,x)[0]
n=5
xs=np.linspace(0,5,100)
plt.figure(figsize=(10,6)) #図のサイズ
plt.subplot(1,1,1)
plt.plot(xs,[dchi(x) for x in xs],label='f',color='gray') #m=0,s=4
plt.plot(xs,[pchi(x) for x in xs],label='F',ls='--',color='gray')
plt.title(' カイ 2 乗分布の確率密度関数と分布関数')
plt.xlabel('x')
plt.ylabel('y')
plt.legend()
plt.show()#図 3.31
```

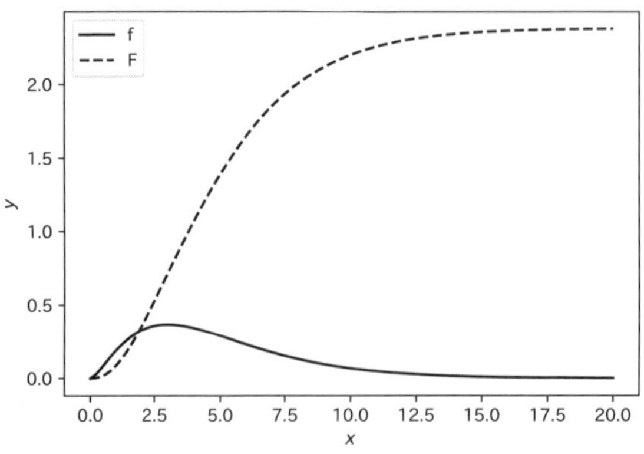

図 3.31　カイ 2 乗分布の確率密度関数と分布関数のグラフ

2. パッケージ scipy の利用

plt.plot(xs, stats.chi2.pdf(xs,5),$\cdots$),plt.plot(xs, stats.chi2.cdf(xs,5),$\cdots$)

3.rv の利用

rv=stats.chi(5),plt.plot(xs,rv.pdf(xs),$\cdots$),plt.plot(xs,rv.cdf(xs),$\cdots$)

4. いろいろなカイ 2 乗分布 $(\chi^2(n), n = 1, 2, 3, 6)$

出力ウィンドウ

```
linestyles=['-','--',':']#実線, 破線, 点線
import numpy as np
from scipy import stats
import matplotlib.pyplot as plt
xs=np.linspace(0,20,100)
plt.figure(figsize=(10,6)) #図のサイズ
plt.subplot(1,1,1)
deg_of_freedom = [1, 2, 3, 6]
for df, ls in zip(deg_of_freedom, linestyles):
 plt.plot(xs, stats.chi2.pdf(xs, df), linestyle=ls, label=r'$df=%i$' % df)
plt.title(' カイ 2 乗分布の確率密度関数')
plt.xlabel('x')
plt.ylabel('y')
plt.legend()
plt.show()
```

そして自由度 n のカイ 2 乗分布に従う確率変数の平均と分散は以下のようになる．

性質

$T \sim \chi^2_n$ のとき，

(3.45) $\quad E(T) = n, V(T) = 2n(n \geqq 1)$

$X \sim \chi^2_n$ のとき，確率 $P\big(X \geqq \chi^2(n, \alpha)\big) = \alpha$ を満足する $\chi^2(n, \alpha)$ を**上側** α **分位点**または**上側 100α% 点**という．これは**下側** $1 - \alpha$ **分位点**または**下側 100(1 − α)% 点**でもある．

カイ 2 乗分布の数値表の見方

数値表は自由度と面積から x 座標を与えている．自由度が上下（縦）で与えられ，左右（横）に片側（上側）の面積を与え，その交差点が x 座標の値である．そこで図 3.32 のように与えられる．

$$\alpha \Longrightarrow \chi^2(n, \alpha)$$

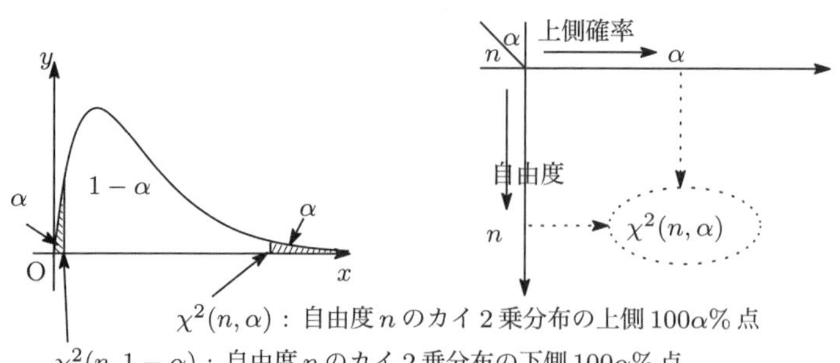

図 3.32　カイ 2 乗分布の分位点（% 点）

Pythonでは，x 座標と自由度が与えれらたカイ 2 乗分布の密度，分布関数が stats.chi2.pdf（x，自由度），stats.chi2.cdf（x，自由度）で得られ，その分位点は stats.chi2.ppf（累積確率，自由度）で得られる．(rv.pdf , rv.cdf, rv.isf)

演習 3-35　数値表または Python により以下の値を求めよ．
① $\chi^2(3, 0.05)$　　② $\chi^2(5, 0.025)$　　③ $\chi^2(8, 0.975)$

また他の分布に関する関数も用意されている．表 3.9 に代表的なものを挙げておこう．

(4) t（ティー）分布

X が標準正規分布 $N(0, 1^2)$ に従い，それと独立な Y が自由度 n のカイ 2 乗分布に従うとき，$T = \dfrac{X}{\sqrt{Y/n}}$ は**自由度 n の t 分布**に従うといい，$T \sim t_n$ のように表す．

その密度関数は自然数 n に対し

$$(3.46)\qquad f(t) = \frac{1}{\sqrt{n\pi}} \frac{\Gamma\left(\frac{n+1}{2}\right)}{\Gamma\left(\frac{n}{2}\right)} \frac{1}{\left(1 + \frac{t^2}{n}\right)^{\frac{n+1}{2}}} \qquad (-\infty < t < \infty)$$

で与えられる．この分布を，自由度 n の t 分布といい，t_n で表す．$n = 1$ のとき，t_1 はコーシー分布 $C(0, 1)$ である．いくつかの n ついて，そのグラフは図 3.33 のようになる．

そして自由度 n の t 分布に従う確率変数の平均と分散は以下のようになる．

性質

$T \sim t_n$ のとき，

$$(3.47)\qquad E(T) = 0, V(T) = \frac{n}{n-2} (n \geqq 3)$$

$X \sim t_n$ のとき，確率 $P\big(|X| \geqq t(n, \alpha)\big) = \alpha$ を満足する $t(n, \alpha)$ を**両側 α 分位点**または**両側 100α% 点**という．これは**片側 $\alpha/2$ 分位点**でもある．

t 分布の数値表の見方

数値表は自由度と面積から x 座標を与えている．自由度が上下（縦）で与えられ，左右（横）に両側の面積を与えその交差点が x 座標の値である．そこで図 3.34 のようになる．

Pythonでは，x 座標と自由度が与えられた t 分布の密度，分布関数が stats.t.pdf（x，自由度），stats.t.cdf（x，自由度）で得られ，その分位点は stats.t.ppf（累積確率，自由度）で与

表 **3.9** 代表的な分布の密度, 累積確率と分位点 (% 点) を与える関数

分　布	密度関数
正規分布	`stats.norm.pdf`(u 値, 平均, 標準偏差)
一様分布	`stats.uniform.pdf`(区間の下側, 区間の上側)
指数分布	`stats.expon.pdf`(値, λ)
二項分布	`stats.binom.pmf`(生起回数, 試行回数, 不良率)
ポアソン分布	`stats.poisson.pmf`(生起回数, 母欠点数)
幾何	`stats.geom.pmf`(試行数, 成功率)
カイ 2 乗分布	`stats.chi2.pdf`(カイ 2 乗値, 自由度)
t 分布	`stats.t.pdf`(t 値, 自由度)
F 分布	`ststs.f.pdf`(F 値, 第 1 自由度, 第 2 自由度)

分　布	累積確率 (下側確率, 分布関数)
正規分布	`stats.norm.cdf`(u 値, 平均, 標準偏差)
一様分布	`stats.uniform.cdf`(区間の下側, 区間の上側)
指数分布	`stats.expon.cdf`(値, λ)
二項分布	`stats.binom.cdf`(生起回数, 試行回数, 不良率)
ポアソン分布	`stats.poisson.cdf`(生起回数, 母欠点数)
幾何	`stats.geom.cdf`(試行数, 成功率)
カイ 2 乗分布	`stats.chi2.cdf`(カイ 2 乗値, 自由度)
t 分布	`stats.t.cdf`(t 値, 自由度)
F 分布	`stats.f.cdf`(F 値, 第 1 自由度, 第 2 自由度)

分　布	下側分位点 (% 点)
正規分布	`stats.norm.ppf`(累積確率, 平均, 分散)
一様分布	`stats.uniform.ppf`(区間の下側, 区間の上側)
指数分布	`stats.expon.ppf`(値, λ)
二項分布	`stats.binom.ppf`(下側確率, 試行回数, 不良率)
ポアソン分布	`stats.poisson.ppf`(下側確率, 母欠点数)
幾何	`stats.geom.ppf`(試行数, 成功率)
カイ 2 乗分布	`stats.chi2.ppf`(累積確率, 自由度)
t 分布	`stats.t.ppf`(累積確率, 自由度)
F 分布	`stats.f.ppf`(累積確率, 第 1 自由度, 第 2 自由度)

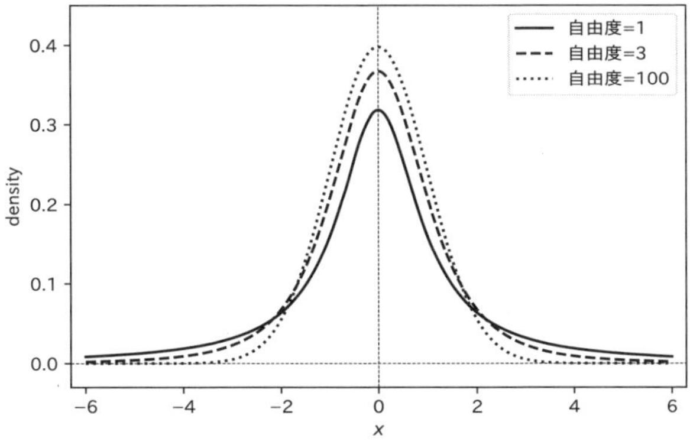

図 **3.33**　t 分布の確率密度関数のグラフ

えられる．以下で具体的に実行してみよう．

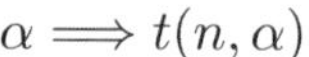

$$\alpha \Longrightarrow t(n, \alpha)$$

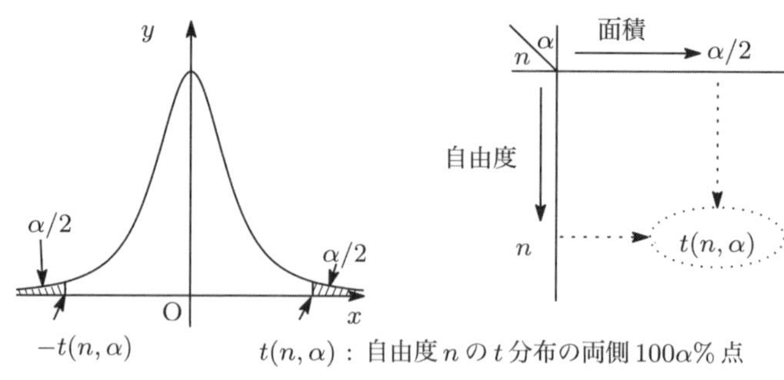

図 3.34　t 分布の両側分位点（% 点）

1. t 分布の密度関数の定義

出力ウィンドウ

```
linestyles=['-','--',':']#実線，破線，点線
import numpy as np
import matplotlib.pyplot as plt
from scipy import integrate
import math
X=[-np.inf,np.inf]
#確率密度関数の定義
def dt(x):
 return math.gamma((n+1)/2)/np.sqrt(n*np.pi)/math.gamma(n/2)\
 *(1+x**2/n)**(-(n+1)/2)
#分布関数の定義
def pt(x):
 return integrate.quad(dt,-np.inf,x)[0]
n=3
plt.figure(figsize=(10,6)) #図のサイズ
plt.subplot(1,1,1)
xs=np.linspace(-3,3,100)
plt.plot(xs,[dt(x) for x in xs],label='f',color='gray')
plt.plot(xs,[pt(x) for x in xs],label='F',ls='--',color='gray')
plt.title('t 分布の確率密度関数と分布関数')
plt.xlabel('x')
plt.ylabel('y')
plt.legend()
plt.show()#図 3.35
```

2. パッケージ scipy の利用

n=5,plt.plot(x,stats.t.pdf(x,5),$\cdots$),plt.plot(x,stats.t.cdf(x,5),$\cdots$)

3.rv から t 分布

rv=stats.t(5),n=5,plt.plot(x,rv.pdf(x),$\cdots$),plt.plot(x,rv.cdf(x),$\cdots$)

4. いろいろな t 分布 $(t_n, n = 1, 3, 100)$

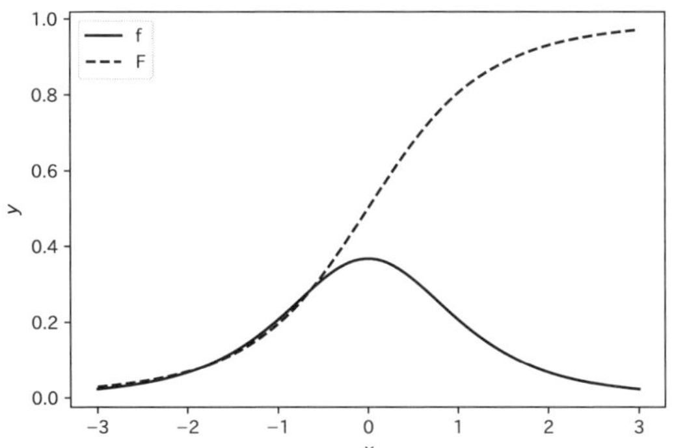

図 3.35　t 分布の確率密度関数と分布関数のグラフ

出力ウィンドウ

```
import numpy as np
import matplotlib.pyplot as plt
from scipy import stats
linestyles = [':', '--', '-.']#実線, 破線, 点線
plt.figure(figsize=(10,6)) #図のサイズ
plt.subplot(1,1,1)
x=np.linspace(-6,6,100)
deg_of_freedom = [1,3,100]
for df, ls in zip(deg_of_freedom, linestyles):
    rv=stats.t(df)
    plt.plot(x, stats.t.pdf(x, df), linestyle=ls, label=r'$df=%i$' % df)
 # plt.plot(x, rv.pdf(x), linestyle=ls, label=r'$df=%i$' % df)
plt.xlabel('$t$')
plt.ylabel(r'$f(t)$')
plt.title('t 分布の確率密度関数')
plt.axis([-6,6,-0.02,0.6])
plt.legend()
plt.grid()
plt.show()
```

演習 3-37　数値表または Python により以下の値を求めよ．

① $t(4, 0.05)$　　② $t(8, 0.025)$　　③ $t(\infty, 0.05)$

(5) F（エフ）分布

X が自由度 m のカイ 2 乗分布に従い，それと独立な Y が自由度 n のカイ 2 乗分布に従うとき，$T = \dfrac{X/m}{Y/n}$ は**自由度 $(m,\ n)$ の F 分布**に従うといい，$T \sim F_{m,n}$ のように表す．

その密度関数は自然数 m, n に対し，

$$f(t) = \frac{\Gamma\left(\dfrac{m+n}{2}\right) m^{\frac{m}{2}} n^{\frac{n}{2}}}{\Gamma\left(\dfrac{m}{2}\right)\Gamma\left(\dfrac{n}{2}\right)} \frac{t^{\frac{m}{2}-1}}{(mt+n)^{\frac{m+n}{2}}} \qquad (0 < t < \infty) \tag{3.48}$$

で与えられる．この分布を，自由度 (m, n) の F 分布といい，$F_{m,n}$ で表す．また，いくつかの (m, n) の組についてそのグラフは図 3.36 のようになる．

1.F 分布の確率密度関数の定義

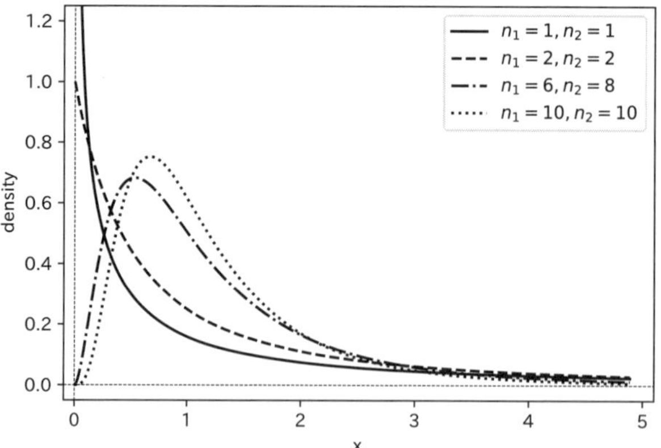

図 3.36　F 分布の確率密度関数のグラフ

出力ウィンドウ

```
import numpy as np
import matplotlib.pyplot as plt
from scipy import integrate
import math
#確率密度関数の定義
def df(x):
   return math.gamma((m+n)/2)*m**(m/2)*n**(n/2)/math.gamma(m/2)\
   /math.gamma(n/2)*x**(m/2-1)*(m*x+n)**(-(m+n)/2)
#分布度関数の定義
def pf(x):
  return integrate.quad(df,0,x)[0]
m=3;n=6
plt.figure(figsize=(10,6)) #図のサイズ
plt.subplot(1,1,1)
xs=np.linspace(0,10,100)
plt.plot(xs,[df(x) for x in xs],label='f',color='gray')
plt.plot(xs,[pf(x) for x in xs],label='F',ls='--',color='gray')
plt.title('F 分布の確率密度関数と分布関数')
plt.xlabel('x')
plt.ylabel('y')
plt.legend()
plt.show()#図 3.37
```

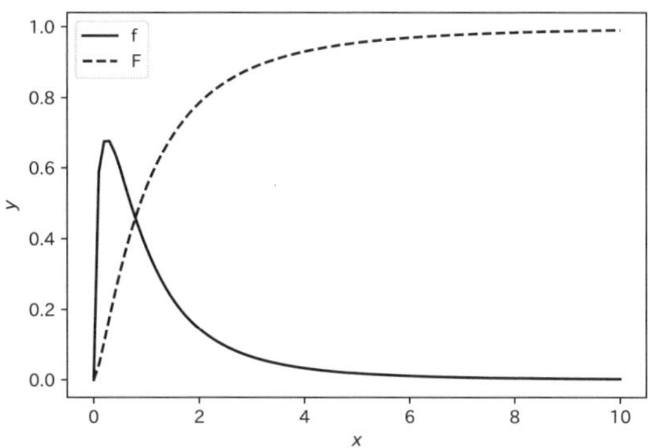

図 3.37 F 分布の確率密度関数と分布関数のグラフ

2. パッケージ scipy の利用

plt.plot(x,stats.f.pdf(x,3,6),$\cdots$),plt.plot(x,stats.f.cdf(x,3,6),$\cdots$)

3.rv の利用

rv=stats.f(3,6),plt.plot(x,rv.pdf(x),$\cdots$),plt.plot(x,rv.cdf(x),$\cdots$)

4. いろいろな F 分布 $(F(m,n),(m,n)=(1,1),(2,2),(6,8),(10,10))$

出力ウィンドウ

```
import numpy as np
import matplotlib.pyplot as plt
from scipy import stats
plt.figure(figsize=(10,6))
plt.subplot(1,1,1)
linestyles = ['-', '--',':', '-.',]#実線，破線，点線，一点鎖線
x=np.linspace(0,6,200)[1:]
deg_of_freedom = [(1,1),(2,2),(6,8),(10,10)]
for (m,n), ls in zip(deg_of_freedom, linestyles):
 rv=stats.f(m,n)
 plt.plot(x, rv.pdf(x), ls=ls, label=r'$m=%i, n=%i$' % (m,n),color
='gray')
plt.title('F 分布の確率密度関数')
plt.xlabel('$x$')
plt.ylabel(r'$f(x)$')
plt.legend()
plt.show()
```

性質

(3.49) $T \sim F_{m,n}$ のとき，$E(T)=\dfrac{n}{n-2}(n>2)$,

$$V(T)=\frac{2n^2(m+n-2)}{m(n-2)^2(n-4)}(n>4)$$

$X \sim F_{m,n}$ のとき，確率 $P\bigl(X \geqq F(m,n;\alpha)\bigr)=\alpha$ を満足する $F(m,n;\alpha)$ を**上側 α 分位点**または**上側 100α% 点**という．これは**下側 $1-\alpha$ 分位点**でもある．$\dfrac{1}{X} \sim F_{n,m}$ だから次の性質が成り立つ．

性質

$$(3.50)\qquad F(m,n;\alpha)=\frac{1}{F(n,m;1-\alpha)}$$

(∵)　$\alpha=P\Bigl(X\geqq F(m,n;\alpha)\Bigr)=P\Bigl(\frac{1}{X}\leqq\frac{1}{F(m,n;\alpha)}\Bigr)$ だから，$P\Bigl(\frac{1}{X}\geqq\frac{1}{F(m,n;\alpha)}\Bigr)=1-\alpha$ となる．$\frac{1}{X}\sim F_{n,m}$ より，$\frac{1}{F(m,n;\alpha)}=F(n,m;1-\alpha)$　□

F 分布の数値表の見方

数値表は自由度の組と面積から x 座標を与えている．各面積の値(片側確率)(0.025,0.05,0.10 など）ごとに数表があり，自由度の組は左右（横）が分子の自由度で，上下（縦）が分母の自由度で与えられ，その交差点が x 座標の値である．そこで図3.38のようになる．

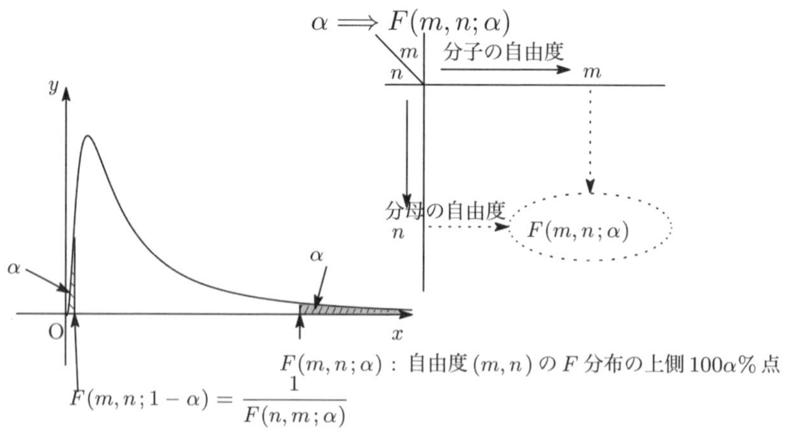

図 3.38　F 分布の分位点（% 点）

Python では，x 座標と自由度1と自由度2が与えられた F 分布の密度，分布関数が stats.f.pdf（x，自由度1，自由度2)，stats.f.pdf（x，自由度1，自由度2）で得られ，その分位点は stats.f.ppf（累積確率，自由度1，自由度2）で得られる．

演習 3-38　数値表または Python により以下の値を求めよ．
① $F(3,2;0.05)$　② $F(6,5;0.025)$　③ $F(5,6;0.975)$

3.2.4　分布間の関係

① $X\sim N(0,1^2)$ のとき，$X^2\sim\chi_1^2$ だから $u(\alpha)=\sqrt{\chi^2(1,\alpha/2)}$．② t_∞ と $N(0,1^2)$ は同じだから，$t(\infty,\alpha)=u(\alpha)$．③ $t\sim t_\phi\quad\Rightarrow\quad t^2\sim F_{1,\phi}$ だから $t(\phi,\alpha)=\sqrt{F(1,\phi;\alpha/2)}$．④ $\chi^2\sim\chi_\phi^2\Rightarrow\frac{\chi^2}{\phi}\sim F_{\phi,\infty}$ だから $\chi^2(\phi,P)=\phi F(\phi,\infty;P)$．

そこで，統計量の分布間では，図3.39のような関係がある．

演習 3-39　数値表により以下の値を求めよ．
① $u(0.05)$ と $\chi^2(1,0.025)$　② $t(\infty,0.05)$ と $u(0.05)$　③ $t(6,0.05)$ と $F(1,6;0.025)$

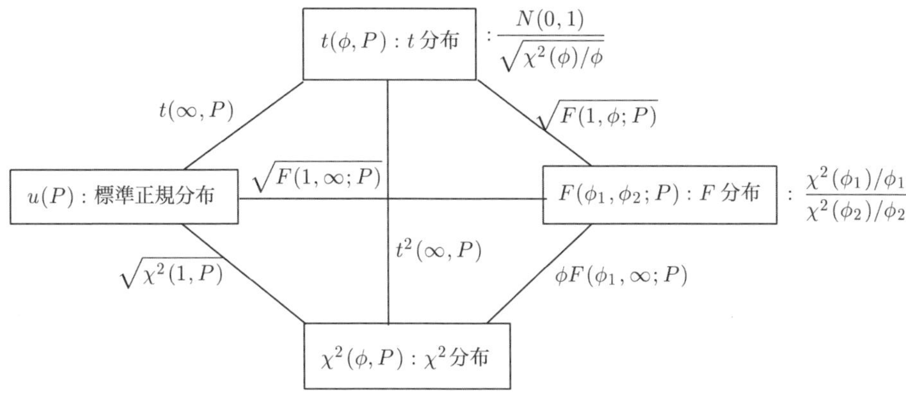

図 3.39　統計量の分布間の関係

④ $\chi^2(3, 0.05)$ と $3 \times F(3, \infty; 0.05)$

また分布間での母数が変化したとき（近似）では，以下の図 3.40 のような関係がある．

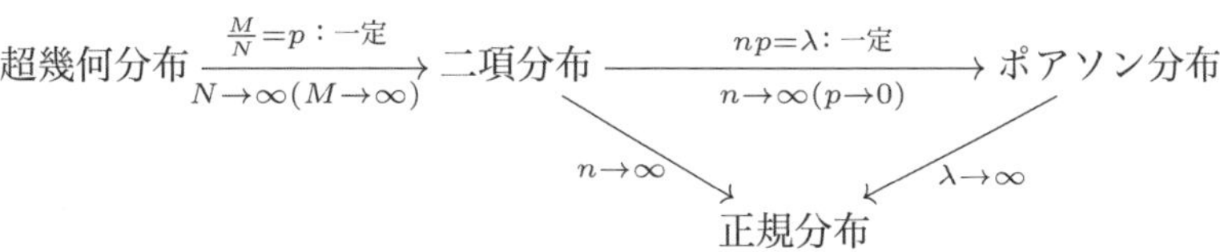

図 3.40　母集団分布間の近似関係

代表的な二項分布とポアソン分布については，関係式を表すと以下のような式になる．

$$(3.51)\qquad P(X \leqq x) = P\left(\frac{X-np}{\sqrt{np(1-p)}} \leqq \frac{x-np}{\sqrt{np(1-p)}}\right) \fallingdotseq \Phi\left(\frac{x-np}{\sqrt{np(1-p)}}\right),$$

$$(3.52)\qquad P(X \leqq x) = P\left(\frac{X-\lambda}{\sqrt{\lambda}} \leqq \frac{x-\lambda}{\sqrt{\lambda}}\right) \fallingdotseq \Phi\left(\frac{x-\lambda}{\sqrt{\lambda}}\right).$$

(補 3-8)

• 二項分布での累積確率は F 分布の密度関数の積分によって計算できる．まず帰納的に以下が示される．$X \sim B(n,p)$ のとき

$$(3.53)\qquad P(X \leqq k) = \sum_{r=0}^{k}\binom{n}{r}p^r(1-p)^{n-r} = 1 - \sum_{r=k+1}^{n}\binom{n}{r}p^r(1-p)^{n-r}$$
$$= 1 - \frac{n!}{k!(n-k-1)}\int_0^p t^k(1-t)^{n-k-1}dt$$

更に，自由度 (n_1, n_2) の F 分布の密度関数を $f_{n_1,n_2}(x)$ で表すと，式 (3.47) の右辺は以下のように表せる．

$$(3.47) = 1 - \int_0^f f_{n_1,n_2}(x)dx = \int_f^\infty f_{n_1,n_2}(x)dx = P(Y \geqq f)$$

ただし，$n_1 = 2(k+1), n_2 = 2(n-k)$ かつ，確率変数 Y は $Y \sim F_{n_1,n_2}$ で $f = \dfrac{n_2 p}{n_1(1-p)}$ である．

• ポアソン分布での累積確率はカイ２乗分布の密度関数の積分計算により計算できる．$X \sim P_o(\lambda)$ のとき

$$P(X \leqq k) = \sum_{r=0}^{k} \frac{e^{-\lambda}\lambda^r}{r!} = 1 - \sum_{r=k+1}^{n} \frac{e^{-\lambda}\lambda^r}{r!} = 1 - \frac{1}{k!}\int_0^{\lambda} t^k e^{-t} dt \tag{3.54}$$

が示される．更に，自由度 $2(k+1)$ のカイ２乗分布の密度関数を $f_{2(k+1)}(x)$ で表すと，式 (3.54) の右辺は以下のように表せる．

$$(3.54) = \int_{2\lambda}^{\infty} f_{2(k+1)}(x)dx = P(Y \geqq 2\lambda)$$ 　ただし，確率変数 Y は $Y \sim \chi^2_{2(k+1)}$ である．◁

第 4 章　検定と推定

4.1　検定と推定の考え方

4.1.1　点推定と区間推定

正規分布の（母）平均 μ，（母）分散 σ^2 のように分布を決めるような定数を分布の**母数**（パラメータ：parameter）という．そこで，この母数がわかれば分布がわかる．そして，その母数の推定 (estimation) には，ある一つの値で指定しようとする**点推定** (point estimation) と，母数をある区間でもって指定しようとする**区間推定** (interval estimation) がある（図 4.1 参照）．

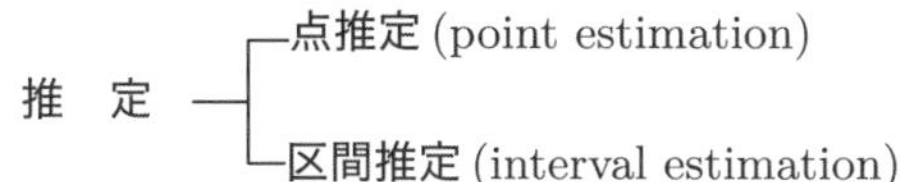

図 4.1　推定の種類

つまり，区間推定では，ある区間 $[a, b]$ に母数が含まれるというように指定する．そして推定の良さの評価法にはいくつかの基準がある．θ（テータ，シータ）の点推定量を $\widehat{\theta}$（テータハット）と表すとき $b(\theta) = E(\widehat{\theta}) - \theta$ を**偏り** (bias) と呼び，任意の θ について $b(\theta) = 0$ が成立するとき**不偏**（ふへん）(unbiased) であるという．推定量としては不偏で分散が小さいことが望ましい．良さの評価基準は他にもいろいろ考えられている．

（補 4-1） 一致性，有効性，十分性，許容性，minimax 性などの良さの評価規準がある．また推定方法には，最尤法（さいゆうほう），モーメント法，最小 2 乗法などがある．◁

サンプルから構成した母数 θ を含む区間の下限を**信頼下限**（下側信頼限界）といい，θ_L で表す．対して，区間の上限を**信頼上限**（上側信頼限界）といい，θ_U とする．両者をあわせて**信頼限界** (confidence limits) という．そして区間 (θ_L, θ_U) を**信頼区間** (confidence interval) という．また母数 θ を区間が含む確率を**信頼率**（confidence coefficient：信頼係数，信頼確率，信頼度）という．信頼度は十分小さな $\alpha (0 < \alpha < 1)$ に対して，$1 - \alpha$, $100(1 - \alpha)\%$ のように表し，通常 $\alpha = 0.05$, 0.10 のときに信頼区間が求められる．つまり，通常 95%, 90% 信頼区間が求められる．

例題 4-1

ある大学生の昼食代のデータ $X_1, \ldots, X_n$ が正規分布 $N(\mu, 50^2)$ に従っているとき，母平均 μ の点推定量，及び信頼係数 95% の信頼区間を構成せよ．また，ランダムにある大学の大学生 4 人に昼食代を聞いたところ，450, 350, 280, 500（円）であった．このデータに関して，昼食代の母平均の点推定値，信頼係数 95% の信頼区間を求めよ．

[解]　**手順1**　μ の点推定量 $\widehat{\mu}$ は $\widehat{\mu} = \overline{X}$ である．

手順2　μ の信頼率 $1-\alpha$ の信頼区間は，$X_1, \ldots, X_n$ が独立に同一の分布 $N(\mu, \sigma^2)$ に従うとき，それらの算術平均は平均 μ，分散 $\dfrac{\sigma^2}{n}$ の正規分布に従うので，$\overline{X} \sim N\left(\mu, \dfrac{\sigma^2}{n}\right)$ より

$$P\left(\left|\frac{\overline{X}-\mu}{\sqrt{\sigma^2/n}}\right| < u(\alpha)\right) = 1-\alpha \tag{4.1}$$

なので，確率の中の不等式を μ について解くことにより $\overline{X} \pm u(\alpha)\sqrt{\dfrac{\sigma^2}{n}}$ で与えられる．

次に，信頼係数 $95\% = 100(1-\alpha)$ より $\alpha = 0.05$ だから $u(0.05) = 1.96$ であり，分散が $\sigma^2 = 50^2$ で既知より，

$$\overline{X} \pm 1.96\sqrt{\frac{50^2}{n}} = \overline{X} \pm \frac{98}{\sqrt{n}}$$

である．

そして，実際のデータを代入することで

点推定値は，$\widehat{\mu} = \overline{X} = \dfrac{450+350+280+500}{4} = 395$,

95% 信頼区間は，$\overline{X} \pm 1.96\sqrt{\dfrac{50^2}{n}} = 395 \pm \dfrac{98}{\sqrt{4}} = 395 \pm 49 = 346 \sim 444$ と求まる．□

次に，Python で逐次実行してみよう．

出力ウィンドウ

```
import numpy as np
from scipy import stats
x=[450,350,280,500] # データ入力
mx=np.mean(x)
rv=stats.norm(0,1)
haba=rv.isf(0.025)*50/np.sqrt(len(x)) # 区間幅を求める
print('平均',mx.round(4),'区間幅',haba.round(4))
Out[ ]:平均 395.0 区間幅 48.9991
sita=mx-haba # 信頼限界を求める
ue=mx+haba # 信頼限界を求める
print("下側信頼限界",sita.round(4),"上側信頼限界",ue.round(4))
Out[ ]:下側信頼限界 346.0009 上側信頼限界 443.9991
```

ここで，Python によってデータから信頼区間を構成する関数を作成すると以下のようになる．なお，関数の名前を付けるにあたって，ここでは n1m_evk() としているが，順に n は正規分布 (normal distribution)，1 は 1 母集団，m は平均 (mean) で e は推定 (estimation)，v は分散 (variance)，k は既知 (known) であることを示すように付けている．後出 115 ページの図 4.8 に対応している．例えば $N(\mu, \sigma^2)$ に関して，以下のように対応している．

分布→ 母集団の個数→ 母数 $\Longrightarrow$　n → 1 → mean

平均を推定する関数を作成してみよう．

1標本での平均の推定関数（分散既知）

```
#n1m_evk
import numpy as np
from scipy import stats
def n1m_evk(x,v0,conf_level):# x:データ,v0:既知の分散関数n1m_evkの定義
 # conf_level:信頼係数(0と1の間)
 n=len(x)
 mx=np.mean(x)
 alpha=1-conf_level
 cl=100*conf_level
 haba=stats.norm.ppf(1-alpha/2)*np.sqrt(v0/n) #下側1-alpha/2分位点*・・・
 sita=mx-haba;ue=mx+haba
 print("点推定",mx.round(4))
 print(cl,"%下側信頼限界",sita.round(4),cl,"%上側信頼限界",ue.round(4))
```

上の推定関数を，例題のデータに適用してみよう．

出力ウィンドウ

```
x=[450,350,280,500]
n1m_evk(x,50**2,0.95)
Out[ ]:点推定395.0
95.0% 下側信頼限界 346.0009 95.0% 上側信頼限界 443.9991
```

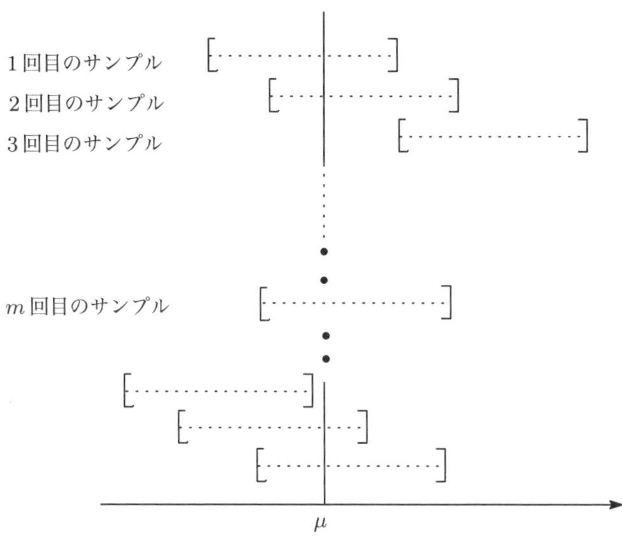

図4.2　信頼区間

例題4-1で信頼区間は $\left[\overline{X}-\dfrac{98}{\sqrt{n}},\overline{X}+\dfrac{98}{\sqrt{n}}\right]$ であるが，データ数 n が一定であれば $\overline{X}$ が変化するのみなので，例えば n 個ずつ100回繰返しデータを取れば，図4.2のように母数 μ を5回ぐらいは含まないこともある．また n が大きいほど区間幅は狭くなり，信頼度をあげれば区間幅は広くなる．

演習 4-1　ある製品の製造工程からランダムに n 個の製品を抜き取り調べたところ，x 個が不良であるとき，不良率 p の点推定量を求めよ．

演習 4-2　通学時間のデータ $X_1,\ldots,X_n$ が $N(\mu,4^2)$ の正規分布に従っているとき，これらのデータを用いて μ の点推定量及び信頼係数 90% の信頼区間を構成せよ．

演習 4-3　$N(60,5^2)$ の正規乱数を 10 個ずつ 100 回発生し，毎回 95% 信頼区間を構成し，60 を何回含むか実行してみよ．

(参考)　Python による関数

演習 4-3 に対応して Python で作成した関数が以下である．その実行結果が図 4.3 で，横の中心線が真の平均で，100 回繰り返し作成した信頼区間が縦の線分である．何本かの線分が中心線を含まない状況がうかがえるだろう．

1 標本での平均の信頼区間のシミュレーション関数（分散既知）

```
#n1m_evksm
#正規分布の1標本での平均に関する推定（分散既知）でのシミュレーション(simulation)
# n:発生乱数の個数, r:繰返し数 m:平均 # s:標準偏差 conf_level:信頼係数
import numpy as np
from scipy import stats
#グラフを描画
import matplotlib.pyplot as plt
plt.figure(figsize=(10,10))
plt.subplot(1,1,1)
def n1m_vksim(n,r,m,s,cl):
#n:サンプル数,r:繰返し数,m：母平均, s：母標準偏差,cl：信頼係数
 rv=stats.norm(m,s)
 plt.vlines(m,0,r+1) #縦軸
 cnt=0
 for i in range(r):
    x=rv.rvs(n)
    mx=np.mean(x)  # rv1=stats.norm(0,1)
    haba=stats.norm.ppf(cl)*np.sqrt(s**2/n)  #rv1.isf(1-cl)の利用
    sita=mx-haba;ue=mx+haba
    if sita <= m <= ue:
        plt.scatter(mx,i,color='gray')
        plt.hlines(i,sita,ue,color='gray')
        cnt +=1
    else:
        plt.scatter(mx,i,color='b')
        plt.hlines(i,sita,ue,color='b')
 wari=cnt/r
 print('割合',wari)
 #plt.set_xticks([m])
 #plt.set_xticklabela([])
 print('母平均',m)
 plt.show()
```

上の関数を，具体的にデータに適用してみよう．

出力ウィンドウ

```
n1m_vksim(20,100,2,3,0.95)
Out[  ]:割合 0.89
母平均 2
# 図 4.3 が実行結果
```

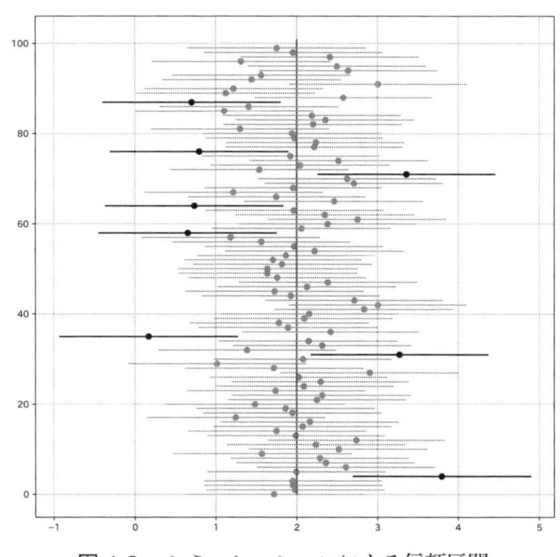

図 4.3 シミュレーションによる信頼区間

演習 4-4 演習 4-3 と同様に $N(60, 5^2)$ の正規乱数を 10 個ずつ 100 回発生し，毎回分散の 95% 信頼区間を構成し，5^2 を何回含むか実行してみよ．

4.1.2 検定における仮説と有意水準

仮説を立てて，その真偽を判定する方法に（仮説）**検定** (test) がある．つまり，ある命題が成り立つか否かを判定することをいう．考えられる全体を仮説の対象と考え，まず成り立たないと思われる仮説を**帰無仮説**（きむ）(null hypothesis) として立て，その残りを**対立仮説**（たいりつ）(alternative hypothesis) とする．そして，帰無仮説が**棄却**（ききゃく）(reject) されたら**採択**（さいたく）(accept) する仮説が対立仮説である．帰無仮説は**ゼロ仮説**ともいわれ，ここでは H_0（エイチゼロ）で表し，対立仮説を H_1（エイチワン）で表す．H_0 からみれば棄却するかどうか，H_1 からみれば採択するかどうかを判定するのである．そして判定のためのデータから計算される統計量を**検定統計量** (test statistics) という．間違いなく判定（断）できれば良いが，少なからず判定には以下のような二つの誤りがある．

ある盗難事件があり，彼が犯人であると思われるとき，帰無仮説に彼は犯人でないという仮説をたて，対立仮説に彼は犯人であるという仮説をたてた場合を考えよう．判定では，彼は犯人でないにもかかわらず，犯人であるとする誤り（帰無仮説が正しいにもかかわらず，帰無仮説を棄却する誤り）があり，これを**第 1 種の誤り** (typeI error)，あわて者の誤り，生産者危険などという．そして，その確率を**有意水準** (significance level)，**危険率**または**検定のサイズ**といい，α（アルファ）で表す．必要な物で捨ててはいけない物をあわてて捨ててしまうあわて者（アルファ α）の誤りである．

さらに，犯人であるにもかかわらず犯人でないとする誤り（帰無仮説がまちがっているにもかかわらず，棄却しない誤り）もあり，これを**第2種の誤り** (typeII error)，ぼんやり者の誤り，消費者危険などといい，その確率を β（ベータ）で表す．捨てないといけなかったのにぼんやり（ベータ β）してて捨てなかった誤りである．図4.4を参照されたい．

そして，犯人であるときは，ちゃんと犯人であるといえる（帰無仮説がまちがっているときは，まちがっているといえる）ことが必要で，その確率を**検出力** (power) といい，$1-\beta$ となる．二つの誤りがどちらも小さいことが望まれるが，普通，一方を小さくすると他方が大きくなる関係（トレード・オフ (trade-off) の関係）がある．そこで第1種の誤りの確率 α を普通 5%，1% と小さく保ったもとで，できるだけ検出力の高い検定（判定）方式を与えることが望まれる．そして母数を横軸にとり，$1-\beta$ を縦軸方向に描いたものを**検出力曲線** (power curve) という．

(補 4-2)　良さの基準から導かれた結果として（一様）最強力検定，不偏検定，不変検定などがある．◁

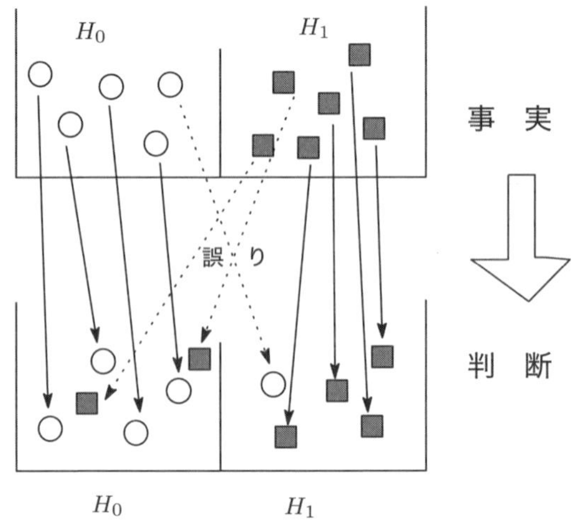

図 **4.4**　仮説と判断

そして，検定における判定（判断）と真実（現実）との相違を一覧にすると，表4.1のようになる．また，2種の誤りのいろいろな呼び方を表4.2にまとめておこう．

ここで注意したいのは帰無仮説が棄却される場合は有意に棄却され，対立仮説であることが高い確率でいえる．しかし**帰無仮説が棄却されないからといって，帰無仮説が正しいことはあまりいえない**．つまり有意水準 α で棄却されないだけであり，帰無仮説が棄却されるわけではないくらいの感じでいえるだけである．例えば，得点が95点以上なら大変良くできるとするとき，95点を超えなくてもできないというわけではない．有意水準を小さくすればいくら

表 4.1 検定における判定（判断）と正誤

判定 ＼ 正しい仮説	H_0	H_1
H_0 を受容（H_1 を採択しない） 確率	○ $1-\alpha$	第 2 種の過誤 β
H_0 を棄却（H_1 を採択） 確率	第 1 種の過誤 α	○ $1-\beta$
確率計	1	1

表 4.2 2 種の誤りの呼び方

2 種の誤り	第 1 種の誤り	第 2 種の誤り
呼び方	有意水準 危険率 検定のサイズ あわて者の誤り 生産者危険	ぼんやり者の誤り 消費者危険
確率	α	β

でも帰無仮説を棄却しないようにでき，棄却できないからといって帰無仮説が正しいと強くいえるわけではない．

実際コイン投げを 5 回行い，表がでるか裏がでるかを調べたところ，すべて表であったとする．（あるいは，ある家庭で子供が 5 人生まれたとして，男の子か女の子であるか調べたところ，すべて男であったとする，など．）このとき帰無仮説として，「このコインは表と裏のでる確率は 1/2 である」をたて，対立仮説として「1/2 でない」とする．すると，帰無仮説が成立するとしたもとで 5 回全て表である確率は $(1/2)^5 = 1/32 = 0.03125$ でかなり小さく，この帰無仮説は成り立たないのではないかと考えられる．そこで帰無仮説を棄却し対立仮説を採択する．同様にバスケットボールでシュートすると，成功する確率が 0.8 の人が 5 回シュートして 5 回とも外れるとすれば，その確率は $0.2^5 = 0.00032$ で非常に小さい．そこで，成功率が 0.8 という仮説はおかしいと考えるのである．

そして，実際に検定するときの流れは大体，以下のようになる．

検定の手順（検定の 5 段階）

手順 1　前提条件のチェック（分布，モデルの確認など）
手順 2　仮説と有意水準 (α) の設定
手順 3　棄却域の設定（検定方式の決定）
手順 4　検定統計量の計算
手順 5　判定と結論

ここで簡単のため，分散が 1^2 で平均 μ の正規分布 $N(\mu, 1^2)$ の平均 μ に関して，次の検定問題を考える．つまり有意水準 α（$0 < \alpha < 1$：十分小）に対し，帰無仮説 $H_0 : \mu = \mu_0$，対立仮説 $H_1 : \mu > \mu_0$ を考える．これを

$$\begin{cases} H_0 & : \quad \mu = \mu_0 \\ H_1 & : \quad \mu > \mu_0,\ \text{有意水準}\quad \alpha \end{cases}$$

のように表すことにする．このときデータからの統計量 $T = \overline{X}$ に基づき

検定方式

$T > C \Longrightarrow H_0$ を棄却
$T < C \Longrightarrow H_0$ を棄却しない

$\left(\text{ここに} \overline{X} \sim N\left(\mu, \left(\frac{1}{\sqrt{n}}\right)^2\right) \text{である．} \right)$

とする検定方式をとる．添え字に対応して $f_i(x)(=0,1)$ を各仮説のもとでの密度関数を表すとする．そこで棄却域は (C,∞) となり，図 4.5 のように帰無仮説のもとで H_0 を棄却する確率 α は

$$\alpha = P_{H_0}(T > C) = H_0\text{のもとで}T > C\text{である確率} = \int_C^\infty f_0(x)dx \tag{4.2}$$

であり，H_1 のもとで H_1 を採択しない（H_0 を棄却しない）確率は

$$\beta = P_{H_1}(T < C) = \int_{-\infty}^C f_1(x)dx \tag{4.3}$$

となる．ここで C は境となる値で**臨界値** (critical value) といわれる．実際に検定統計量の計算した値より大きい確率（棄却され有意となる確率）を**P値**（ピー）（p 値）または**有意確率**という．

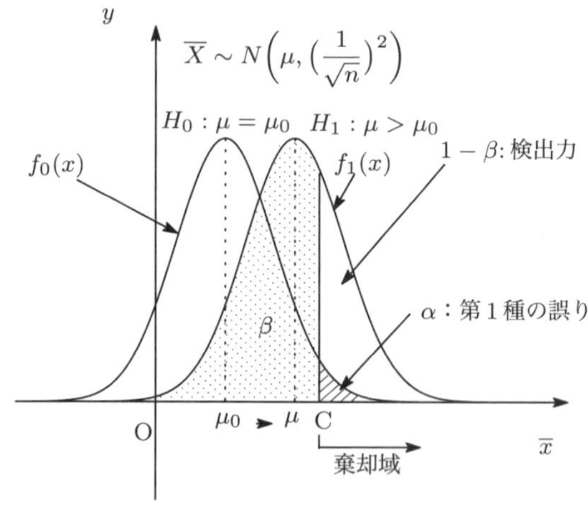

図 4.5　帰無仮説と対立仮説の分布

図 4.5 から $(\mu_0 <)\mu$ が大きくなると，第 2 種の誤り β が小さくなる．つまり，検出力 $1-\beta$ が大きくなることがわかる．また n が大きくなると，標準偏差 $1/\sqrt{n}$ が小さくなり，帰無仮説と対立仮説がはっきりと分離され，検出力があがる．

ここで対立仮説として $\mu \neq \mu_0$ のように棄却域が両側に設定される場合の検定は**両側検定** (two-sided test) といわれ，例のように棄却域を片側のみに設ける検定を**片側検定** (one-sided test) という．また対立仮説が $\mu > \mu_0$ で，棄却域がある値より大きい領域となるとき，**右片側検定**といい，対立仮説が $\mu < \mu_0$ で，棄却域がある値より小さい領域となるとき，**左片側検定**という．

例題 4-2（離散分布での検定）

バスケットボールで，1回のシュートでゴールに入る確率が p である人が，5回シュートしてゴールに入る回数を X とする．このとき，この人のシュートの成功率が5割あるかどうかを検定したい．そこで仮説と有意水準 α を以下のように設定し，検定する．

$$\begin{cases} H_0 \quad : \quad p = p_0 \quad \left(p_0 = \dfrac{1}{2}\right) \\ H_1 \quad : \quad p < p_0, \text{有意水準 } \alpha \end{cases}$$

このとき以下の設問に答えよ．

(1) $X \leqq 1$ のとき，H_0 を棄却することにすれば α はいくらか．

(2) $p = 0.2, 0.4, 0.6, 0.8$ のとき，H_0 を棄却する確率（検出力 $1-\beta$）をそれぞれ求めよ．

[解]　(1) **手順1**　分布のチェック．X は2項分布 $B(5,p)$ に従うと考えられる．
手順2　帰無仮説のもとで棄却する確率（有意水準 α）を計算する．

$$\begin{aligned}\alpha &= P_{H_0}(X \leqq 1) = P(X=0) + P(X=1) \\ &= \binom{5}{0}\left(\frac{1}{2}\right)^0\left(1-\frac{1}{2}\right)^{5-0} + \binom{5}{1}\left(\frac{1}{2}\right)^1\left(1-\frac{1}{2}\right)^{5-1} = \frac{6}{2^5} = 0.1875\end{aligned}$$

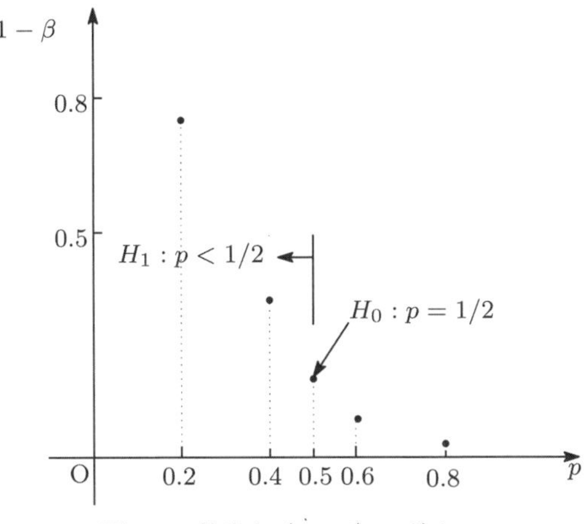

図 4.6　検出力（$1-\beta$）のグラフ

(2) 二項確率の漸化式を利用して，

$p = 0.2$ のとき，$1-\beta = P(X \leqq 1 | p = 0.2) = \binom{5}{0}(0.2)^0(1-0.2)^{5-0} + \binom{5}{1}(0.2)^1(1-0.2)^{5-1}$
$= 2.25 \times 0.8^5 = 0.7373$

$p = 0.4$ のとき，$1-\beta = P(X \leqq 1 | p = 0.4) = \binom{5}{0}(0.4)^0(1-0.4)^{5-0} + \binom{5}{1}(0.4)^1(1-0.4)^{5-1}$
$= \dfrac{13}{3} \times 0.6^5 = 0.3370$

$p=0.6$ のとき，$1-\beta = P(X \leqq 1|p=0.6) = \binom{5}{0}(0.6)^0(1-0.6)^{5-0} + \binom{5}{1}(0.6)^1(1-0.6)^{5-1}$
$= 8.5 \times 0.4^5 = 0.0870$

$p=0.8$ のとき，$1-\beta = P(X \leqq 1|p=0.8) = \binom{5}{0}(0.8)^0(1-0.8)^{5-0} + \binom{5}{1}(0.8)^1(1-0.8)^{5-1}$
$= 21 \times 0.2^5 = 0.0067$

この結果から検出力のグラフを描くと，図 4.6 のようになる．このように帰無仮説から対立仮説により離れると，検出力があがることが確認される．□

例題を逐次，Python で実行してみよう．

出力ウィンドウ

```
#数値計算のライブラリ
import numpy as np
import scipy as sp
#グラフ描画のライブラリ
import matplotlib.pyplot as plt
alpha=sp.stats.binom.cdf(1,5,0.5)
#成功率 0.5 の人が 5 回のうち 0 回，1 回成功する確率
print('有意水準',alpha)
Out[  ]:有意水準 0.1875
p=np.arange(0.2,0.8,0.1)
# pに0.2,0.4,0.6,0.8を代入し表示する．p=np.linspace(0.2,0.8,0.1) でも可
power=sp.stats.binom.cdf(1,5,p)
# 各p(=0.2から0.8)に対し,5回の試行のうち生起回数1以下である確率をpowerに代入
print('検出力',power.round(4))
Out[  ]:検出力 [0.73728 0.52822 0.33696 0.1875  0.08704 0.03078 0.00672]
plt.plot(p,power)
plt.title("検出力(p=0.2,0.4,0.6,0.8)")
Out[  ]: Text(0.5,1,'検出力(p=0.2,0.4,0.6,0.8)')
# 横軸にp,縦軸に検出力をとりグラフをプロットする．
# 参考　もっと多くの点で検出力を計算し，グラフ表示する場合は以下のように入力
p=np.linspace(0,1,100)
power=sp.stats.binom.cdf(1,5,p)
plt.plot(p,power)
plt.title("検出力(p=0～1)")
```

演習 4-5　1 回投げて表の出る確率が p であるコインを 6 回投げて表がでた回数を X とする．

$$\begin{cases} H_0 & : \quad p = p_0 \quad \left(p_0 = \dfrac{1}{2}\right) \\ H_1 & : \quad p > p_0,\ \text{有意水準}\ \alpha \end{cases}$$

を検定する場合，以下の設問に答えよ．

① $X > 4$ のとき H_0 を棄却することにすれば，有意水準 α はいくらか．

② $p = 0.2, 0.4, 0.6, 0.8$ のとき H_0 を棄却する確率をそれぞれ求めよ．

演習 4-6　サイコロを 30 回投げて，1 の目の出る回数を X とする．1 の目の出る確率が 1/6 であるかどうかを，X が 1 以下または 9 以上だと棄却することにすれば，有意水準はいくらか．

例題 4-3（連続分布での検定）

全国模試でランダムに選ばれた 40 人の数学の成績の平均点が 65 点であった．この模試で

の数学の成績は分散が 15^2 の正規分布に従っているとする．このとき，全国模試の平均点は60点であるといえるか．有意水準5% で検定せよ．また P 値はいくらか．

[解] **手順1** 前提条件のチェック（分布のチェック）

文章から，模試の数学の成績 X は平均 μ，分散 15^2 の正規分布に従っている．

手順2 仮説および有意水準の設定

$$\begin{cases} H_0 & : \quad \mu = \mu_0 \quad (\mu_0 = 60) \\ H_1 & : \quad \mu \neq \mu_0, \quad \text{有意水準 } \alpha = 0.05 \end{cases}$$

これは，棄却域を両側にとる両側検定である．

手順3 棄却域の設定（検定方式の決定）

$$R: |u_0| = \left| \frac{\overline{x} - \mu_0}{\sqrt{\sigma^2/n}} \right| > u(0.05) = 1.96$$

手順4 検定統計量の計算

$$\overline{x} = 65 \text{ より } u_0 = \frac{\overline{x} - \mu_0}{\sqrt{\dfrac{\sigma^2}{n}}} = \frac{65 - 60}{\sqrt{\dfrac{15^2}{40}}} \fallingdotseq 2.11$$

手順5 判定と結論

$|u_0| = 2.11 > u(0.05) = 1.96$ から帰無仮説 H_0 は有意水準5% で棄却される．つまり，平均点は60点であるとはいえない．また，統計量 u_0 の絶対値が2.11以上である確率（P 値）は，$P(|u_0| \geqq 2.11) \fallingdotseq 0.0174 \times 2 = 0.0348$ である．□

例題を逐次，Pythonで実行してみよう．

出力ウィンドウ

```
import math
from scipy import stats
u0=(65-60)/math.sqrt(15**2/40) # 検定統計量を計算し，u0に代入
print('u0=',u0)
Out[ ]:u0= 2.1081851067789197
pti=2*(1-stats.norm.cdf(abs(u0))) # p値を計算し，ptiに代入
print('p値=',pti)
Out[ ]:p値= 0.035014981019662494
```

（補4-3） 検定において，仮説が1点のみからなる場合を単純仮説といい，単純帰無仮説と単純対立仮説において，最大の検出力を与える検定統計量は尤度(ゆうど)比に基づくものであることが，ネイマン・ピアソンの基本補題で示されているので，以後の検定統計量も尤度比に基づく統計量になっている．◁

演習4-7 あるクラスの統計学の試験での得点は，平均 μ，分散 12^2 の正規分布 $N(\mu, 12^2)$ に従っているとする．このときランダムに n 人を選び，得点 $x_1, \ldots, x_n$ から平均 $\overline{x}$ を計算して，平均が60点あるかどうかを有意水準 α に対して検定する．なお平均点は60点以下であることはわかっているとする．このとき，以下の設問に答えよ．

① 仮説を以下のように設定する．

$$\begin{cases} H_0 & : \quad \mu = \mu_0 \quad (\mu_0 = 60) \\ H_1 & : \quad \mu < \mu_0, \quad \text{有意水準 } \alpha \end{cases}$$

そして $n = 9$ のとき，$\overline{x} < 55$ なら帰無仮説を棄却するとすれば有意水準 α はいくらか．

② ① のもと $(n = 9)$，$\mu = 40, 45, 50, 55, 60, 65$ での検出力 $(1 - \beta)$ を求めよ．

③ $\mu = 50$ での検出力が98% 以上にするには，サンプル数 n をいくら以上にすればよいか．

演習4-8 ある地方都市に下宿している学生の一か月の生活費が平均 μ，分散4万円の正規分布に従っているとする．実際にその都市の学生7人の生活費を調べたところ，次のデータが得られた．

12.5, 13, 15, 14, 11, 16, 17（万円）
① 生活費の平均が15万円と等しいかどうかを有意水準5%で検定せよ．
② μ の信頼係数90%の信頼区間を求めよ．
③ $\mu = 14$ のとき，この検定方式の検出力を求めよ．

平均の検定に関する検出力関数を作成してみよう．

1標本での平均に関する検定の検出力関数（分散：既知）

```
#n1m_tvkpw
import numpy as np
from scipy import stats
# 正規分布の１標本の平均に関する検定（分散既知）での検出力(power)の関数
def n1m_tvkpw(x,m,m0,v0,alpha):  # x:データ,m:平均,
# m0：帰無仮説の平均値,v0:既知の分散値,alpha:有意水準
 n=len(x)
 mx=np.mean(x)
 ualpha=stats.norm.ppf(1-alpha/2)
 u0=(mx-m0)/np.sqrt(v0/n)
 d=(m-m0)/np.sqrt(v0/n)
 u1=-ualpha-d
 u2=ualpha-d
 p1=stats.norm.cdf(u1)
 p2=1-stats.norm.cdf(u2)
 power=p1+p2
 print('u0=',u0,'m=',m,'alpha=',alpha.round(4),'power=',power.round(4))
```

次に，具体的な分布について検定・推定方法を考えていこう．図4.7のようにデータの分布に応じての分類と，母集団の個数に応じた分類が考えられる．

図4.8のように，具体的な適用場面に対応して検定（推定）の分類が考えられる．図4.8中の文字は検定統計量を表し，帰無仮説 H_0 のもとで，u_0 は正規分布，t_0 は t 分布，F_0 は F 分布，χ_0^2 はカイ2乗分布に従う統計量であることを示している．以下で取り扱う内容のところには，章・節の数字が記入されている．

4.2　1標本での検定と推定

4.2.1　連続型分布に関する検定と推定

母集団が一つの場合，**1標本問題**ともいわれる．ここでは，データ $X_1, \ldots, X_n$ が互いに独立に正規分布 $N(\mu, \sigma^2)$ に従っている場合を考える．そこで検討したい母数は平均 μ と分散 σ^2 である．ここではばらつき（分散）をみて平均をみる順序で検討していく．

(1) 正規分布の分散に関する検定と推定

帰無仮説 $H_0 : \sigma^2 = \sigma_0^2$ を検定する場合を考えよう．

まず，母分散 σ^2 に関しての推定・検定を考えよう．次に図4.9のように母平均 μ が未知の場合と既知の場合で検定統計量が異なるので場合分けをする．

従来から設定された目標の値があって，母平均ではだいたい目標の値の製品が生産できるよ

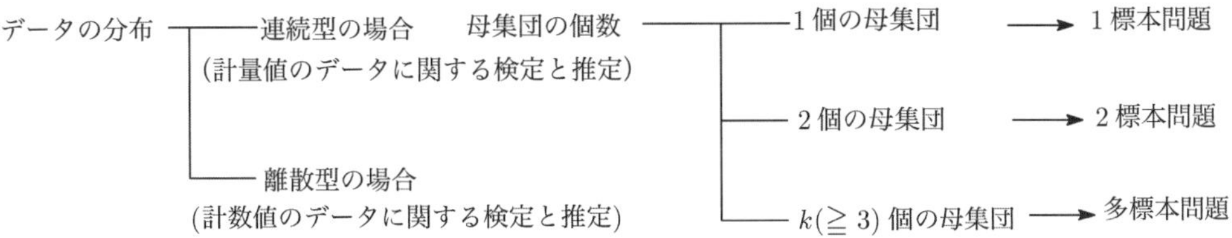

図 4.7　検定・推定での分類

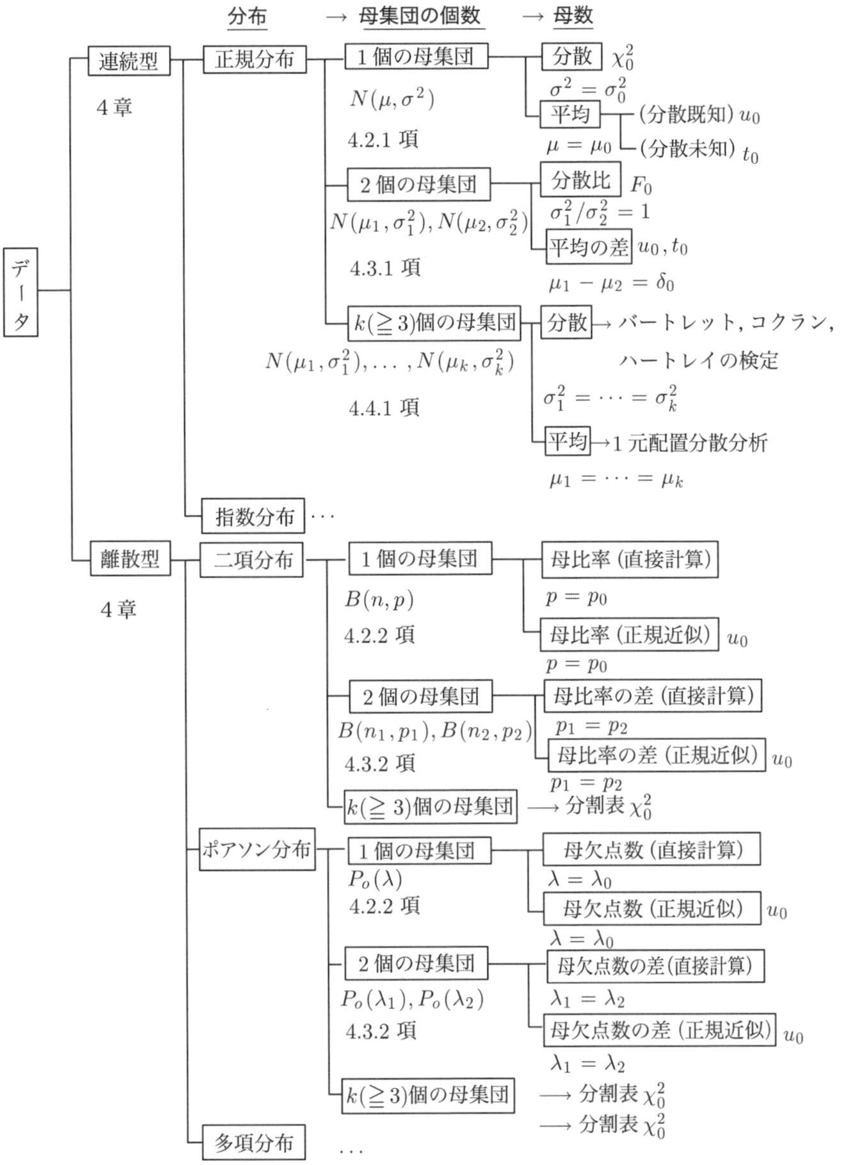

分布 → 母集団の個数 → 母数

- データ
  - 連続型　4 章
    - 正規分布
      - 1 個の母集団　$N(\mu, \sigma^2)$　4.2.1 項
        - 分散 χ_0^2　$\sigma^2 = \sigma_0^2$
        - 平均　$\mu = \mu_0$
          - (分散既知) u_0
          - (分散未知) t_0
      - 2 個の母集団　$N(\mu_1, \sigma_1^2), N(\mu_2, \sigma_2^2)$　4.3.1 項
        - 分散比 F_0　$\sigma_1^2/\sigma_2^2 = 1$
        - 平均の差 u_0, t_0　$\mu_1 - \mu_2 = \delta_0$
      - $k(\geqq 3)$個の母集団　$N(\mu_1, \sigma_1^2), \ldots, N(\mu_k, \sigma_k^2)$　4.4.1 項
        - 分散 → バートレット, コクラン, ハートレイの検定　$\sigma_1^2 = \cdots = \sigma_k^2$
        - 平均 → 1 元配置分散分析　$\mu_1 = \cdots = \mu_k$
    - 指数分布 …
  - 離散型　4 章
    - 二項分布
      - 1 個の母集団　$B(n, p)$　4.2.2 項
        - 母比率 (直接計算)　$p = p_0$
        - 母比率 (正規近似) u_0　$p = p_0$
      - 2 個の母集団　$B(n_1, p_1), B(n_2, p_2)$　4.3.2 項
        - 母比率の差 (直接計算)　$p_1 = p_2$
        - 母比率の差 (正規近似) u_0　$p_1 = p_2$
      - $k(\geqq 3)$個の母集団 ⟶ 分割表 χ_0^2
    - ポアソン分布
      - 1 個の母集団　$P_o(\lambda)$　4.2.2 項
        - 母欠点数 (直接計算)　$\lambda = \lambda_0$
        - 母欠点数 (正規近似) u_0　$\lambda = \lambda_0$
      - 2 個の母集団　$P_o(\lambda_1), P_o(\lambda_2)$　4.3.2 項
        - 母欠点数の差(直接計算)　$\lambda_1 = \lambda_2$
        - 母欠点数の差 (正規近似) u_0　$\lambda_1 = \lambda_2$
      - $k(\geqq 3)$個の母集団 ⟶ 分割表 χ_0^2
    - 多項分布 … ⟶ 分割表 χ_0^2

図 4.8　データに対応した検定・推定での分類

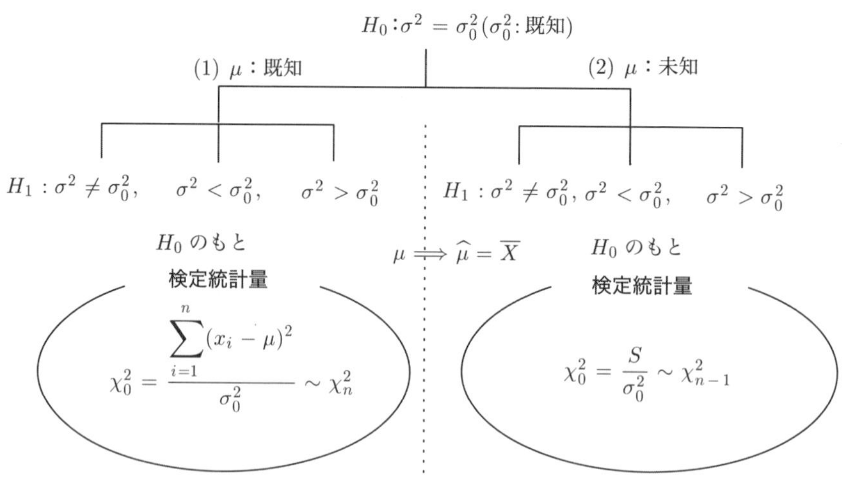

図 4.9　正規母集団の母分散の検定

うになったが，ばらつきの管理ができているか心配である場合，その目標値が既知のときと未知のときに分けて考える．

① 母平均 μ が既知の場合

分散の推定量は

$$\widehat{\sigma^2} = \frac{\sum_{i=1}^{n}(X_i - \mu)^2}{n} \tag{4.4}$$

である．そこで帰無仮説 $H_0 : \sigma^2 = \sigma_0^2$ との違いをみるとすれば，$\widehat{\sigma^2}$ と σ_0^2 の比である $\frac{\widehat{\sigma^2}}{\sigma_0^2}$ でみれば良いだろう．既知の分布になるよう係数を補正した

$$\chi_0^2 = \frac{n\widehat{\sigma^2}}{\sigma_0^2} = \frac{\sum_{i=1}^{n}(X_i - \mu)^2}{\sigma_0^2} \tag{4.5}$$

は帰無仮説 H_0 のもとで自由度 n のカイ 2 乗分布に従う．

次に対立仮説 H_1 として，以下のように場合分けして棄却域を設ければよい．

(i)　$H_1 : \sigma^2 < \sigma_0^2$ の場合

帰無仮説と離れ H_1 が正しいときには $\chi_0^2 = \sum_{i=1}^{n}(X_i - \mu)^2/\sigma_0^2$ は小さくなる傾向がある．そこで棄却域 R は，有意水準 α に対して，$R : \chi_0^2 < \chi^2(n, 1-\alpha)$ とすればよい．

(ii)　$H_1 : \sigma^2 > \sigma_0^2$ の場合

帰無仮説と離れ H_1 が正しいときには χ_0^2 は大きくなる傾向がある．そこで棄却域 R は，有意水準 α に対して，$R : \chi_0^2 > \chi^2(n, \alpha)$ とすればよい．

(iii)　$H_1 : \sigma^2 \neq \sigma_0^2$ の場合

(i) または (ii) の場合なので H_1 が正しいときには χ_0^2 は小さくなるか，または大きくなる傾向がある．そこで棄却域 R は，有意水準 α に対して，両側に $\alpha/2$ になるように $R : \chi_0^2 < \chi^2(n, 1-\alpha/2)$ または $\chi_0^2 > \chi^2(n, \alpha/2)$ とする．両側検定の場合を図示すると，図 4.10 のようになる．

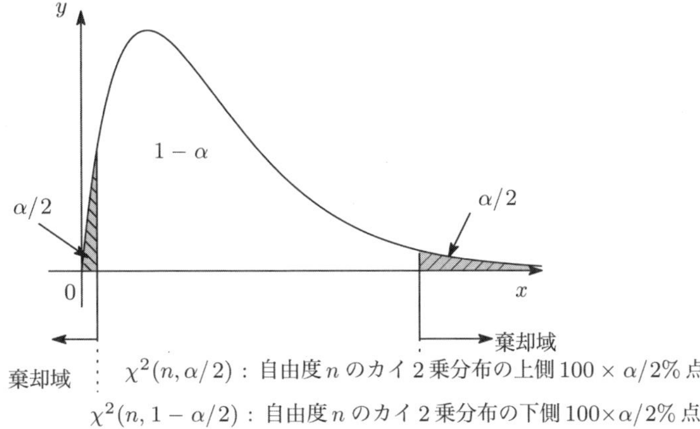

図 4.10　$H_0 : \sigma^2 = \sigma_0^2$，$H_1 : \sigma^2 \neq \sigma_0^2$ での棄却域

以上をまとめて，次の検定方式が得られる．

検定方式

母分散 σ^2 に関する検定 $H_0 : \sigma^2 = \sigma_0^2$ について，

μ: 既知の場合　有意水準 α に対し，$\chi_0^2 = \dfrac{\sum(X_i - \mu)^2}{\sigma_0^2}$ とし，

$H_1 : \sigma^2 \neq \sigma_0^2$（両側検定）のとき

$\chi_0^2 < \chi^2(n, 1-\alpha/2)$ または $\chi_0^2 > \chi^2(n, \alpha/2)$　$\Longrightarrow$　H_0 を棄却する

$H_1 : \sigma^2 < \sigma_0^2$（左片側検定）のとき

$\chi_0^2 < \chi^2(n, 1-\alpha)$　$\Longrightarrow$　H_0 を棄却する

$H_1 : \sigma^2 > \sigma_0^2$（右片側検定）のとき

$\chi_0^2 > \chi^2(n, \alpha)$　$\Longrightarrow$　H_0 を棄却する

次に，推定に関して母分散 σ^2 の点推定量は，

(4.6)
$$\widehat{\sigma^2} = \frac{\sum(X_i - \mu)^2}{n}$$

で，これは σ^2 の不偏推定量になっている．さらに $\sum(X_i - \mu)^2/\sigma^2$ は自由度 n のカイ 2 乗分布に従うので，信頼率 $1-\alpha$ に対し

(4.7)
$$P\left(\chi^2\left(n, 1 - \frac{\alpha}{2}\right) < \sum \frac{(X_i - \mu)^2}{\sigma^2} < \chi^2\left(n, \frac{\alpha}{2}\right)\right) = 1 - \alpha$$

が成立する．この括弧の中の確率で評価される不等式を σ^2 について解けば

(4.8)
$$\frac{\sum(X_i - \mu)^2}{\chi^2(n, \alpha/2)} < \sigma^2 < \frac{\sum(X_i - \mu)^2}{\chi^2(n, 1-\alpha/2)}$$

と信頼区間が求まる．以上をまとめて，次の推定方式が得られる．

推定方式

σ^2 の点推定は，$\widehat{\sigma^2} = \dfrac{\sum(X_i-\mu)^2}{n}$

σ^2 の信頼率 $1-\alpha$ の信頼区間は，$\dfrac{\sum(X_i-\mu)^2}{\chi^2(n,\alpha/2)} < \sigma^2 < \dfrac{\sum(X_i-\mu)^2}{\chi^2(n,1-\alpha/2)}$

② 母平均 μ が未知の場合

まず母分散の推定量は

$$\widehat{\sigma^2} = V = \frac{S}{n-1} \tag{4.9}$$

である．自由度が $n-1$ になり，既知の分布になるよう係数を補正した

$$\chi_0^2 = \frac{(n-1)V}{\sigma_0^2} = \frac{S}{\sigma_0^2} \tag{4.10}$$

は帰無仮説のもとで，自由度 $n-1$ のカイ2乗分布に従うことに注意しながら後の議論は同様にでき， 前出のような検定方式と以下の推定方式が導かれる．

検定方式

母分散 σ^2 に関する検定 $H_0 : \sigma^2 = \sigma_0^2$ について
μ: 未知 の場合
有意水準 α に対し，$\chi_0^2 = \dfrac{S}{\sigma_0^2}\left(S = \sum(X_i - \overline{X})^2\right)$ とし，

$H_1 : \sigma^2 \neq \sigma_0^2$（両側検定）のとき
　$\chi_0^2 < \chi^2\left(n-1, 1-\dfrac{\alpha}{2}\right)$ または $\chi_0^2 > \chi^2\left(n-1, \dfrac{\alpha}{2}\right)$　$\Longrightarrow$　H_0 を棄却する
$H_1 : \sigma^2 < \sigma_0^2$（左片側検定）のとき
　$\chi_0^2 < \chi^2(n-1, 1-\alpha)$　$\Longrightarrow$　H_0 を棄却する
$H_1 : \sigma^2 > \sigma_0^2$（右片側検定）のとき
　$\chi_0^2 > \chi^2(n-1, \alpha)$　$\Longrightarrow$　H_0 を棄却する

推定方式

σ^2 の点推定は，$\widehat{\sigma^2} = V = \dfrac{S}{n-1}$

σ^2 の信頼率 $1-\alpha$ の信頼区間は，

$$\frac{S}{\chi^2(n-1,\alpha/2)} < \sigma^2 < \frac{S}{\chi^2(n-1,1-\alpha/2)}$$

（注 4-1） 実際に検定統計量は検出力が高いものであることが望ましく，ネイマン・ピアソンの基本補題 (Neyman-Pearson's fundamental lemma) から尤度比に基づいた検定方式が利用される．詳しくは柳川 [A12] を参照されたい．◁

例題 4-4

新入生について英語の試験を行い，その中からランダムに抽出した10人の学生の成績について（不偏）分散が $V = 11^2 = 121$ であった．過去の知見から新入生の英語の成績は正規分

布をしていて，分散は $\sigma_0^2 = 55$ であることが知られている．このとき，以下の設問に答えよ．

(1) 従来と比べて，今年度の学生の英語の成績のばらつきは異なるといえるか，有意水準 5% で検定せよ．

(2) 今年度の成績の分散の信頼係数 95% の信頼区間（限界）を求めよ．

[解]　(1) **手順 1**　前提条件のチェック

題意から，成績データの分布は正規分布 $N(\mu, \sigma^2)$ と考えられる．

手順 2　仮説および有意水準の設定

$$\begin{cases} H_0 \ : \ \sigma^2 = \sigma_0^2 \quad (\sigma_0^2 = 55) \\ H_1 \ : \ \sigma^2 \neq \sigma_0^2,\ \text{有意水準}\ \alpha = 0.05 \end{cases}$$

これは，棄却域を両側にとる両側検定である．

手順 3　棄却域の設定（検定方式の決定）

自由度は $n-1 = 10-1 = 9$ であり，有意水準が両側で 5% だから棄却域は次のようになる．

$$R : \chi_0^2 = \frac{S}{\sigma_0^2} < \chi^2(9, 0.975) = 2.70 \quad \text{または} \quad \chi_0^2 > \chi^2(9, 0.025) = 19.02$$

手順 4　検定統計量の計算

$V = 121$ より $S = (n-1)V = 9 \times 121 = 1089$ だから　$\chi_0^2 = \dfrac{S}{\sigma_0^2} = \dfrac{1089}{55} = 19.8$

手順 5　判定と結論

$\chi_0^2 = 19.8 > 19.02 = \chi^2(9, 0.025)$ から帰無仮説 H_0 は有意水準 5% で棄却される．つまり，分散は従来と同じであるとはいえない．

(2) **手順 1**　点推定

点推定の式に代入して　$\widehat{\sigma^2} = V = \dfrac{S}{n-1} = 121$

手順 2　区間推定

信頼率 95% の信頼区間は式より

$$\text{信頼下限} = \frac{S}{\chi^2(9, 0.025)} = \frac{1089}{19.02} = 57.26,$$

$$\text{信頼上限} = \frac{S}{\chi^2(9, 0.975)} = \frac{1089}{2.70} = 403.27 \quad \square$$

分散の統計量を利用した分散に関する検定関数を作成してみよう．

normal distribution, 1 sample, variance, sum of squares, mean unknown,test

1標本での分散の検定関数（平均：未知）

```
#n1vs_tmu     分散の統計量vに基づいて
from scipy import stats
def n1vs_tmu(v,v0,n,alt): #v:不偏分散,v0:帰無仮説の分散値,
# n:データ数,alt:対立仮説は左片側"l",右片側"r",両側"t"
  ss=(n-1)*v
  chi0=ss/v0
  rv=stats.chi2(n-1)
  if (alt=="l") : pti=rv.cdf(chi0)
  elif (alt=="r"):pti=1-rv.cdf(chi0)
  elif (chi0<1):pti=2*rv.cdf(chi0)
  else:pti=2*(1-rv.cdf(chi0))
  print("カイ2乗値",chi0,"P値",pti.round(4))
```

作成した検定関数を例題に適用してみよう．

出力ウィンドウ

```
n1vs_tmu(121,55,10,"t")
Out[  ]:カイ2乗値 19.8 P値 0.0384
```

分散の統計量を利用した分散の推定関数を作成してみよう.

normal distribution, 1 sample, variance, standard deviation,estimation, mean unknown

1標本での分散の推定関数（平均：未知）

```
#n1vs_emu      分散の統計量vに基づいて
from scipy import stats
def n1vs_emu(v,n,conf_level) :
# v:不偏分散, n:データ数, conf_level:信頼係数
 ss=(n-1)*v
 vhat=v
 alpha=1-conf_level
 rv=stats.chi2(n-1)
 sita=ss/rv.isf(alpha/2);ue=ss/rv.isf(1-alpha/2)
 cl=100*conf_level
 print("点推定",vhat)
 print(cl,"%下側信頼限界",sita.round(4),cl,"%上側信頼限界",ue.round(4))
```

作成した推定関数を例題に適用してみよう.

出力ウィンドウ

```
n1vs_emu(121,10,0.95)
Out[  ]:点推定 121
95.0 %下側信頼限界 57.2472 95.0 %上側信頼限界 403.2752
```

演習 4-9　新人の測定者がある成分含有率を10回測定したところ，次のようであった.

7.8, 8.0, 7.7, 7.4, 8.1, 7.9, 8.8, 8.1, 8.2, 7.9（%）

また，熟練者は標準偏差が0.25であるという.

① 新人は熟練者と比べて能力があるか，有意水準5%で検定せよ.

② 新人の分散の点推定および信頼係数99%の信頼区間（限界）を求めよ.

生データに関する分散の検定関数（平均：未知）を作成してみよう.

normal distribution, 1 sample, variance, test, mean unknown

1標本での分散の検定関数（平均：未知）

```
# n1v_tmu
#数値計算のライブラリ
import numpy as np
import pandas as pd
from scipy import stats
#グラフ描画のライブラリ
import matplotlib.pyplot as plt
def n1v_tmu(x,v0,alt):  # x:データ,v0:帰無仮説の分散値,
# alt:対立仮説は左片側"l", 右片側"r", 両側"t"
  n=len(x);S=(n-1)*np.var(x,ddof=1)
  chi0=S/v0
```

```
  rv=stats.chi2(n-1)
  if (alt=="l") : pti=rv.cdf(chi0)
  elif (alt=="r"):pti=1-rv.cdf(chi0)
  elif (chi0<1) :pti=2*rv.cdf(chi0)
  else:pti=2*(1-rv.cdf(chi0))
  print("カイ2乗値",chi0.round(4),"P値",pti.round(4))
```

作成した検定関数を演習 4-9 に適用してみよう.

出力ウィンドウ

```
x=np.array([7.8,8.0,7.7,7.4,8.1,7.9,8.8,8.1,8.2,7.9])
print(pd.DataFrame(x).describe())
Out[  ]:                 0
count   10.000000 #個数
mean     7.990000 #平均
std      0.366515  #標準偏差
min      7.400000  #最小値
25%      7.825000  #25%点 (1/4 分位点)
50%      7.950000  #50%点 (中央値)
75%      8.100000  #75%点 (3/4 分位点)
max      8.800000  #最大値
plt.figure(figsize=(10,6))
plt.subplot(1,1,1)
plt.boxplot(x) # 箱ひげ図の表示
plt.show()
n1v_tmu(x,0.25**2,"r")
Out[  ]:カイ2乗値 19.344 P値 0.0224
```

生データに関する分散の推定関数（平均：未知）を作成してみよう.

<u>n</u>ormal distribution, <u>1</u> sample, <u>v</u>ariance, <u>e</u>stimation, <u>m</u>ean <u>u</u>nknown

1標本での分散の推定関数（平均：未知）

```
#n1v_emu
#数値計算のライブラリ
import numpy as np
from scipy import stats
def n1v_emu(x,conf_level): # x:データ,conf_level:信頼係数
 n=len(x);S=(n-1)*np.var(x,ddof=1)
 alpha=1-conf_level;cl=100*conf_level
 rv=stats.chi2(n-1)
 vhat=np.var(x,ddof=1)
 sita=S/rv.isf(alpha/2);ue=S/rv.isf(1-alpha/2)
 print("点推定",vhat.round(4))
 print(cl,"%下側信頼限界",sita.round(4),cl,"%上側信頼限界",ue.round(4))
```

作成した推定関数を演習 4-9 に適用してみよう.

出力ウィンドウ

```
x=np.array([7.8,8.0,7.7,7.4,8.1,7.9,8.8,8.1,8.2,7.9])
n1v_emu(x,0.99)
Out[  ]:点推定 0.1343
99.0 %下側信頼限界 0.0513  99.0 %上側信頼限界 0.6969
```

演習 4-10　ある作業者が，単位作業を終えるのに要する時間を6回繰返して測定した結果，次のようであった．

124, 121, 115, 118, 120, 113（秒）

① 分散は 8^2 秒より小さいといえるか，有意水準10% で検定せよ．

② 分散の点推定および信頼係数95% の信頼区間（限界）を求めよ．

演習 4-11　ある飼料を7頭の豚に1週間投与したところ，その間の体重増加量が次のようであった．

865, 910, 940, 795, 830, 765, 770（g）

① 標準偏差が50（g）より大きいといえるか，有意水準10% で検定せよ．

② 分散の点推定および信頼係数90% の信頼区間（限界）を求めよ．

(2) 正規分布の平均に関する検定と推定

$X \sim N(\mu, \sigma^2)$ のとき，$H_0: \mu = \mu_0$ を検定する場合を考えよう．

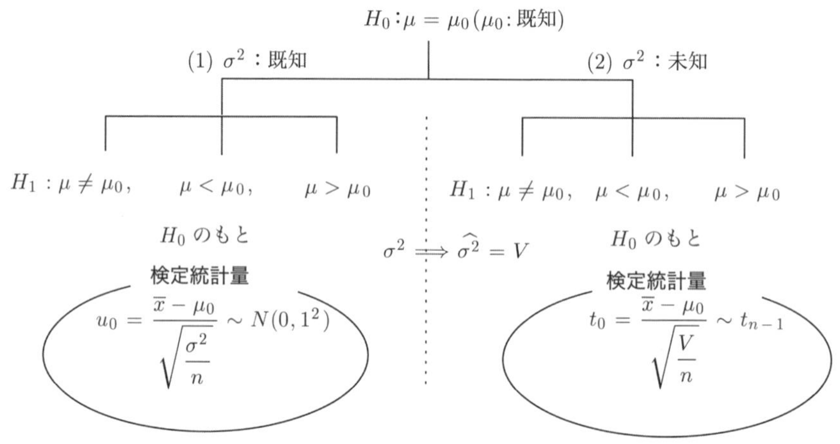

図 4.11　正規母集団の母平均の検定

母平均 μ について仮説を考えるとき，母分散が既知か未知かによって，その検定統計量が少し異なる．そこで図4.11のように，母分散が既知の場合と未知の場合に分けて考えよう．

① 母分散 σ^2 が既知の場合

まず母平均の推定量は

$$\widehat{\mu} = \overline{X} = \frac{\sum_{i=1}^{n} X_i}{n} \tag{4.11}$$

である．そこで帰無仮説 $H_0: \mu = \mu_0$ との違いをみるとすれば，$\overline{X}$ と μ_0 の差である $\overline{X} - \mu_0$ でみれば良いだろう．これを標準正規分布になるよう期待値を引き，標準偏差で規準化した

$$u_0 = \frac{\overline{X} - \mu_0}{\sqrt{\sigma^2/n}} \tag{4.12}$$

は帰無仮説 H_0 のもとで標準正規分布 $N(0,1^2)$ に従う．次に対立仮説 H_1 として，以下のように場合分けして棄却域を設ければよい．

(i)　$H_1: \mu < \mu_0$ の場合

帰無仮説と離れ H_1 が正しいときには，u_0 はより負の値をとりやすくなり，小さくなる傾向がある．そこで棄却域 R は，有意水準 α に対して，$R: u_0 < -u(2\alpha)$ とすればよい．

(ii)　$H_1: \mu > \mu_0$ の場合

帰無仮説と離れ H_1 が正しいときには，u_0 は正の値をとり，大きくなる傾向がある．そこで棄却域 R は，有意水準 α に対して，$R: u_0 > u(2\alpha)$ とする．

(iii)　$H_1: \mu \neq \mu_0$ の場合

(i) または (ii) の場合なので，H_1 が正しいときには u_0 は小さくなるか，または大きくなる傾向がある．そこで棄却域 R は，有意水準 α に対して，両側に $\alpha/2$ になるように $R: |u_0| > u(\alpha)$ とする．これを図示すると，図 4.12 のようになる．

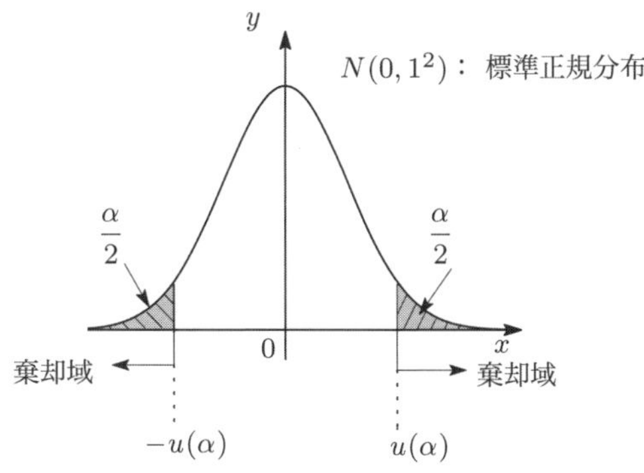

図 4.12　$H_0: \mu = \mu_0$，$H_1: \mu \neq \mu_0$ での棄却域

以上をまとめて，次の検定方式が得られる．

検定方式

母平均 μ に関する検定 $H_0: \mu = \mu_0$ について，

<u>σ^2: 既知の場合</u>　有意水準 α に対し, $u_0 = \dfrac{\overline{X} - \mu_0}{\sqrt{\sigma^2/n}}$ とし，

$H_1: \mu \neq \mu_0$（両側検定）のとき
　$|u_0| > u(\alpha) \quad \Longrightarrow \quad H_0$ を棄却する
$H_1: \mu < \mu_0$（左片側検定）のとき
　$u_0 < -u(2\alpha) \quad \Longrightarrow \quad H_0$ を棄却する
$H_1: \mu > \mu_0$（右片側検定）のとき
　$u_0 > u(2\alpha) \quad \Longrightarrow \quad H_0$ を棄却する

次に，推定に関して点推定は，$\widehat{\mu} = \overline{X}$ でこれは μ の不偏推定量になっている．さらに $\dfrac{\overline{X} - \mu}{\sqrt{\sigma^2/n}}$ は標準正規分布 $N(0,1^2)$ に従うので信頼率 $1-\alpha$ に対し，

(4.13)　$$P\left(\left|\frac{\overline{X} - \mu}{\sqrt{\sigma^2/n}}\right| < u(\alpha)\right) = 1 - \alpha$$

が成立する．この括弧の中の確率で評価される不等式を μ について解けば，

$$\overline{X} - u(\alpha)\frac{\sigma}{\sqrt{n}} < \mu < \overline{X} + u(\alpha)\frac{\sigma}{\sqrt{n}} \tag{4.14}$$

と信頼区間が求まる．以上をまとめて，次の推定方式が得られる．

推定方式

μ の点推定は，$\widehat{\mu} = \overline{X}$

μ の信頼率 $1-\alpha$ の信頼区間は，$\overline{X} - u(\alpha)\dfrac{\sigma}{\sqrt{n}} < \mu < \overline{X} + u(\alpha)\dfrac{\sigma}{\sqrt{n}}$

例題 4-5

今年度の新入生で下宿している学生の一か月の家賃について調査することになり，ランダムに選んだ下宿している8人の学生から家賃についての以下のデータを得た．

5.5, 6, 4.8, 7, 5, 6, 6.5, 8（万円）

いままでの調査から家賃のデータは正規分布していて，母分散は $\sigma_0^2 = 4$ であることが知られているとする．このとき，以下の設問に答えよ．

(1) 家賃の平均は5万円といえるか，有意水準10% で検定せよ．

(2) 今年度の家賃の平均の信頼係数95% の信頼区間（限界）を求めよ．

[解]　(1) **手順1**　前提条件のチェック

題意から，家賃データの分布は正規分布 $N(\mu, \sigma^2)(\sigma^2 = 4)$ と考えられる．

手順2　仮説および有意水準の設定

$$\begin{cases} H_0 \;:\; \mu = \mu_0 \quad (\mu_0 = 5) \\ H_1 \;:\; \mu \neq \mu_0, \quad \text{有意水準 } \alpha = 0.10 \end{cases}$$

これは，棄却域を両側にとる両側検定である．

手順3　棄却域の設定（検定方式の決定）

$$R: |u_0| = \left| \frac{\overline{X} - \mu_0}{\sqrt{\sigma_0^2/n}} \right| > u(0.10) = 1.645$$

手順4　検定統計量の計算

$\overline{x} = \dfrac{T}{n} = \dfrac{5.5+6+4.8+7+5+6+6.5+8}{8} = \dfrac{48.8}{8} = 6.1$ で，$\sigma_0^2 = 4$ より，$u_0 = \dfrac{6.1-5}{\sqrt{4/8}} = 1.556$ である．

手順5　判定と結論

$|u_0| = 1.556 < u(0.10) = 1.645$ から，帰無仮説 H_0 は有意水準10% で棄却されない．つまり，家賃は5万円でないとはいえない．

(2) **手順1**　点推定

点推定の式に代入して　$\widehat{\mu} = \overline{X} = \dfrac{\sum X_i}{n} = 6.1$

手順2　区間推定

信頼率95% の信頼区間は公式より

$$6.1 \pm 1.96 \times \frac{2}{\sqrt{8}} = 6.1 \pm 1.386 = 4.714,\ 7.486 \quad \square$$

（注 4-2）　手順5の結論で<u>である</u>といわないで，<u>でないとはいえない</u>と婉曲な表現にしている．こ

れは，であるというと断定的な表現になり，第2種の誤りβがあることを無視した表現になるためである．有意水準が小さければ帰無仮説は棄却しにくくなり，第2種の誤りが増える．そこで，棄却されないから帰無仮説が正しいと断定的にいうのはおかしいことになるからである．◁

各自，平均（分散：既知）に関する検定関数を作成してみよう．

normal distribution, 1 sample, mean, test, variance known

また，平均（分散：既知）に関する推定関数を作成してみよう．

normal distribution, 1 sample, mean, estimation, variance known

（参考） scipyにある関数 stats.norm.interval(0.95,m0,s0) を利用してもよい．

演習 4-12　ある大学の20歳の男子学生の1日のカロリー摂取量について調査したところ，以下のようであった．

2400, 2300, 2700, 3300, 2900, 2600, 3000, 2800(kcal)

これまでの調査からカロリー摂取量は正規分布していて，母分散は$\sigma_0^2 = 300^2$であることが知られているとする．このとき，以下の設問に答えよ．

① この大学の学生のカロリー摂取量は2500kcalといえるか，有意水準1%で検定せよ．

② この大学の学生のカロリー摂取量の平均の信頼係数90%の信頼区間（限界）を求めよ．

演習 4-13　あるスーパーではポテトサラダが袋に詰められ，量り売りされている．実際の表示どおりか調べることになり，100gで表示されている袋をランダムに6個について調べたところ，次のようであった．

100.5, 100, 99.5, 101, 101.5, 102(g)

これまでの調査からサラダの重さは正規分布していて，母分散は$\sigma_0^2 = 1$であることが知られているとする．このとき，以下の設問に答えよ．

① このポテトサラダの重量は100g以上といえるか，有意水準5%で検定せよ．

② このポテトサラダ一袋の重量の平均の信頼係数95%の信頼区間（限界）を求めよ．

② 母分散σ^2が未知の場合

まず母平均の推定量は

$$\widehat{\mu} = \overline{X} = \frac{\sum_{i=1}^{n} X_i}{n} \tag{4.15}$$

と母分散が既知の場合と同じである．母分散が未知なため，母分散既知の場合のu_0の母分散σ^2の代わりにVを代入した統計量

$$t_0 = \frac{\overline{X} - \mu_0}{\sqrt{V/n}} \tag{4.16}$$

を検定のために用いる．t_0は帰無仮説H_0のもとで自由度$n-1$のt分布t_{n-1}に従う．

次に対立仮説H_1として，以下のように場合分けして棄却域を設ければよい．

(i)　$H_1 : \mu < \mu_0$の場合

帰無仮説と離れH_1が正しいときには，t_0はより負の値をとりやすくなり，小さくなる傾向がある．そこで棄却域Rは，有意水準αに対して，$R : t_0 < -t(n-1, 2\alpha)$とすればよい．

(ii)　$H_1 : \mu > \mu_0$の場合

帰無仮説と離れH_1が正しいときには，t_0は正の値をとり，大きくなる傾向がある．そこで棄却域Rは，有意水準αに対して，$R : t_0 > t(n-1, 2\alpha)$とすればよい．

(iii)　$H_1 : \mu \neq \mu_0$ の場合

(i) または (ii) の場合なので，H_1 が正しいときには t_0 は小さくなるか，または大きくなる傾向がある．そこで棄却域 R は，有意水準 α に対して，両側に $\alpha/2$ になるように $R : |t_0| > t(n-1,\alpha)$ とする．これを図示すると，図 4.13 のようになる．

以上をまとめて，次の検定方式が得られる．

検定方式

母平均 μ に関する検定 $H_0 : \mu = \mu_0$ について

<u>σ^2: 未知の場合</u>　有意水準 α に対し，$t_0 = \dfrac{\overline{X} - \mu_0}{\sqrt{V/n}}$ とし，

$H_1 : \mu \neq \mu_0$（両側検定）のとき
　$|t_0| > t(n-1,\alpha) \quad \Longrightarrow \quad H_0$ を棄却する
$H_1 : \mu < \mu_0$（左片側検定）のとき
　$t_0 < -t(n-1,2\alpha) \quad \Longrightarrow \quad H_0$ を棄却する
$H_1 : \mu > \mu_0$（右片側検定）のとき
　$t_0 > t(n-1,2\alpha) \quad \Longrightarrow \quad H_0$ を棄却する

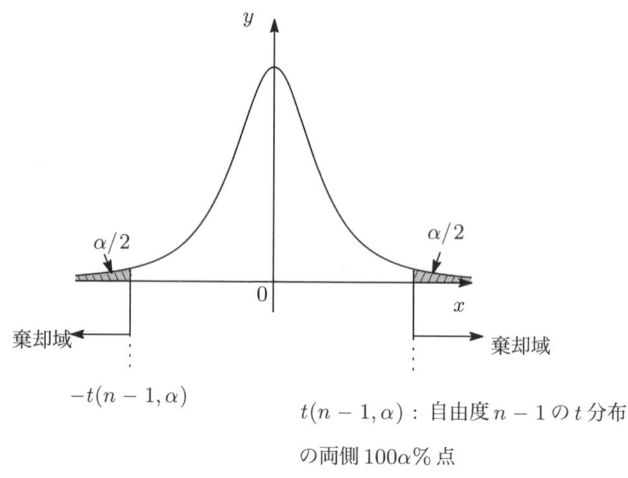

図 4.13　$H_0 : \mu = \mu_0$, $H_1 : \mu \neq \mu_0$ での棄却域

次に，推定に関して点推定は，$\widehat{\mu} = \overline{X}$ でこれは μ の不偏推定量になっている．さらに $\dfrac{\overline{X} - \mu}{\sqrt{V/n}}$ は自由度 $n-1$ の t 分布 t_{n-1} に従うので，信頼率 $1-\alpha$ に対し

$$P\left(\left|\frac{\overline{X} - \mu}{\sqrt{V/n}}\right| < t(n-1,\alpha)\right) = 1 - \alpha \tag{4.17}$$

が成立する．この括弧の中の確率で評価される不等式を μ について解けば

$$\overline{X} - t(n-1,\alpha)\sqrt{\frac{V}{n}} < \mu < \overline{X} + t(n-1,\alpha)\sqrt{\frac{V}{n}} \tag{4.18}$$

と信頼区間が求まる．以上をまとめて次の推定方式が得られる．

推定方式

μ の点推定は $\widehat{\mu} = \overline{X}$.

μ の信頼率 $1-\alpha$ の信頼区間は,

$$\overline{X} - t(n-1,\alpha)\sqrt{\frac{V}{n}} < \mu < \overline{X} + t(n-1,\alpha)\sqrt{\frac{V}{n}}$$

例題 4-6

ある都市に下宿して生活している学生の一か月の生活費について調査することになり，ランダムに抽出した7人の学生から一か月の生活費について次のデータを得た.

13, 16, 15, 14, 13, 17, 14（万円）

生活費のデータは正規分布 $N(\mu, \sigma^2)$ に従っているとして，以下の設問に答えよ.

(1) 平均生活費は15万円といえるか，有意水準10%で検定せよ.

(2) 生活費の信頼係数95%の信頼区間（限界）を求めよ.

[解] (1) **手順1** 前提条件のチェック

題意から，生活費のデータの分布は正規分布 $N(\mu, \sigma^2)$（σ^2: 未知）と考えられる.

手順2 仮説および有意水準の設定

$$\begin{cases} H_0 \ : \ \mu = \mu_0 \quad (\mu_0 = 15) \\ H_1 \ : \ \mu \neq \mu_0, \quad \text{有意水準 } \alpha = 0.10 \end{cases}$$

これは，棄却域を両側にとる両側検定である.

手順3 棄却域の設定（検定方式の決定）

分散未知の場合の平均値に関する検定であり，自由度は $\Phi = n-1 = 7-1 = 6$ なので，次のような棄却域である.

$$R: |t_0| = \left| \frac{\overline{X} - \mu_0}{\sqrt{V/n}} \right| > t(6, 0.10) = 1.943$$

手順4 検定統計量の計算

計算のため表4.3のような補助表を作成する．そこで，表4.3より

$$\overline{x} = \frac{T}{n} = \frac{①}{7} = \frac{102}{7} = 14.57 \text{ で，} S = \sum x_i^2 - \frac{(\sum x_i)^2}{n} = ② - \frac{①^2}{7} = 1500 - 1486.29 = 13.71$$

だから,

$$V = \frac{S}{n-1} = 13.71/6 = 2.285 \text{ より，} t_0 = \frac{14.57 - 15}{\sqrt{2.285/7}} = -0.753 \text{ である.}$$

表 4.3 補助表

No.	x	x^2
1	13	$13^2 = 169$
	～	
7	14	196
計	102 ①	1500 ②

手順 5　判定と結論

$|t_0| = 0.753 < t(6, 0.10) = 1.943$ から帰無仮説 H_0 は有意水準10%で棄却されない．つまり，生活費は15万円でないとはいえない．

(2) **手順 1**　点推定

点推定の式に代入して　$\widehat{\mu} = \overline{X} = \dfrac{\sum X_i}{n} = 14.57$

手順 2　区間推定

信頼率95%の信頼区間は公式より

$$\overline{x} \pm t(6, 0.05)\sqrt{\frac{V}{n}} = 14.57 \pm 2.447 \times \sqrt{\frac{2.285}{7}} = 14.57 \pm 1.398 = 13.172,\ 15.968$$

と求まる．□

平均（分散：未知）に関する検定関数を作成してみよう．

1標本での平均の検定関数（分散：未知）

```
#n1m_tvu
import numpy as np
import pandas as pd
from scipy import stats
import matplotlib.pyplot as plt
def n1m_tvu(x,m0,alt): #x：データ,m0:帰無仮説の平均
#alt:対立仮説("l":左片側 "r":右片側 "t":両側)
 n=len(x);mx=np.mean(x);v=np.var(x,ddof=1)
 t0=(mx-m0)/np.sqrt(v/n)
 rv=stats.t(n-1)
 if (alt=="l"): pti=rv.cdf(t0)
 elif (alt=="r"):pti=1-rv.cdf(t0)
 elif (t0<0):pti=2*rv.cdf(t0)
 else:pti=2*(1-rv.cdf(t0))
 print("t値",t0.round(4),"P値",pti.round(4))
```

上の検定関数を例題に適用してみよう．

出力ウィンドウ

```
x=np.array([13,16,15,14,13,17,14])
print(x)
Out[ ]:[13 16 15 14 13 17 14]
plt.figure(figsize=(10,6))
plt.subplot(1,1,1)
df=pd.DataFrame(x)
plt.boxplot(df,labels=['yatin']) # 箱ひげ図の表示
plt.show()
print(pd.DataFrame(x).describe())
Out[ ]:        0
count    7.000000
mean    14.571429
   ～
max     17.000000
```

```
n1m_tvu(x,15,"t")
Out[ ]:t 値 -0.75 P 値 0.4816
#(参考)　ライブラリにある関数 stats.ttest_1samp(x) も利用できる.
stats.ttest_1samp(x,15) #両側検定
Out[ ]: Ttest_1sampResult(statistic=-0.750000000, pvalue=0.4816178・・・)
```

平均（分散：未知）に関する推定関数を作成してみよう．

1 標本での平均の推定関数（分散：未知）

```
#n1m_evu
#数値計算のライブラリ
import numpy as np
import pandas as pd
from scipy import stats
#グラフ描画のライブラリ
import matplotlib.pyplot as plt
def n1m_evu(x,conf_level):  # x：データ,conf.level：信頼係数(0と1の間)
 n=len(x);mx=np.mean(x);v=np.var(x,ddof=1)
 alpha=1-conf_level;cl=100*conf_level
 rv=stats.t(n-1)
 haba=rv.isf(alpha/2)*np.sqrt(v/n)
 sita=mx-haba;ue=mx+haba
 print("点推定",mx.round(4))
 print(cl,"%下側信頼限界",sita.round(4),cl,"%上側信頼限界",ue.round(4))
```

上の推定関数を例題に適用してみよう．

出力ウィンドウ

```
x=np.array([13,16,15,14,13,17,14])
print(x)
Out[ ]:[13 16 15 14 13 17 14]
plt.figure(figsize=(10,6))
plt.subplot(1,1,1)
df=pd.DataFrame(x)
plt.boxplot(df,labels=['yatin']) # 箱ひげ図の表示
plt.show()
print(pd.DataFrame(x).describe())
Out[ ]:    count    7.000000
mean    14.571429
    ～
max     17.000000
n1m_evu(x,0.95)
Out[ ]:点推定 14.5714
95.0 %下側信頼限界 13.1732 95.0 %上側信頼限界 15.9697
```

なお，ライブラリにある関数 stats.t.interval() も使用できる．

stats.t.interval(信頼率, 自由度, 平均, 標準偏差/$\sqrt{\text{データ数}}$)

を入力する．実際，データ x に対し，

stats.t.interval(1-α,len(x)-1,np.mean(x),np.std(x,ddof=1)/$\sqrt{\text{len}(x)}$)

を入力する．

演習 4-14　以下は学生9人の1週間のアルバイト代である．このとき以下の設問に答えよ．ただし，アルバイト代のデータは正規分布 $N(\mu, \sigma^2)$ に従っている．

3, 2, 5, 1, 0, 2, 3.5, 2.5, 1.5（万円）

① 平均アルバイト代は3万円といえるか，有意水準5%で検定せよ．

② アルバイト代の信頼係数90%の信頼区間（限界）を求めよ．

4.2.2　離散型分布に関する検定と推定

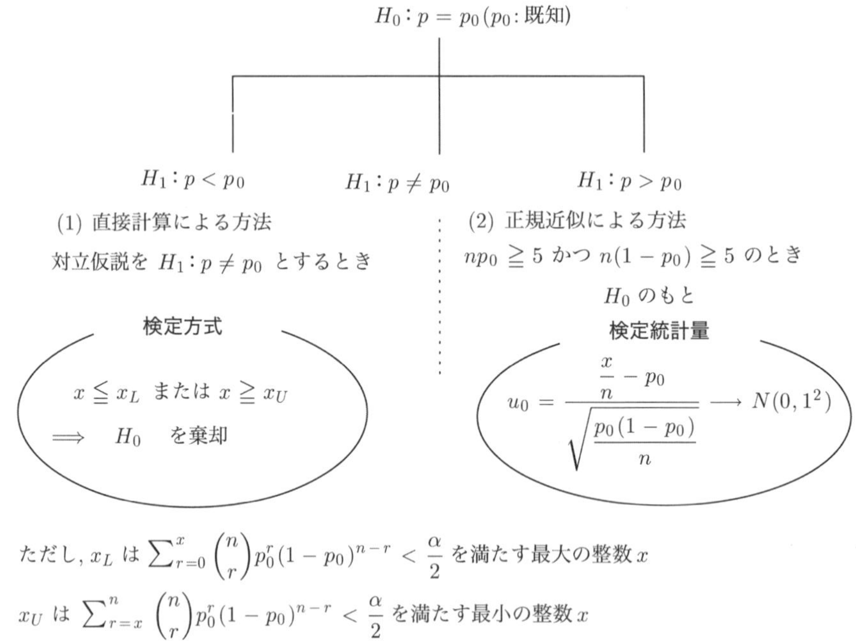

$H_0: p = p_0\,(p_0$: 既知)
$H_1: p < p_0$
$H_1: p \neq p_0$
$H_1: p > p_0$
(1) 直接計算による方法
対立仮説を $H_1: p \neq p_0$ とするとき
検定方式
$x \leqq x_L$ または $x \geqq x_U$
$\Longrightarrow$ H_0 を棄却
(2) 正規近似による方法
$np_0 \geqq 5$ かつ $n(1-p_0) \geqq 5$ のとき
H_0 のもと
検定統計量
$u_0 = \dfrac{\dfrac{x}{n} - p_0}{\sqrt{\dfrac{p_0(1-p_0)}{n}}} \longrightarrow N(0, 1^2)$
ただし，x_L は $\sum_{r=0}^{x} \binom{n}{r} p_0^r (1-p_0)^{n-r} < \dfrac{\alpha}{2}$ を満たす最大の整数 x
x_U は $\sum_{r=x}^{n} \binom{n}{r} p_0^r (1-p_0)^{n-r} < \dfrac{\alpha}{2}$ を満たす最小の整数 x

図 4.14　1標本での母比率の検定

(1)（母）比率に関する検定と推定　製品の製造ラインでの不良品の発生率，欠席率，政党の支持率などの検討は，二項分布の母比率について検討することになる．以下で詳しく考えよう．

1回の試行で確率 p で成功するようなベルヌーイ試行で，n 回の試行のうち X 回成功するとする．このとき $X \sim B(n, p)$ である．

図4.14のようにデータ数と母比率の組 (n, p) によって正規近似ができる場合と，余り近似されない場合で検定統計量が異なるので場合分けをする．

（注 4-3）　変数変換によって正規分布への近似を良くしたり，解釈の妥当性をもたせる方法がある．（逆正弦変換 $\mathrm{Arcsin}\,x$，ロジット変換 $\ln p/(1-p)$，プロビット変換 $\Phi^{-1}(p)$）$\lhd$

① 直接計算による方法（小標本の場合：$np_0 < 5$ または $n(1-p_0) < 5$ のとき）

まず，母比率 p の点推定量は

$$\hat{p} = \frac{X}{n} \tag{4.19}$$

である．そこで帰無仮説 $H_0: p = p_0$ との違いをみるとすれば，$\dfrac{X}{n}$ と p_0 の差である $\dfrac{X}{n} - p_0$

でみれば良いだろう．つまり X の大小によって違いが量れる．次に対立仮説 H_1 として，以下のように場合分けして棄却域を設ければよい．

(i) $H_1 : p < p_0$ の場合

帰無仮説と離れ H_1 が正しいときには，$\dfrac{X}{n}$ は小さくなる傾向がある．つまり X が小さくなる．そこで棄却域 R は，有意水準 α に対して，棄却域を $R : x \leqq x_L$ とする．ただし，x_L は

$$P(X \leqq x) = \sum_{r=0}^{x} \binom{n}{r} p_0^r (1-p_0)^{n-r} < \alpha \tag{4.20}$$

を満足する最大の整数 x である．

(ii) $H_1 : p > p_0$ の場合

帰無仮説と離れ H_1 が正しいときには，X は大きくなる傾向がある．そこで棄却域 R は，有意水準 α に対して，棄却域を $R : x \geqq x_U$ とする．ただし，x_U は

$$P(X \geqq x) = \sum_{r=x}^{n} \binom{n}{r} p_0^r (1-p_0)^{n-r} < \alpha \tag{4.21}$$

を満足する最小の整数 x である．

(iii) $H_1 : p \neq p_0$ の場合

(i) または (ii) の場合なので H_1 が正しいときには，X は小さくなるかまたは大きくなる傾向がある．そこで棄却域 R は，有意水準 α に対して，両側に $\dfrac{\alpha}{2}$ になるように $R : x \leqq x_L$ （ただし，x_L は以下の式 (4.22) を満足する最大の整数 x である.）

$$P(X \leqq x) = \sum_{r=0}^{x} \binom{n}{r} p_0^r (1-p_0)^{n-r} < \frac{\alpha}{2} \tag{4.22}$$

または $R : x \geqq x_U$ とする．ただし，x_U は

$$P(X \geqq x) = \sum_{r=x}^{n} \binom{n}{r} p_0^r (1-p_0)^{n-r} < \frac{\alpha}{2} \tag{4.23}$$

を満足する最小の整数 x である．

(iii) 両側検定の場合を図示すると，図 4.15 のようになる．

（補 4-4） $X \sim B(n,p)$ のとき，次のように累積確率を F 分布に従う変数の積分を利用して計算ができる．まず部分積分を繰返しおこなって以下を導く．

$$P(X \geqq x) = \sum_{r=x}^{n} \binom{n}{r} p^r (1-p)^{n-r} = \frac{n!}{(x-1)!(n-x)!} \int_0^p t^{x-1}(1-t)^{n-x} dt \ (x = 1, 2, \ldots, n)$$

更に，変数変換 $\left(: t = \dfrac{x}{x+(n-x+1)y} \right)$ をし，$f = \dfrac{x(1-p)}{(n-x+1)p}$ とおくと

$$= \frac{n! x^x (n-x+1)^{n-x+1}}{(x-1)!(n-x)!} \int_f^\infty \frac{y^{n-x}}{\{x+(n-x+1)y\}^{n+1}} dy$$

$$= \frac{\Gamma(n+1)\{2(n-x+1)\}^{n-x+1}(2x)^x}{\Gamma(n-x+1)\Gamma(x)} \int_f^\infty \frac{y^{n-x}}{\{2x+2(n-x+1)y\}^{n+1}} dy$$

$= P(Y \geqq f)$ $(Y \sim F_{2(n-x+1),2x}$: 自由度 $(2(n-x+1), 2x)$ の F 分布$)$ ◁

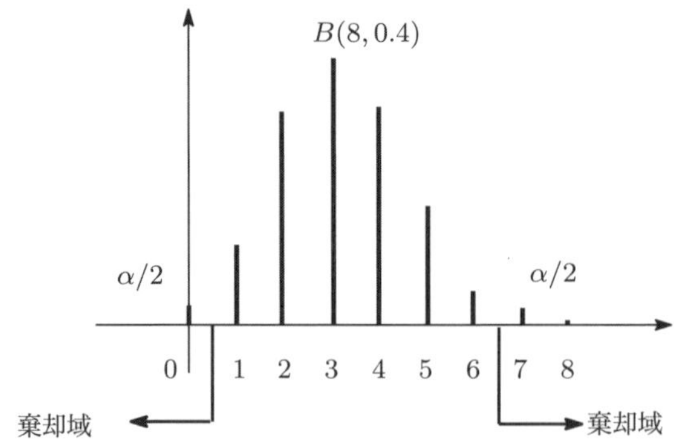

図 4.15　$H_0 : p = p_0$，$H_1 : p \neq p_0$ での棄却域

(注 4-4)　計数値のデータの場合にはとびとびの値をとるため，ちょうど有意水準と一致する臨界値は普通，存在しない．そこで有意水準を超えない最も近い値で代用することが多い．その水準のもとでの検定になることに注意しておくことが必要である．◁

以上をまとめて，次の検定方式が得られる．

検定方式

母比率 p に関する検定 $H_0 : p = p_0$ について，

<u>小標本の場合（$np_0 < 5$ または $n(1-p_0) < 5$ のとき）</u>（直接確率による場合）

有意水準 α に対し，

$H_1 : p \neq p_0$（両側検定）のとき

$R : x \leqq x_L$ または $x \geqq x_U \Longrightarrow H_0$ を棄却する

ここに，x_L は $P(X \leqq x) = \sum_{r=0}^{x} \binom{n}{r} p_0^r (1-p_0)^{n-r} < \alpha/2$ を満足する最大の整数 x であり，x_U は $P(X \geqq x) = \sum_{r=x}^{n} \binom{n}{r} p_0^r (1-p_0)^{n-r} < \alpha/2$ を満足する最小の整数 x である．

$H_1 : p < p_0$（左片側検定）のとき

$R : x \leqq x_L \quad \Longrightarrow \quad H_0$ を棄却する

ここに，x_L は $P(X \leqq x) = \sum_{r=0}^{x} \binom{n}{r} p_0^r (1-p_0)^{n-r} < \alpha$ を満足する最大の整数 x である．

$H_1 : p > p_0$（右片側検定）のとき

$R : x \geqq x_U \quad \Longrightarrow \quad H_0$ を棄却する

ここに，x_U は $P(X \geqq x) = \sum_{r=x}^{n} \binom{n}{r} p_0^r (1-p_0)^{n-r} < \alpha$ を満足する最小の整数 x である．

次に，推定に関して点推定は，

$$(4.24) \qquad \widehat{p} = \frac{x}{n} \left(\text{または} \frac{x+1/2}{n+1} \right)$$

で，p の不偏推定量 $\left(E(\widehat{p}) = p\right)$ になっている．更に信頼率 $1-\alpha$ に対し，

$$P\left(X \geqq x\right) = \int_{f_1}^{\infty} f_{\phi_1,\phi_2}(t)dt = \frac{\alpha}{2}, \left(f_1 = \frac{\phi_2(1-p)}{\phi_1 p}\right)$$

を満足する p を p_U とすると，$f_{\phi_1,\phi_2}(t)$: 自由度 $\phi_1 = 2(n-x+1), \phi_2 = 2x$ の F 分布の密度関数なので，

$$p_U = \frac{\phi_1 F(\phi_1, \phi_2; \alpha/2)}{\phi_2 + \phi_1 F(\phi_1, \phi_2; \alpha/2)}$$

である．なお，$F(\phi_1, \phi_2; \alpha/2)$ は自由度 (ϕ_1, ϕ_2) の F 分布の上側$\alpha/2$分位点である．また，

$$P\Big(X \leqq x\Big) = \int_{f_2}^{\infty} f_{\phi_1', \phi_2'}(t)dt = \frac{\alpha}{2} \quad \Big(f_1 = \phi_2' p/(\phi_1'(1-p))\Big)$$

を満足する p を p_L とすると，$f_{\phi_1', \phi_2'}(t)$：自由度$\phi_1' = 2(x+1), \phi_2' = 2(n-x)$ の F 分布の密度関数なので，

$$p_L = \frac{\phi_2'}{\phi_2' + \phi_1' F(\phi_1', \phi_2'; \alpha/2)}$$

である．そこで，$p_L < p < p_U$ が求める信頼区間となる．以上をまとめて，次の推定方式が得られる．

推定方式

p の点推定は　$\widehat{p} = \dfrac{x}{n}$

p の信頼率 $1-\alpha$ の信頼区間は，$p_L < p < p_U$

なお，$\phi_1' = 2(n-x+1), \phi_2' = 2x, \phi_1 = 2(x+1), \phi_2 = 2(n-x)$ に対し，

$$p_L = \frac{\phi_2'}{\phi_2' + \phi_1' F(\phi_1', \phi_2'; \alpha/2)}, \quad p_U = \frac{\phi_1 F(\phi_1, \phi_2; \alpha/2)}{\phi_2 + \phi_1 F(\phi_1, \phi_2; \alpha/2)}$$ である．

例題 4-7（離散分布での正規近似検定）

工程から製品をランダムに20個とり検査したところ，4個が不良品であった．この工程の母不良率は0.2以下といえるか．有意水準5% で検定せよ．

[解]　**手順1**　前提条件のチェック（分布のチェック）

不良個数 x が，母不良率が p の2項分布に従うと考えられる．

手順2　仮説および有意水準の設定

$$\begin{cases} H_0 & : \quad p = p_0 \quad (p_0 = 0.2) \\ H_1 & : \quad p < p_0 \quad \text{有意水準}\alpha = 0.05 \end{cases}$$

手順3　棄却域の設定（近似条件のチェック）

正規分布に近似しての検定法が使えるかどうかを調べるため，その条件 [$np_0 \geqq 5, n(1-p_0) \geqq 5$] をチェックする．$nP_0 = 20 \times 0.2 = 4 < 5$ なので，この場合近似条件が成立しない．そこで，2項分布の直接確率計算を用いる．

手順4　検定のための確率計算

片側検定であるので，帰無仮説 H_0 のもとで不良個数が4以下である確率は

$$\sum_{i=0}^{4} \binom{20}{i} 0.2^i (1-0.2)^{20-i}$$

$$= \binom{20}{0} 0.2^0 (1-0.2)^{20} + \binom{20}{1} 0.2^1 0.8^{19} + \binom{20}{2} 0.2^2 0.8^{18} + \binom{20}{3} 0.2^3 0.8^{17} + \binom{20}{4} 0.2^4 0.8^{16}$$

$$= P(X=0) + P(X=0) \times \frac{20-0}{0+1} \times \frac{0.2}{1-0.2} + P(X=1) \times \frac{20-1}{1+1} \times \frac{0.2}{1-0.2}$$

$$+ P(X=2) \times \frac{20-2}{2+1} \times \frac{0.2}{1-0.2} + P(X=3) \times \frac{20-3}{3+1} \times \frac{0.2}{1-0.2}$$

$$= 0.01153 + 0.0577 + 0.1370 + 0.2055 + 0.2183 = 0.6300$$

となる．なお確率は，漸化式 $P(X = x+1) = P(X = x) \times \dfrac{n-x}{x+1} \times \dfrac{p}{1-p}$ を利用して，逐次計算を

している．

手順5　判定と結論

$\sum_{i=0}^{4} p_i > 0.05$ より帰無仮説は有意水準5% で棄却されない．つまり，母不良率は0.2以下とはいえない．□

例題を，逐次Pythonで実行してみよう．

出力ウィンドウ

```
from scipy import stats
rv=stats.binom(20,0.2) #n=20,p=0.2
# pbinom(4,20,0.2) # 帰無仮説のもとで4個以下が不良個数である確率（p値）
pti=rv.cdf(4)
print('p値=',pti.round(4))
Out:[   ] p値= 0.6296
```

② **正規近似による方法**（大標本の場合：$np_0 \geqq 5$ かつ $n(1-p_0) \geqq 5$ のとき）

まず，母比率 p の点推定量は

$$\widehat{p} = \frac{X}{n} \tag{4.25}$$

である．そこで帰無仮説 $H_0 : p = p_0$ との違いをみるとすれば，X/n と p_0 の差である $X/n - p_0$ でみれば良いだろう．期待値と分散で規準化した

$$u_0 = \frac{X/n - E(X/n)}{\sqrt{V(X/n)}} = \frac{X/n - p_0}{\sqrt{p_0(1-p_0)/n}} = \frac{X - np_0}{\sqrt{np_0(1-p_0)}} \tag{4.26}$$

は帰無仮説のもとで np_0, $n(1-p_0)$ がともに大きいとき，近似的に標準正規分布に従う．次に対立仮説 H_1 として，以下のように場合分けして棄却域を設ければよい．

(i)　$H_1 : p < p_0$ の場合

帰無仮説と離れ，H_1 が正しいときには，u_0 は小さくなる傾向がある．つまり X が小さくなる．そこで棄却域 R は，有意水準 α に対して，$R : u_0 \leqq -u(2\alpha)$ とすればよい．

(ii)　$H_1 : p > p_0$ の場合

帰無仮説と離れ，H_1 が正しいときには，X は大きくなる傾向がある．そこで棄却域 R は，有意水準 α に対して，$R : u_0 \geqq u(2\alpha)$ となる．

(iii)　$H_1 : p \neq p_0$ の場合

(i) または (ii) の場合なので H_1 が正しいときには，X は小さくなるかまたは大きくなる傾向がある．そこで棄却域 R は，有意水準 α に対して，両側に $\alpha/2$ になるように $R : |u_0| \geqq u(\alpha)$ とする．両側検定の場合を図示すると，図4.16のようになる．

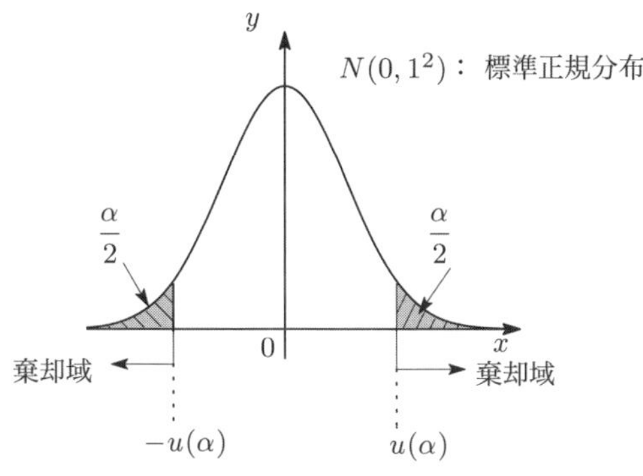

図 **4.16**　$H_0 : p = p_0, H_1 : p \neq p_0$ での棄却域

以上をまとめて，次の検定方式が得られる．

検定方式

1個の母比率に関する検定 $H_0 : p = p_0$ について
大標本の場合（$np_0 \geqq 5, n(1-p_0) \geqq 5$ であるとき）（正規近似による方法）

有意水準 α に対し，$u_0 = \dfrac{X/n - p_0}{\sqrt{p_0(1-p_0)/n}}$ とおくとき

$H_1 : p \neq p_0$（両側検定）のとき
　$|u_0| > u(\alpha) \implies H_0$ を棄却する
$H_1 : p < p_0$（左片側検定）のとき
　$u_0 < -u(2\alpha) \implies H_0$ を棄却する
$H_1 : p > p_0$（右片側検定）のとき
　$u_0 > u(2\alpha) \implies H_0$ を棄却する

次に，推定に関して点推定は，$\widehat{p} = X/n$ でこれは p の不偏推定量になっている．
さらに，$\dfrac{X/n - p}{\sqrt{p(1-p)/n}}$ は近似的に標準正規分布 $N(0, 1^2)$ に従うので信頼率 $1-\alpha$ に対し

$$P\left(\left|\frac{X/n - p}{\sqrt{p(1-p)/n}}\right| < u(\alpha)\right) = 1 - \alpha \tag{4.27}$$

が成立する．この括弧の中の確率で評価される不等式を分母の p を X/n として p について解けば

$$\frac{X}{n} - u(\alpha)\sqrt{\frac{X}{n}\left(1 - \frac{X}{n}\right)\Big/n} < p < \frac{X}{n} + u(\alpha)\sqrt{\frac{X}{n}\left(1 - \frac{X}{n}\right)\Big/n} \tag{4.28}$$

と信頼区間が求まる．

（注 4-5）　確率で評価される不等式を p について解いてもよいが，2次不等式の解を求めることになり，少し複雑である．◁

以上をまとめて，次の推定方式が得られる．

推定方式

母比率 p の点推定は　$\widehat{p} = \dfrac{X}{n}$

母比率 p の信頼率 $1-\alpha$ の信頼区間は，区間幅を $Q = u(\alpha)\sqrt{\widehat{p}(1-\widehat{p})/n}$ とおいて

$$\widehat{p} - Q < p < \widehat{p} + Q$$

演習 4-15　今の法案に賛成か否かのアンケートをとり 200 人中 140 人が賛成であった.

① 賛成率は 60% であるといえるか. 有意水準 5% で検定せよ.

② 賛成率の点推定および信頼係数 95% の信頼区間（限界）を求めよ.

母比率の検定関数を作成してみよう.

binomial distribution, 1 sample, proportion , test

1 標本での比率の検定関数（二項分布）

```
#b1p_t
#数値計算のライブラリ
import numpy as np
from scipy import stats
def b1p_t(x,n,p0,alt): # x:個数,n:試行数,
# p0:帰無仮説の比率,alt:対立仮説
 rv=stats.binom(n,p0)
 if ((n*p0<5) or (n*(1-p0)<5)) :
  pr=rv.cdf(x)
  if (alt=="l"): pti=rv.cdf(x)
  elif (alt=="r") : pti=1-rv.cdf(x-1)
  elif (pr<0.5): pti=2*pr
  else :pti=2*(1-rv.cdf(x-1))
  print("直接確率","P 値",pti)
 else:
  phat=x/n
  u0=(phat-p0)/np.sqrt(p0*(1-p0)/n)
  if (alt=="l"):pti=stats.norm.cdf(u0)
  elif (alt=="r"): pti=1-stats.norm.cdf(u0)
  elif (u0<0):pti=2*stats.norm.cdf(u0)
  else:pti=2*(1-stats.norm.cdf(u0))
  print("u0 正規近似",u0.round(4),"P 値",pti.round(4))
```

この検定関数を例題に適用してみよう.

出力ウィンドウ

```
b1p_t(120,200,0.6,"t")
Out[  ]:u0 正規近似 0.0 P 値 1.0
```

母比率の推定関数を作成してみよう.

binomial distribution,1 sample, proportion, estimate

1 標本での比率の推定関数（二項分布）

```
#b1p_e
import numpy as np
from scipy import stats
def b1p_e(x,n,conf_level):  # x:個数,n:試行数,conf_level:信頼係数
 phat=x/n;alpha=1-conf_level;cl=100*conf_level
 if ((x<5) or ((n-x)<5)) :
  phi_1=2*(n-x+1);phi_2=2*x;phi1=2*(x+1);phi2=2*(n-x)
  rv1=stats.f(phi_1,phi_2)
  rv2=stats.f(phi1,phi2)
  sita=phi_2/(phi_2+phi_1*rv1.isf(alpha/2))
  ue=phi1*rv2.isf(alpha/2)/(phi2+phi1*rv2.isf(alpha/2))
 else:
  haba=stats.norm.ppf(1-alpha/2)*np.sqrt(phat*(1-phat)/n)
  sita=phat-haba;ue=phat+haba
  print("点推定値",phat)
  print("信頼度(%)",cl,"下側",sita.round(4),"上側",ue.round(4))
```

この推定関数を例題に適用してみよう．

出力ウィンドウ

```
b1p_e(120,200,0.95)
out[  ]:点推定値 0.6
信頼度(%) 95.0 下側 0.5321 上側 0.6679
```

演習 4-16　テレビ視聴率，シュート成功率，塾に通っている率，下宿率に関するデータについて検定と点推定，区間推定を行え．

（注 4-6）　正規近似の条件 [$np_0 \geqq 5, n(1-p_0) \geqq 5$] が満足されるときは

$$u_0 = \frac{r - np_0}{\sqrt{np_0(1-p_0)}}$$

による正規分布の分位点と比較して検定すればよい．◁

(2) 母欠点数に関する検定と推定

銀行での単位時間に ATM にくる客の数，アルバイト先で 1 日に苦情を言われる回数，本の 1 ページあたりの誤植数などは少数個である頻度が高く，個数が多くなると極度に頻度が少なくなる．そのような個数の分布はポアソン分布と考えられ，その母欠点数について検討することは重要である．

なお，$Y_1, \ldots, Y_k$ が独立に同一のポアソン分布 $P_o(\lambda)$ に従うとき，k 単位での欠点数を X とすると，$X = Y_1 + \cdots + Y_k \sim P_o(k\lambda)$ である．

変数 X を単位あたりの母欠点数が λ であるポアソン分布に従うと考えられる計数値のデータからの k 単位での欠点数とする．そこで $X \sim P_o(k\lambda)$ である．例えば，ある都市での k 日での交通死亡事故発生件数を X とするような場合である．このとき母欠点数 λ についての検定・推定を考えよう．

図 4.17 のように $k\lambda_0$ が大きいときには正規分布に近似して検定・推定が扱えるので，直接

計算による場合と正規近似による場合で分けて考えよう．

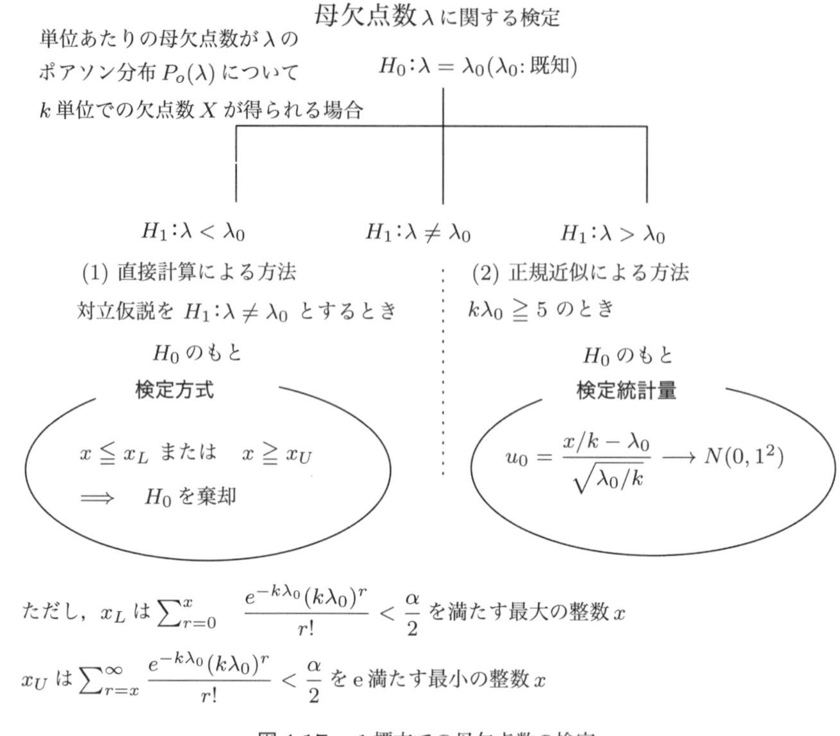
母欠点数λに関する検定
単位あたりの母欠点数がλの
ポアソン分布 $P_o(\lambda)$ について
k 単位での欠点数 X が得られる場合
$H_0:\lambda=\lambda_0(\lambda_0:$既知$)$
$H_1:\lambda<\lambda_0$
$H_1:\lambda\neq\lambda_0$
$H_1:\lambda>\lambda_0$
(1) 直接計算による方法
対立仮説を $H_1:\lambda\neq\lambda_0$ とするとき
H_0 のもと
検定方式
$x\leqq x_L$ または　$x\geqq x_U$
$\Longrightarrow$　H_0 を棄却
(2) 正規近似による方法
$k\lambda_0\geqq 5$ のとき
H_0 のもと
検定統計量
$u_0=\dfrac{x/k-\lambda_0}{\sqrt{\lambda_0/k}}\longrightarrow N(0,1^2)$
ただし，x_L は $\sum_{r=0}^{x}\dfrac{e^{-k\lambda_0}(k\lambda_0)^r}{r!}<\dfrac{\alpha}{2}$ を満たす最大の整数 x
x_U は $\sum_{r=x}^{\infty}\dfrac{e^{-k\lambda_0}(k\lambda_0)^r}{r!}<\dfrac{\alpha}{2}$ をe満たす最小の整数 x

図 4.17　1標本での母欠点数の検定

① 直接計算による方法（$k\lambda_0<5$ のとき）

単位あたりの母欠点数λの点推定量は $\widehat{\lambda}=X/k$（または $(X+1/2)/k$）である．そこで帰無仮説 $H_0:\lambda=\lambda_0(\lambda_0:$ 既知$)$ との違いをみるには X/k と λ_0 との差の $X/k-\lambda_0$，結局 X の大小によって違いを量る．そして対立仮説 H_1 を以下のように場合分けして考えればよいだろう．

(i) $H_1:\lambda<\lambda_0$ の場合

帰無仮説と離れ，H_1 が正しいときには X は小さくなる傾向がある．そこで棄却域 R は，有意水準 α に対して，

$R:x\leqq x_L\Longrightarrow$　H_0 を棄却する．

から定まる．ここに x_L は $P_{H_0}(X\leqq x)=\sum_{r=0}^{x}\dfrac{e^{-k\lambda_0}(k\lambda_0)^r}{r!}<\alpha$ を満足する最大の整数 x である．

(ii) $H_1:\lambda>\lambda_0$ の場合

帰無仮説と離れ，H_1 が正しいときには X は大きくなる傾向がある．そこで棄却域 R は，有意水準 α に対して，

$R:x\geqq x_U$　$\Longrightarrow$　H_0 を棄却する．

から定まる．ただし，x_U は $P_{H_0}(X\geqq x)=\sum_{r=x}^{\infty}\dfrac{e^{-k\lambda_0}(k\lambda_0)^r}{r!}<\alpha$ を満足する最小の整数

x である．

(iii) $H_1 : \lambda \neq \lambda_0$ の場合

(i) または (ii) の場合なので，H_1 が正しいときには X は小さくなるか，または大きくなる傾向がある．そこで棄却域 R は，有意水準 α に対して，両側に $\alpha/2$ になるように

$$R : x \leqq x_L \text{ または } \quad x \geqq x_U \quad \Longrightarrow \quad H_0 \text{ を棄却する．}$$

から定まる．

ただし，x_L は $P(X \leqq x) = \sum_{r=0}^{x} \dfrac{e^{-k\lambda_0}(k\lambda_0)^r}{r!} < \dfrac{\alpha}{2}$ を満足する最大の整数 x である．

x_U は $P(X \geqq x) = \sum_{r=x}^{\infty} \dfrac{e^{-k\lambda_0}(k\lambda_0)^r}{r!} < \dfrac{\alpha}{2}$ を満足する最小の整数 x である．

両側検定の場合を図示すると図 4.18 のようになる．

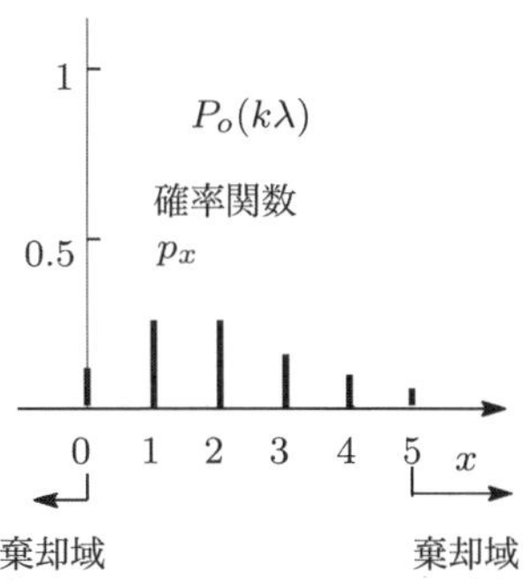

図 4.18　$H_0 : \lambda = \lambda_0$，$H_1 : \lambda \neq \lambda_0$ での棄却域

以上をまとめて次の検定方式が得られる．

検定方式

母欠点数に関する検定 $H_0 : \lambda = \lambda_0$ について，
直接確率による場合（$k\lambda_0 < 5$ のとき）有意水準 α に対し，

$H_1 : \lambda \neq \lambda_0$（両側検定）のとき

$x \leqq x_L$ または $x \geqq x_U \quad \Longrightarrow \quad H_0$ を棄却する

ただし，x_L は $P(X \leqq x) = \sum_{r=0}^{x} \dfrac{e^{-k\lambda_0}(k\lambda_0)^r}{r!} < \dfrac{\alpha}{2}$ を満足する最大の整数 x であり，

x_U は $P(X \geqq x) = \sum_{r=x}^{\infty} \dfrac{e^{-k\lambda_0}(k\lambda_0)^r}{r!} < \dfrac{\alpha}{2}$ を満足する最小の整数 x である．

$H_1 : \lambda < \lambda_0$（左片側検定）のとき

$R : x \leqq x_L \Longrightarrow \quad H_0$ を棄却する

ここに，x_L は $P(X \leqq x) = \sum_{r=0}^{x} \dfrac{e^{-k\lambda_0}(k\lambda_0)^r}{r!} < \alpha$ を満足する最大の整数 x である．

$H_1 : \lambda > \lambda_0$（右片側検定）のとき

$R : x \geqq x_U \quad \Longrightarrow \quad H_0$ を棄却する

ただし，x_U は $P(X \geqq x) = \sum_{r=x}^{\infty} \dfrac{e^{-k\lambda_0}(k\lambda_0)^r}{r!} < \alpha$ を満足する最小の整数 x である．

（補 4-5）　ここで $X \sim P_o(k\lambda)$ のとき，累積確率は次のように自由度 $2x$ のカイ 2 乗分布の密度関数

の積分をすることで求められる．

$$P(X \geqq x) = \sum_{r=x}^{\infty} \frac{e^{-k\lambda}(k\lambda)^r}{r!} = 1 - \sum_{r=0}^{x-1} \frac{e^{-k\lambda}(k\lambda)^r}{r!} \quad \left(\text{部分積分を繰返して}\right)$$

$$= \frac{1}{(x-1)!}\int_0^{k\lambda} t^{x-1}e^{-t}dt \quad \left(\text{更に} t = \frac{y}{2} \text{なる変数変換をすると}\right)$$

$$= \frac{1}{(x-1)!}\int_0^{2k\lambda} \frac{y^{x-1}}{2^{x-1}}e^{-y/2}\frac{1}{2}dy = P(Y \leqq 2k\lambda) \quad (Y \sim \chi^2_{2x}) \quad \triangleleft$$

次に，推定に関して点推定量は $\widehat{\lambda} = \dfrac{x}{k}$ で，これは λ の不偏推定量になっている．そして信頼率 $1-\alpha$ に対し，

$$P\Big(X \leqq x\Big) = \sum_{r=0}^{x} \frac{e^{-k\lambda}(k\lambda)^r}{r!} = \int_{2k\lambda}^{\infty} g_{2(x+1)}(t)dt = \frac{\alpha}{2}$$

を満足する λ を λ_U とする．なお，$g_{2(x+1)}(t)$ は自由度 $2(x+1)$ のカイ 2 乗分布の密度関数 だから，$2k\lambda_U = \chi^2\left(2(x+1), \dfrac{\alpha}{2}\right)$ (自由度 $2(x+1)$ のχ^2分布の上側 $\dfrac{\alpha}{2}$ 分位点）となる．

また，

$$P\Big(X \geqq x\Big) = \sum_{r=x}^{\infty} \frac{e^{-k\lambda}(k\lambda)^r}{r!} = 1 - \int_{2k\lambda}^{\infty} g_{2x}(t)dt = \frac{\alpha}{2}$$

を満足する λ を λ_L とするとき，$g_{2x}(t)$ は自由度 $2x$ のカイ 2 乗分布の密度関数 だから，$2k\lambda_L = \chi^2\left(2x, 1-\dfrac{\alpha}{2}\right)$ (自由度 $2x$ のカイ 2 乗分布の上側 $1-\dfrac{\alpha}{2}$ 分位点）である．このとき，$\lambda_L < \lambda < \lambda_U$ が求める信頼区間である．以上をまとめて次の推定方式が得られる．

推定方式

λ の点推定量は，$\widehat{\lambda} = \dfrac{x}{k}$ $\left(\text{または}\dfrac{x+1/2}{k}\right)$.

λ の信頼率 $1-\alpha$ の信頼区間は，$\lambda_L < \lambda < \lambda_U$.

ただし，$\left(\lambda_L = \dfrac{\chi^2(2x, 1-\alpha/2)}{2k},\ \lambda_U = \dfrac{\chi^2(2x+2, \alpha/2)}{2k}\right)$.

1 単位での欠点数 Y の分布が平均 λ のポアソン分布であるとき，k 単位での欠点数を X とする．このとき，独立でいずれも平均 λ のポアソン分布に従う k 個の確率変数 $Y_1, \ldots, Y_k$ の和として X はかかれる．つまり，$X = Y_1 + \cdots + Y_k$ で，これは平均 $k\lambda$ のポアソン分布 $P_o(k\lambda)$ に従うことを再度確認しておこう．

② 正規近似による場合（$k\lambda_0 \geqq 5$ のとき）

まず母欠点 λ の点推定量は

(4.29)　$$\widehat{\lambda} = \frac{X}{k} \left(\text{または}\frac{X+1/2}{k}\right)$$

である．そこで帰無仮説 $H_0 : \lambda = \lambda_0$ との違いをみるとすれば $\dfrac{X}{k}$ と λ_0 の差である $\dfrac{X}{k} - \lambda_0$ でみれば良いだろう．期待値と分散で規準化した

(4.30)　$$u_0 = \frac{X/k - E(X/k)}{\sqrt{V(X/k)}} = \frac{X/k - \lambda_0}{\sqrt{\lambda_0/k}}$$

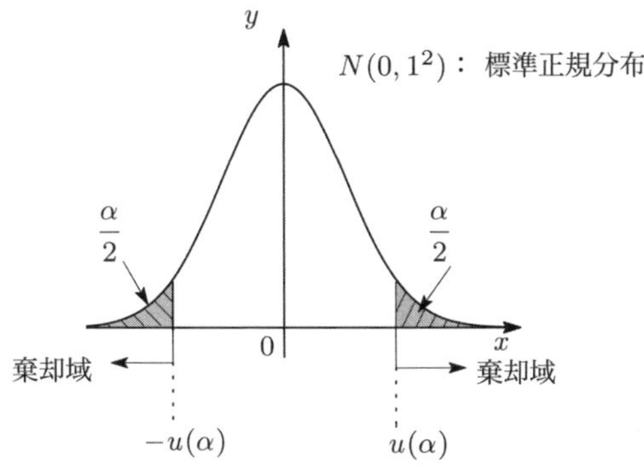

図 4.19 $H_0:\lambda=\lambda_0, H_1:\lambda\neq\lambda_0$ での棄却域

は帰無仮説のもとで λ_0 が大きいとき，近似的に標準正規分布に従う．次に対立仮説 H_1 として，以下のように場合分けして棄却域を設ければよい．

(i) $H_1:\lambda<\lambda_0$ の場合

帰無仮説と離れ，H_1 が正しいときには u_0 は小さくなる傾向がある．つまり X が小さくなる．そこで棄却域 R は，有意水準 α に対して，$R:u_0\leqq -u(2\alpha)$ とすればよい．

(ii) $H_1:\lambda>\lambda_0$ の場合

帰無仮説と離れ，H_1 が正しいときには X は大きくなる傾向がある．そこで棄却域 R は，有意水準 α に対して，$R:u_0\geqq u(2\alpha)$ となる．

(iii) $H_1:\lambda\neq\lambda_0$ の場合

(i) または (ii) の場合なので，H_1 が正しいときには X は小さくなるか，または大きくなる傾向がある．そこで棄却域 R は，有意水準 α に対して，両側に $\dfrac{\alpha}{2}$ になるように $R:|u_0|\geqq u(\alpha)$ とする．両側検定の場合を図示すると図 4.19 のようになる．以上をまとめて次の検定方式が得られる．

検定方式

1 個の母欠点数 λ に関する検定 $H_0:\lambda=\lambda_0$ について

正規近似による場合（$k\lambda_0\geqq 5$ のとき） 有意水準 α に対し，$u_0=\dfrac{X/k-\lambda_0}{\sqrt{\lambda_0/k}}$ とおくとき

$H_1:\lambda\neq\lambda_0$（両側検定）のとき
　$|u_0|>u(\alpha) \implies H_0$ を棄却する
$H_1:\lambda<\lambda_0$（左片側検定）のとき
　$u_0<-u(2\alpha) \implies H_0$ を棄却する
$H_1:\lambda>\lambda_0$（右片側検定）のとき
　$u_0>u(2\alpha) \implies H_0$ を棄却する

次に，推定に関して点推定は $\widehat{\lambda}=\dfrac{X}{k}$ で，これは λ の不偏推定量になっている．

さらに，$k\lambda\geqq 5$ ならば $\dfrac{X/k-\lambda}{\sqrt{\lambda/k}}$ は近似的に標準正規分布 $N(0,1^2)$ に従うので信頼率 $1-\alpha$ に対し

$$(4.31)\qquad P\left(\left|\frac{X/k-\lambda}{\sqrt{\lambda/k}}\right|<u(\alpha)\right)=1-\alpha$$

が成立する．この括弧の中の確率で評価される不等式を分母の λ を $\widehat{\lambda}=\dfrac{X}{k}$ として λ について解けば

$$(4.32)\qquad \widehat{\lambda}-u(\alpha)\sqrt{\frac{\widehat{\lambda}}{k}}<\lambda<\widehat{\lambda}+u(\alpha)\sqrt{\frac{\widehat{\lambda}}{k}}$$

と信頼区間が求まる．以上をまとめて次の推定方式が得られる．

推定方式

母欠点数 λ の点推定量は，$\widehat{\lambda}=\dfrac{X}{k}$.

母欠点数 λ の信頼率 $1-\alpha$ の信頼区間は，信頼区間幅 Q を $Q=u(\alpha)\sqrt{\widehat{\lambda}/k}$ とおいて，

$$\widehat{\lambda}-Q<\lambda<\widehat{\lambda}+Q.$$

例題 4-8（離散分布での正規近似検定）

ある都市で，ある1日に発生した火事の件数は5件であった．このとき，以下の設問に答えよ．

(1) この都市での平均火事の件数（母欠点数）は6より少ないといえるか．有意水準5% で検定せよ．

(2) この都市での平均火事の件数（母欠点数）の信頼係数95% の信頼区間を求めよ．

[解]　(1) **手順1**　前提条件のチェック（分布のチェック）

火事の件数 x が，母欠点数 λ のポアソン分布に従うと考えられる．

手順2　仮説および有意水準の設定

$$\begin{cases} H_0 & : \quad \lambda=\lambda_0 \quad (\lambda_0=6) \\ H_1 & : \quad \lambda<\lambda_0 \quad \text{有意水準}\alpha=0.05 \end{cases}$$

手順3　近似条件のチェック

正規分布に近似しての検定法が使えるかどうかを調べるため，その条件 [$\lambda_0 \geqq 5$] をチェックする．$\lambda_0=6>5$ なので，この場合近似条件が成立し，正規近似による検定を用いる．

手順4　検定統計量の計算

$$u_0=\frac{x-\lambda_0}{\sqrt{\lambda_0}}=\frac{5-6}{\sqrt{6}}=-0.408$$

手順5　判定と結論

$u_0=-0.408>-u(0.10)=-1.645$ より帰無仮説は有意水準5% で棄却されない．つまり，火事の件数は6より少ないとはいえない．

(2) 点推定は $\widehat{\lambda}=x=5$ であり，

95% 信頼区間は $x\pm u(0.05)\sqrt{\dfrac{x}{1}}=5\pm1.96\times\sqrt{5}=5\pm4.383=0.616, 9.383$　□

(注 4-7)　例では1日の件数なので1単位のデータだった．k 単位での欠点数 X が得られる場合のときは母欠点数の推定と検定は $\widehat{\lambda}=\dfrac{X}{k}$ を用いる．例えば1週間での交通死亡事故件数が X 件のとき1日あたりの単位あたりの件数には $\dfrac{X}{7}$ を用いる．その平均は λ だが，分散は $\dfrac{\lambda}{k}$ なので検定には

$u_0 = \dfrac{X/k - \lambda_0}{\sqrt{X/k}}$ を用いることに注意しよう．◁

例題を逐次 Python で実行してみよう．

出力ウィンドウ

```
import numpy as np
from scipy import stats
u0=(5-6)/np.sqrt(6) # 検定統計量の値を計算し，u0 に代入
print('u 値',u0.round(4)) # u0 の値を表示
Out[  ]:u 値 -0.4082
pti=stats.norm.cdf(u0)
print('p 値=',pti.round(4))
Out[  ]:p 値= 0.3415
lamhat=5
haba=stats.norm.ppf(0.975)*np.sqrt(5/1)
print(' 区間幅',haba.round(4))
Out[  ]: 区間幅 4.3826
sita=lamhat-haba
print(' 下側信頼限界',sita.round(4))
Out[  ]: 下側信頼限界 0.6174
ue=lamhat+haba
print(' 上側信頼限界',ue.round(4))
Out[  ]: 上側信頼限界 9.3826
```

母欠点数の検定関数を作成してみよう．

poisson distribution, 1 sample, lambda, test

1 標本での欠点の検定関数（ポアソン分布）

```
#p1lam_t
import numpy as np
from scipy import stats
def p1lam_t(x,k,lam0,alt):
# x: 欠点数,lam0: 帰無仮説の母欠点数,alt: 対立仮説
 rv=stats.poisson(lam0)
 lam=k*lam0
 if (lam<5):
  pr=rv.cdf(x)
  if (alt=="l"): pti=rv.cdf(x)
  elif (alt=="r"):pti=1-rv.cdf(x-1)
  elif (pr<0.5):pti=2*pr
  else :
   pti=2*(1-rv.cdf(x-1))
   print('P 値=',pti.round(4))
 else:
  lamhat=x/k
  u0=(lamhat-lam0)/np.sqrt(lam0/k)
  if (alt=="l"): pti=stats.norm.cdf(u0)
  elif (alt=="r"):pti=1-stats.norm.cdf(u0)
  elif (u0<0):pti=2*stats.norm.cdf(u0)
```

```
    else:pti=2*(1-stats.norm.cdf(u0))
    print("u0正規近似",u0.round(4),"P値",pti.round(4))
```

この検定関数を例題に適用してみよう．

出力ウィンドウ

```
p1lam_t(5,1,6,"l")
Out[  ]:u0正規近似 -0.4082 P値 0.3415
```

母欠点数の推定関数を作成してみよう．

poisson distribution,1 sample, lambda, estimate

1標本での欠点の推定関数（ポアソン分布）

```
#p1lam_e
import math
from scipy import stats
def p1lam_e(x,k,conf_level):
# x:欠点数,k:単位数,conf_level:信頼度(0から1の値)
 lamhat=x/k;alpha=1-conf_level;cl=100*conf_level
 if (x<5):
      sita=stats.chi2(2*x).ppf(alpha/2)/(2*k)
      ue=stats.chi2(2*x+2).ppf(1-alpha/2)/(2*k)
 else:
   haba=stats.norm.ppf(1-alpha/2)*np.sqrt(lamhat)
   sita=lamhat-haba;ue=lamhat+haba
 print("点推定",lamhat)
 print(cl,"%下側信頼限界",sita.round(4),cl, "%上側信頼限界",ue.round(4))
```

この推定関数を例題に適用してみよう．

出力ウィンドウ

```
p1lam_e(5,1,0.95)
Out[  ]:点推定 5.0
95.0 %下側信頼限界 0.6174 95.0 %上側信頼限界 9.3826
```

演習4-17　布の5単位面積にキズの数が21個あるとき，以下の設問に答えよ．

① 1単位あたりのキズの母欠点数は3であるといえるか．有意水準5%で検定せよ．

② 1単位あたりのキズの母欠点数の点推定および信頼係数95%の信頼区間（限界）を求めよ．

4.3　2標本での検定と推定

4.3.1　連続型分布に関する検定と推定

ここでは対象とする母集団が二つある場合を考える．二つの会社で給与は違うのか，二つのスーパーでの売上げはどの程度違うのか，二つのクラスでの英語の成績は異なるのか，生産地の違いで同じ作物のカロリーは違うのか，など比較したい対象が二つの場合であることが多い．このように二つの母集団についての検定・推定を扱う問題を**2標本問題**という．また二つでの比較を繰り返し，多くの母集団の場合での比較検討にも応用できる．データとして一つの母集団からランダムに $X_{11},\ldots,X_{1n_1}$ と n_1 個とられ，もう一つの母集団から $X_{21},\ldots,X_{2n_2}$ と n_2 個とられるとする．また各母集団の分布は，それぞれ正規分布 $N(\mu_1,\sigma_1^2), N(\mu_2,\sigma_2^2)$ とする．

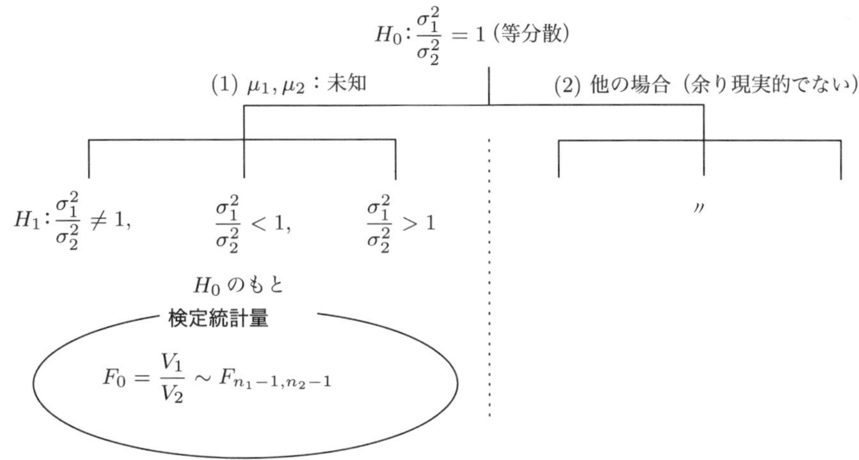

図 **4.20**　2標本での分散の比の検定

(1) 母分散の比に関する検定と推定

二つの母分散の比 σ_1^2/σ_2^2 について仮説を考えるとき，母平均 μ_1,μ_2 についてどの程度情報があるかによって，その検定方法（検定統計量）が少し異なる．そこで，図4.20のように母平均がいずれも既知の場合，二つの母平均は等しいが未知である場合と，どちらも未知の場合などの場合分けが考えられる．ここでは，より実際的な場合と思われる母平均が未知の場合を次で扱おう．

① 二つの母平均 $\boldsymbol{\mu_1,\mu_2}$ がいずれも未知の場合

まず母分散の比の推定量は

$$\widehat{\frac{\sigma_1^2}{\sigma_2^2}} = \frac{V_1}{V_2} = \frac{\sum_{i=1}^{n_1}(X_{1i}-\overline{X}_1)^2\Big/(n_1-1)}{\sum_{i=1}^{n_2}(X_{2i}-\overline{X}_2)^2\Big/(n_2-1)} \tag{4.33}$$

である．そこで帰無仮説 $H_0:\sigma_1^2/\sigma_2^2=1$（等分散）との違いをみるとすれば $\dfrac{V_1}{V_2}$ と1との比である $\dfrac{V_1}{V_2}=F_0$ でみればよいだろう．これは H_0 のもとで自由度 (n_1-1,n_2-1) の F 分布に従う．次に対立仮説 H_1 として，以下のように場合分けして棄却域を設ければよい．

(i)　$H_1:\dfrac{\sigma_1^2}{\sigma_2^2}<1$ の場合

帰無仮説と離れ H_1 が正しいときには，F_0 はより小さく0に近い値をとりやすくなる．そこで棄却域 R は，有意水準 α に対して，$R: F_0 < F(n_1-1,n_2-1;1-\alpha)$ とすればよい．ここで，この式は

$$\frac{1}{F_0} > \frac{1}{F(n_1-1, n_2-1; 1-\alpha)} = F(n_2-1, n_1-1; \alpha)$$

だから $F_0 < 1$ のとき，つまり $\dfrac{V_1}{V_2} < 1$ のとき $\dfrac{V_2}{V_1} > F(n_2-1, n_1-1; \alpha)$ を棄却域とする．

(ii)　$H_1 : \dfrac{\sigma_1^2}{\sigma_2^2} > 1$ の場合

帰無仮説と離れ H_1 が正しいときには，F_0 は1より大きくなる傾向がある．そこで棄却域 R は，有意水準 α に対して，$R : F_0 > F(n_1-1, n_2-1; \alpha)$ とすればよい．

(iii)　$H_1 : \dfrac{\sigma_1^2}{\sigma_2^2} \neq 1$ の場合

(i) または (ii) の場合なので，H_1 が正しいときには F_0 は小さくなるか，または大きくなる傾向がある．そこで棄却域 R は，有意水準 α に対して，両側に $\dfrac{\alpha}{2}$ になるように

$V_1 < V_2$ のとき，$R : \dfrac{V_2}{V_1} > F\left(n_2-1, n_1-1; \dfrac{\alpha}{2}\right)$

を棄却域とし，

$V_1 > V_2$ のとき，$R : \dfrac{V_1}{V_2} > F\left(n_1-1, n_2-1; \dfrac{\alpha}{2}\right)$

を棄却域とする．これを図示すると，図4.21のようになる．

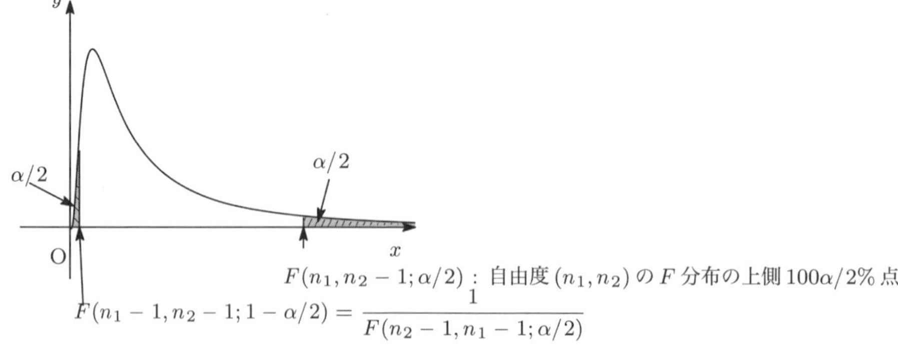

図 4.21　$H_0 : \sigma_1^2 = \sigma_2^2$，$H_1 : \sigma_1^2 \neq \sigma_2^2$ での棄却域

以上をまとめて，次の検定方式が得られる．

検定方式

二つの母分散 (σ_1^2, σ_2^2) の比 $\dfrac{\sigma_1^2}{\sigma_2^2}$ に関する検定 $H_0 : \dfrac{\sigma_1^2}{\sigma_2^2} = 1$（等分散の検定）について，

<u>μ_1, μ_2: 未知の場合</u>

有意水準 α に対し

$H_1 : \dfrac{\sigma_1^2}{\sigma_2^2} \neq 1$（両側検定）のとき

$V_1 > V_2$ のとき $F_0 = \dfrac{V_1}{V_2} > F\left(n_1-1, n_2-1; \dfrac{\alpha}{2}\right) \Longrightarrow H_0$ を棄却する

$V_1 < V_2$ のとき $F_0 = \dfrac{V_2}{V_1} > F\left(n_2-1, n_1-1; \dfrac{\alpha}{2}\right) \Longrightarrow H_0$ を棄却する

$H_1 : \dfrac{\sigma_1^2}{\sigma_2^2} < 1$（左片側検定）のとき

$F_0 = \dfrac{V_2}{V_1} > F(n_2-1, n_1-1; \alpha) \quad \Longrightarrow \quad H_0$ を棄却する

$H_1: \dfrac{\sigma_1^2}{\sigma_2^2} > 1$（右片側検定）のとき

$F_0 = \dfrac{V_1}{V_2} > F(n_1-1, n_2-1; \alpha) \quad \Longrightarrow \quad H_0$ を棄却する

次に，推定に関して $\dfrac{\sigma_1^2}{\sigma_2^2} = \rho^2$ の点推定は，$\widehat{\dfrac{\sigma_1^2}{\sigma_2^2}} = \widehat{\rho^2} = \dfrac{V_1}{V_2}$ で，これは $\dfrac{\sigma_1^2}{\sigma_2^2} = \rho^2$ の不偏推定量ではない．さらに $F_0 = \dfrac{V_1/\sigma_1^2}{V_2/\sigma_2^2}$ は自由度 (n_1-1, n_2-1) の F 分布に従うので，信頼率 $1-\alpha$ に対し

$$P\left(F\left(n_1-1, n_2-1; 1-\frac{\alpha}{2}\right) < \frac{V_1}{V_2}\frac{1}{\rho^2} < F\left(n_1-1, n_2-1; \frac{\alpha}{2}\right)\right) = 1-\alpha \tag{4.34}$$

が成立する．この括弧の中の確率で評価される不等式を ρ^2 について解けば

$$\frac{1}{F(n_1-1, n_2-1; \alpha/2)}\frac{V_1}{V_2} < \rho^2 < F\left(n_2-1, n_1-1; \frac{\alpha}{2}\right)\frac{V_1}{V_2} \tag{4.35}$$

と信頼区間が求まる．以上をまとめて，以下の推定方式が得られる．

推定方式

母分散の比 ρ^2 の点推定は　$\widehat{\dfrac{\sigma_1^2}{\sigma_2^2}} = \widehat{\rho^2} = \dfrac{V_1}{V_2}$

ρ^2 の信頼率 $1-\alpha$ の信頼区間は

$$\frac{1}{F(n_1-1, n_2-1; \alpha/2)}\frac{V_1}{V_2} < \rho^2 < F\left(n_2-1, n_1-1; \frac{\alpha}{2}\right)\frac{V_1}{V_2}$$

例題 4-9

運動部に属す学生と属さない学生について，体脂肪率のばらつきが異なるかどうか検討することになり，ランダムに選んだ属す学生6人，属さない学生8人について体脂肪率を測定したところ，以下のデータを得た（単位：%）．

運動部に属す学生：15, 16, 19, 14, 20, 16

運動部に属さない学生：25, 24, 22, 27, 28, 19, 25, 28

いままでの調査から体脂肪率のデータは，いずれでも正規分布していることが知られているとする．このとき，以下の設問に答えよ．

(1) 運動部に属す学生と属さない学生の体脂肪率が等分散であるかどうか，有意水準5%で検定せよ．

(2) 体脂肪率の分散比の信頼係数95%の信頼区間（限界）を求めよ．

[解]　(1) **手順1**　前提条件のチェック

題意から，体脂肪率のデータの分布は正規分布 $N(\mu_1, \sigma_1^2), N(\mu_2, \sigma_2^2)$ と考えられる．

手順2　仮説および有意水準の設定

$$\begin{cases} H_0 & : \quad \sigma_1^2 = \sigma_2^2 \\ H_1 & : \quad \sigma_1^2 \neq \sigma_2^2,\ \text{有意水準} \quad \alpha = 0.05. \end{cases}$$

これは，棄却域を両側にとる両側検定である．

手順3　棄却域の設定（検定方式の決定）

$$V_1 \geqq V_2 \text{ のとき，} R: F_0 = \frac{V_1}{V_2} \geqq F(5,7;0.025) = 5.29.$$

$$V_1 < V_2 \text{ のとき，} R: F_0 = \frac{V_2}{V_1} \geqq F(7,5;0.025) = 6.85.$$

手順4　検定統計量の計算

計算のため，表4.4のような補助表を作成する．

表4.4　補助表

No.	x_1	x_2	x_1^2	x_2^2
1	15	25	$15^2=225$	$25^2=625$
		∼		
8		28		784
計	100 ①	198 ②	1694 ③	4968 ④

そこで，表4.4より

$$S_1 = \sum x_{1i}^2 - \frac{(\sum x_{1i})^2}{n_1} = \frac{③ - ①^2}{6} = \frac{1694 - 100^2}{6} = 27.333,$$

$$S_2 = \sum x_{2i}^2 - \frac{(\sum x_{2i})^2}{n_2} = \frac{④ - ②^2}{8} = \frac{4968 - 198^2}{8} = 67.5.$$

なので $V_1 = \frac{S_1}{n_1 - 1} = \frac{27.333}{5} = 5.467$, $V_2 = \frac{S_2}{n_2 - 1} = \frac{67.5}{7} = 9.643$

だから $V_1 < V_2$ である．そこで $F_0 = \frac{V_2}{V_1} = \frac{9.643}{5.467} = 1.764$

手順5　判定と結論

$F_0 = 1.764 < 6.85 = F(7,5;0.025)$ から，帰無仮説 H_0 は有意水準5%で棄却されない．つまり，分散は異なるとはいえない．

(2) **手順1**　点推定

点推定の式に代入して $\widehat{\rho^2} = \frac{\widehat{\sigma_1^2}}{\sigma_2^2} = \frac{V_1}{V_2} = \frac{5.467}{9.643} = 0.567$

手順2　区間推定

信頼率95%の信頼区間は公式より

$$\text{信頼下限} = \frac{1}{F(5,7;0.025)}\frac{V_1}{V_2} = \frac{1}{5.29}0.567 = 0.107,$$

$$\text{信頼上限} = F(7,5;0.025)\frac{V_1}{V_2} = 6.85 \times 0.567 = 3.88 \ \square$$

二つの分散が等しいかどうかの検定は，例えば次の自作の関数n2v_tmu関数を利用する．

normal distribution, 2 sample, variance, test, mean unknown

2標本での等分散の検定関数(平均：未知)

```
#n2v_tmu
#数値計算のライブラリ
import numpy as np
import pandas as pd
from scipy import stats
#グラフ描画のライブラリ
import matplotlib.pyplot as plt
```

```
def n2v_tmu(x1,x2):
# x1:第1標本のデータ, x2:第2標本のデータ
 n1=len(x1);n2=len(x2)
 v1=np.var(x1,ddof=1);v2=np.var(x2,ddof=1)
 if (v1>v2) :f0=v1/v2;rv=stats.f(n1-1,n2-1);pti=2*(1-rv.cdf(f0))
 else :f0=v2/v1;rv=stats.f(n2-1,n1-1);pti=2*(1-rv.cdf(f0))
 print("f0値",f0.round(4),"p値",pti.round(4))
```

この検定関数を例題に適用してみよう.

出力ウィンドウ

```
x1=np.array([15,16,19,14,20,16])
x2=np.array([25,24,22,27,28,19,25,28])
print(pd.DataFrame(x1).describe())
print(pd.DataFrame(x2).describe())
Out[  ]:                  0
count    6.000000
mean    16.666667
   ～
max     20.000000
                0
count    8.000000
mean    24.750000
   ～
max     28.000000
plt.figure(figsize=(10,6))
plt.subplot(1,1,1)
plt.boxplot((x1,x2),labels=["S","NS"])# 箱ひげ図の表示
plt.ylabel="体脂肪率 (%)"
plt.show()
n2v_tmu(x1,x2)
Out[  ]:f0値 1.7639 p値 0.5508
```

分散比（平均：未知）に関する推定関数を作成してみよう.

normal distribution,2 sample, variance, estimate, mean unknown

2 標本での分散比の推定関数（平均：未知）

```
#n2v_emu
#数値計算のライブラリ
import numpy as np
from scipy import stats
def n2v_emu(x1,x2,conf_level):  # x1:第1標本のデータ,
# x2:第2標本のデータ,conf_level:信頼係数
 n1=len(x1);n2=len(x2)
 v1=np.var(x1,ddof=1);v2=np.var(x2,ddof=1)
 rv=stats.f(n1-1,n2-1)
 alpha=1-conf_level;cl=100*conf_level
 f0=v1/v2
 fl=rv.isf(alpha/2)#fl=stats.f.ppf(1-alpha/2,n1-1,n2-1)
```

```
fu=1/rv.isf(1-alpha/2)
sita=f0/fl; ue=f0*fu
print("点推定",f0.round(4))
print(cl, "%下側信頼限界",sita.round(4),cl, "%上側信頼限界",ue.round(4))
```

この推定関数を例題に適用してみよう．

出力ウィンドウ

```
x1=np.array([15,16,19,14,20,16])
x2=np.array([25,24,22,27,28,19,25,28])
n2v_emu(x1,x2,0.95)
Out[ ]:点推定 0.5669
95.0 %下側信頼限界 0.1073 95.0 %上側信頼限界 3.8851
```

演習 4-18　単身者と妻帯者で会社員の小遣い（所持金）のばらつきに違いがあるか検討することになり，ある都市の会社員の単身者と妻帯者にランダムに1か月の小遣いについて聞いたところ，以下のデータが得られた．データは正規分布に従うとする．

単身者：8, 10, 7, 15, 10, 6（万円）
妻帯者：5, 4, 3, 5, 4　（万円）

① 等分散であるか，有意水準5%で検定せよ．
② 分散比の90%信頼区間を構成せよ．

（補 4-6）　分散比 ρ^2 が特定の値 ρ_0^2 と等しいかどうかの検定も，V_1/V_2 と ρ_0^2 の比を考えれば検定方式が同様に導かれる．また，平均が既知，未知の場合も同様に F 検定による検定方式が導出される．◁

(2) 母平均の差に関する検定と推定

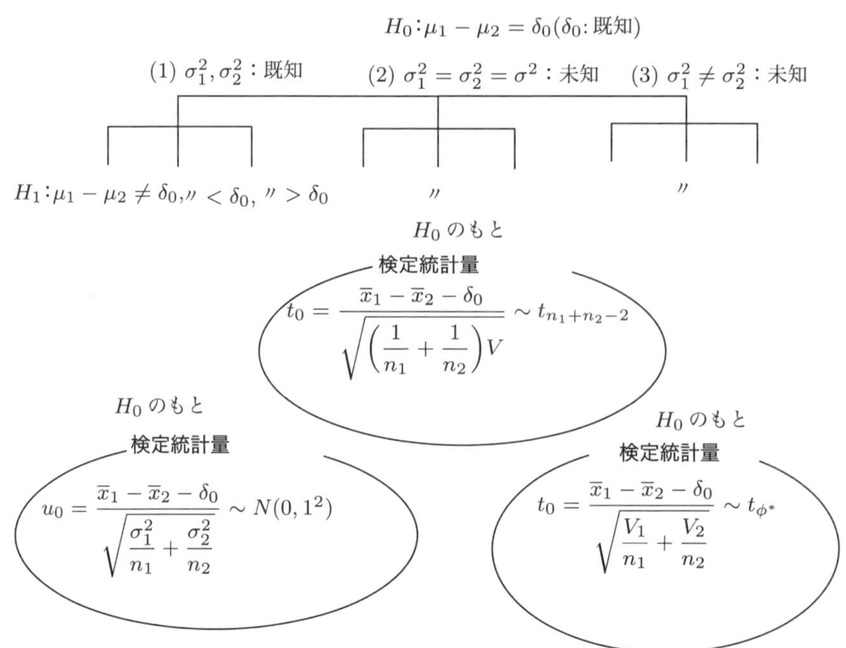

図 4.22　2標本での平均値の差の検定

二つの母平均の差 $\mu_1-\mu_2$ について仮説を考えるとき，母分散 σ_1^2,σ_2^2 についてどの程度情報があるかによって，その検定方法（検定統計量）が少し異なる．そこで図 4.22 のように母分散がいずれも既知の場合，二つの母分散は等しいが未知である場合と，どちらも未知の場合に分けて考えよう．

① 二つの母分散 σ_1^2,σ_2^2 がいずれも既知の場合

まず母平均の差の推定量は

$$\widehat{\mu_1-\mu}_2=\overline{X}_1-\overline{X}_2=\frac{\sum_{i=1}^{n_1}X_{1i}}{n_1}-\frac{\sum_{i=1}^{n_2}X_{2i}}{n_2} \tag{4.36}$$

である．そこで帰無仮説 $H_0:\mu_1-\mu_2=\delta_0$（δ_0 はある定まった値）との違いをみるとすれば，$\overline{X}_1-\overline{X}_2$ と δ_0 の差である $\overline{X}_1-\overline{X}_2-\delta_0$ でみれば良いだろう．これを標準正規分布になるよう期待値を引き，標準偏差で規準化した

$$u_0=\frac{\overline{X}_1-\overline{X}_2-\delta_0}{\sqrt{\sigma_1^2/n_1+\sigma_2^2/n_2}} \tag{4.37}$$

は帰無仮説 H_0 のもとで標準正規分布 $N(0,1^2)$ に従う．次に対立仮説 H_1 として，以下のように場合分けして棄却域を設ければよい．

(i)　$H_1:\mu_1-\mu_2<\delta_0$ の場合

帰無仮説と離れ H_1 が正しいときには，u_0 はより負の値をとりやすくなり，小さくなる傾向がある．そこで棄却域 R は，有意水準 α に対して，$R:u_0<-u(2\alpha)$ とすればよい．

(ii)　$H_1:\mu_1-\mu_2>\delta_0$ の場合

帰無仮説と離れ H_1 が正しいときには，u_0 は正の値をとり，大きくなる傾向があるので棄却域 R は，有意水準 α に対して，$R:u_0>u(2\alpha)$ とする．

(iii)　$H_1:\mu_1-\mu_2\neq\delta_0$ の場合

(i) または (ii) の場合なので，H_1 が正しいときには，u_0 は小さくなるか，または大きくなる．そこで棄却域 R は，有意水準 α に対して，両側に $\dfrac{\alpha}{2}$ になるように $R:|u_0|>u(\alpha)$ とする．これを図示すると，図 4.23 のようになる．

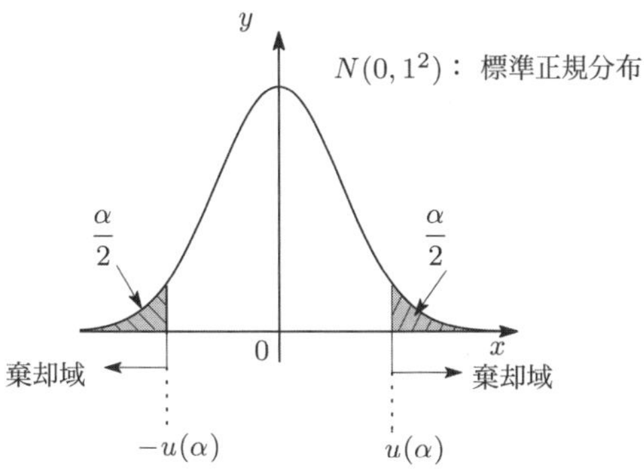

図 4.23　$H_0:\mu_1-\mu_2=\delta_0, H_1:\mu_1-\mu_2\neq\delta_0$ での棄却域

以上をまとめて，次の検定方式が得られる．

検定方式

二つの母平均 μ_1, μ_2 の差に関する検定 $H_0 : \mu_1 - \mu_2 = \delta_0$ について，

σ_1^2, σ_2^2: 既知の場合

有意水準 α に対し，$u_0 = \dfrac{\overline{X}_1 - \overline{X}_2 - \delta_0}{\sqrt{\sigma_1^2/n_1 + \sigma_2^2/n_2}}$ とし，

$H_1 : \mu_1 - \mu_2 \neq \delta_0$(両側検定) のとき
　$|u_0| > u(\alpha) \implies H_0$ を棄却する

$H_1 : \mu_1 - \mu_2 < \delta_0$(左片側検定) のとき
　$u_0 < -u(2\alpha) \implies H_0$ を棄却する

$H_1 : \mu_1 - \mu_2 > \delta_0$(右片側検定) のとき
　$u_0 > u(2\alpha) \implies H_0$ を棄却する

次に，推定に関して点推定は，$\widehat{\mu_1 - \mu_2} = \overline{X}_1 - \overline{X}_2$ で，これは $\mu_1 - \mu_2$ の不偏推定量になっている．さらに

$$(4.38)\qquad \frac{\overline{X}_1 - \overline{X}_2}{\sqrt{\sigma_1^2/n_1 + \sigma_2^2/n_2}}$$

は正規分布 $N(\mu_1 - \mu_2, 1^2)$ に従うので，信頼率 $1 - \alpha$ に対し

$$(4.39)\qquad P\left(\left|\frac{\overline{X}_1 - \overline{X}_2 - (\mu_1 - \mu_2)}{\sqrt{\sigma_1^2/n_1 + \sigma_2^2/n_2}}\right| < u(\alpha)\right) = 1 - \alpha$$

が成立する．この括弧の中の確率で評価される不等式を，$\mu_1 - \mu_2$ について解けば

$$(4.40)\qquad \overline{X}_1 - \overline{X}_2 - u(\alpha)\sqrt{\frac{\sigma_1^2}{n_1} + \frac{\sigma_2^2}{n_2}} < \mu_1 - \mu_2 < \overline{X}_1 - \overline{X}_2 + u(\alpha)\sqrt{\frac{\sigma_1^2}{n_1} + \frac{\sigma_2^2}{n_2}}$$

と信頼区間が求まる．以上をまとめて，次の推定方式が得られる．

推定方式

$\mu_1 - \mu_2$ の点推定は，$\widehat{\mu_1 - \mu_2} = \overline{X}_1 - \overline{X}_2$.

$\mu_1 - \mu_2$ の信頼率 $1 - \alpha$ の信頼区間は，

$$\overline{X}_1 - \overline{X}_2 - u(\alpha)\sqrt{\frac{\sigma_1^2}{n_1} + \frac{\sigma_2^2}{n_2}} < \mu_1 - \mu_2 < \overline{X}_1 - \overline{X}_2 + u(\alpha)\sqrt{\frac{\sigma_1^2}{n_1} + \frac{\sigma_2^2}{n_2}}.$$

例題 4-10

2地区 A, B で下宿している学生の1か月の家賃について比較調査することになった．そこで両地区からそれぞれランダムに選んだ A：8人，B：9人の学生から家賃についての以下のデータを得た．

　　A地区：5.5, 6, 4.8, 7, 5, 6, 6.5, 8（万円）

　　B地区：8, 7, 6.8, 10, 9, 12, 8.5, 11, 9（万円）

いままでの調査から，家賃のデータは2地区のいずれでも正規分布していて，母分散はそれぞれ $\sigma_1^2 = 1, \sigma_2^2 = 2$ であることが知られているとする．このとき，以下の設問に答えよ．

(1) B地区の家賃がA地区より1万円高いといえるか，有意水準5%で検定せよ．

(2) 2地区の家賃の差の信頼係数95%の信頼区間（限界）を求めよ．

[解]　自分でやってみよう．

(注 4-8) この場合のように，2母集団の分散が既知で平均について未知であるような場合は，現実での適用は少ないと思われるかもしれない．しかし異なる企業，異なる地区，異なる実験環境等で，それぞれ過去からの経緯でばらつきは管理されているといった状況もありうるのではないかと思われる．その場の状況を把握することは難しいと思われるが，適用を考える際，大切である．◁

演習 4-19　初任給が会社の業種（運輸，サービス業等）によって異なるか検討することになり，A, B の2業種の会社をそれぞれランダムに A：4社と B：6社を選び調べたところ，次のようであった．

A業種：18, 17, 19, 18（万円）

B業種：20, 21, 22, 23, 21, 22（万円）

これまでの調査から初任給は各業種で正規分布していて，母分散は $\sigma_A^2 = 2, \sigma_B^2 = 2.5$ であることが知られているとする．このとき，以下の設問に答えよ．

① 2業種の初任給には2万円以上の差があるといえるか，有意水準10% で検定せよ．

② 2業種の初任給の差の信頼係数90% の信頼区間（限界）を求めよ．

演習 4-20　男女で体脂肪率の違いについて検討することになり，ランダムに選んだ男子学生5人，女子学生6人の体脂肪率を測ったところ，以下のようであった．

男子：17, 18, 20, 19, 18（%）

女子：26, 30, 24, 22, 28, 32（%）

これまでの調査から体脂肪率は正規分布していることがわかっている．各分散は $\sigma_1^2 = 8, \sigma_2^2 = 10$ であることが知られているとする．このとき，以下の設問に答えよ．

① 男女の体脂肪率には5% の差があるといえるか，有意水準5% で検定せよ．

② 男女の体脂肪率の差の信頼係数95% の信頼区間（限界）を求めよ．

② 二つの母分散 $\boldsymbol{\sigma_1^2, \sigma_2^2}$ が等しいが未知の場合　$(\sigma_1^2 = \sigma_2^2 = \sigma^2$：未知$)$

母平均の差の点推定量は

(4.41)　$$\widehat{\mu_1 - \mu_2} = \overline{X}_1 - \overline{X}_2$$

なので，これを比較したい値 δ_0 との差を規準化した統計量を用いた検定を考える．そして，この差の推定量の分散は

(4.42)　$$V(\overline{X}_1 - \overline{X}_2) = \frac{\sigma^2}{n_1} + \frac{\sigma^2}{n_2}$$

である．そこで分散は未知だが二つの母集団で等しいので，各母集団での分散の推定量 V_1, V_2 を一緒にした（プールした）推定量 V を用いる．つまり

(4.43)　$$V = \frac{(n_1-1)V_1 + (n_2-1)V_2}{n_1+n_2-2} = \frac{S_1+S_2}{n_1+n_2-2}$$

を分散 σ^2 の推定量とする．そこで検定統計量として

(4.44)　$$t_0 = \frac{\overline{X}_1 - \overline{X}_2 - \delta_0}{\sqrt{\left(\frac{1}{n_1}+\frac{1}{n_2}\right)V}}$$

を用いればよいだろう．対立仮説を ① の場合と同様にとり，検定方式を考えればよい．そして両側検定の場合を図示すると，図 4.24 のようになる．

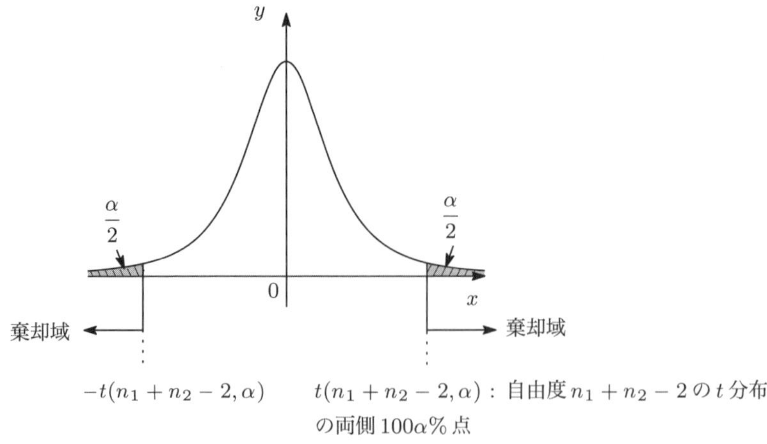

図 4.24　$H_0: \mu_1-\mu_2=\delta_0$，$H_1: \mu_1-\mu_2\neq\delta_0$ での棄却域

そして検定方式および推定方式は，それぞれ以下のようになる．

検定方式

二つの母平均 μ_1, μ_2 の差に関する検定 $H_0: \mu_1-\mu_2=\delta_0$ について，

<u>$\sigma_1^2=\sigma_2^2=\sigma^2$: 未知の場合</u>

有意水準 α に対し，$t_0=\dfrac{\overline{X}_1-\overline{X}_2-\delta_0}{\sqrt{\bigl(1/n_1+1/n_2\bigr)V}}$ とし，

$H_1: \mu_1-\mu_2\neq\delta_0$（両側検定）のとき

$|t_0|>t(n_1+n_2-2,\alpha) \implies H_0$ を棄却する

$H_1: \mu_1-\mu_2<\delta_0$（左片側検定）のとき

$t_0<-t(n_1+n_2-2,2\alpha) \implies H_0$ を棄却する

$H_1: \mu_1-\mu_2>\delta_0$（右片側検定）のとき

$t_0>t(n_1+n_2-2,2\alpha) \implies H_0$ を棄却する

推定方式

母平均の差 $\mu_1-\mu_2$ の点推定は，$\widehat{\mu_1-\mu_2}=\overline{X}_1-\overline{X}_2$.

母平均の差 $\mu_1-\mu_2$ の信頼率 $1-\alpha$ の信頼区間は，区間幅が，

$Q=t(n_1+n_2-2,\alpha)\sqrt{\left(\dfrac{1}{n_1}+\dfrac{1}{n_2}\right)V}$ となるので，

$$\overline{X}_1-\overline{X}_2-Q<\mu_1-\mu_2<\overline{X}_1-\overline{X}_2+Q.$$

(参考) ライブラリにある平均値の差に関する検定： stats.ttest_ind(x1,x2,equal_var=True)

例題 4-11

2高校 A, B において数学の成績に差があるかどうかを検討することになり，校外模試での数学の成績について両高校からそれぞれランダムに A：10人，B：8人のデータをとった．

そしてデータから統計量を求めたところ表4.5の結果が得られた.

表4.5 統計量（単位：点）

	A 高校	B 高校
データ数	$n_{\mathrm{A}} = 10$	$n_{\mathrm{B}} = 8$
平均値	$\overline{x}_{\mathrm{A}} = 60$	$\overline{x}_{\mathrm{B}} = 54$
平方和	$S_{\mathrm{A}} = 243$	$S_{\mathrm{B}} = 210$

このとき，以下の設問に答えよ.

(1) 等分散といえるか，有意水準20% で検定せよ.

(2) 両高校間の成績に差があるか，有意水準5% で検定せよ.

(3) 差について点推定，区間推定をせよ.

[解]　(1) 母分散の比に関する検定（二つの母分散が異なるかどうかの検定）

手順1　前提条件のチェック

成績のデータは二つの正規母集団からのサンプルと考えられる.

手順2　仮説および有意水準の設定

$$\begin{cases} H_0 : \sigma_{\mathrm{A}}^2 = \sigma_{\mathrm{B}}^2 \\ H_1 : \sigma_{\mathrm{A}}^2 \neq \sigma_{\mathrm{B}}^2, \quad \alpha = 0.20 \end{cases}$$

手順3　棄却域の設定（検定統計量の選択）

$V_{\mathrm{A}} = \dfrac{243}{9}, V_{\mathrm{B}} = \dfrac{210}{7}$, $V_{\mathrm{B}} > V_{\mathrm{A}}$ であるので $F_0 = \dfrac{V_{\mathrm{B}}}{V_{\mathrm{A}}}$ とすると棄却域は,

$R : F_0 \geqq F(7, 9; 0.10) = 2.505$ である.

手順4　検定統計量の計算

$$F_0 = \frac{210}{7} \Big/ \frac{243}{9} = 1.111$$

手順5　判定と結論

$F_0 = 1.111 < 2.505 = F(7, 9; 0.10)$ より有意水準20% で H_0 は棄却されず，等分散でないとはいえない．そこで，以下では等分散とみなして解析をすすめる.

なお，普通は有意水準5% 等の小さい値について検定するが，帰無仮説を採択するような立場をとる（検定の基本的な考え方からは，はずれることになるが）とすれば，第2種の誤りを小さくする必要があり，有意水準を20% のように大きくとることがある.

(2) 母平均の差の検定

手順1　仮説および有意水準の設定

$$\begin{cases} H_0 : \mu_{\mathrm{A}} = \mu_{\mathrm{B}} \\ H_1 : \mu_{\mathrm{A}} \neq \mu_{\mathrm{B}}, \quad \alpha = 0.05 \end{cases}$$

手順2　棄却域の設定（検定統計量の選択）

n_{A} と n_{B} がほぼ等しく，分散の比も 1 に近いので $\sigma_{\mathrm{A}}^2 = \sigma_{\mathrm{B}}^2$ とみなす.

$$V = \frac{S_{\mathrm{A}} + S_{\mathrm{B}}}{n_{\mathrm{A}} + n_{\mathrm{B}} - 2} = \frac{243 + 210}{10 + 8 - 2} = \frac{453}{16} = 28.3125,$$

$$t_0 = \frac{\overline{x}_{\mathrm{A}} - \overline{x}_{\mathrm{B}}}{\sqrt{(\frac{1}{n_{\mathrm{A}}} + \frac{1}{n_{\mathrm{B}}})V}} = \frac{6}{\sqrt{(1/10 + 1/8) \cdot 453/16}},$$

$R : |t_0| \geqq t(16, 0.05) = 2.12.$

手順3　検定統計量の計算と判定

$t_0 = 2.377$ より H_0 は棄却され，帰無仮説は棄却される.

(3) 母平均の差の推定

点推定は，$\widehat{\mu_{\mathrm{A}} - \mu_{\mathrm{B}}} = \overline{x}_{\mathrm{A}} - \overline{x}_{\mathrm{B}} = 60 - 54 = 6.$

信頼率 95% の信頼区間は，
$\widehat{\mu_A - \mu_B} \pm t(16, 0.05) \times \sqrt{(\frac{1}{n_1} + \frac{1}{n_2})V} = 6 \pm 2.12 \times 2.524 = 6 \pm 5.351 = 0.649, 11.351.$ □

例題を逐次，Python で実行してみよう．

出力ウィンドウ

```
import numpy as np
from scipy import stats
VA=243/9
print('VA=',VA)
Out[  ]:VA= 27.0
VB=210/7
print('VB=',VB)
Out[  ]:VB= 30.0
F0=VB/VA
print('F0=',F0)
Out[  ]:F0= 1.1111111111111112
pti1=2*(1-stats.f.cdf(F0,7,9))
print('pti1=',pti1.round(4))
Out[  ]:pti1= 0.8621
V=(243+210)/(10+8-2)# プールした分散の推定量
t0=(60-54)/np.sqrt((1/10+1/8)*V)
print('t0=',t0)
Out[  ]:t0= 2.3772
pti2=2*(1-stats.t.cdf(t0,10+8-2))
print('pti2=',pti2.round(4))
Out[  ]:pti2= 0.0303
sahat=60-54
print('差の点推定値=',sahat)
Out[  ]:差の点推定値= 6
haba=stats.t.ppf(0.975,10+8-2)*np.sqrt((1/10+1/8)*V)
print('haba=',haba.round(4))
Out[  ]:haba= 5.3505
sita=sahat-haba
print('下側信頼限界=',sita.round(4))
Out[  ]:下側信頼限界= 0.6495
ue=sahat+haba
print('上側信頼限界=',ue.round(4))
zOut[  ]:上側信頼限界= 11.3505
```

母分散の比（平均：未知）に関する検定関数を作成してみよう．

<u>n</u>ormal distribution,<u>2</u> sample, <u>v</u>ariance, <u>s</u>tandard deviation,<u>t</u>est, <u>m</u>ean <u>u</u>nknown

2 標本での母分散の比の検定関数（平均：未知）

```
#n2vs_tmu
from scipy import stats
def n2vs_tmu(S1,S2,n1,n2): #S1:第 1 標本のデータの偏差平方和,
# S2:第 2 標本のデータの偏差平方和,n1,n2:第 1,2 標本のデータ数
```

```
V1=S1/(n1-1);V2=S2/(n2-1)
if (V1>V2):
  f0=V1/V2;pti=2*(1-stats.f.cdf(f0,n1-1,n2-1))
else: f0=V2/V1;pti=2*(1-stats.f.cdf(f0,n2-1,n1-1))
print("f0 値",f0,"p 値",pti.round(4))
```

出力ウィンドウ

```
n2vs_tmu(243,210,10,8)
Out[ ]:f0 値 1.1111111111111112 p 値 0.8621
```

母平均の差（等分散で未知）の推定関数を作成してみよう．

normal distribution,2 sample, mean, estimate, varaiance equal unknown

2 標本での母平均の差の推定関数（等分散で未知）

```
#n2m_eveum
import numpy as np
from scipy import stats
def n2m_eveum(m1,m2,S1,S2,n1,n2,conf_level):
# m1,S1,n1:第 1 標本のデータの平均，偏差平方和，データ数，
# m2,S2,n2:第 2 標本のデータの平均，偏差平方和，データ数
 alpha=1-conf_level;cl=100*conf_level
 V=(S1+S2)/(n1+n2-2);sahat=m1-m2
 haba=stats.t.ppf(1-alpha/2,n1+n2-2)*np.sqrt((1/n1+1/n2)*V)
 sita=sahat-haba;ue=sahat+haba
 print("差の点推定",sahat)
 print(cl, "%下側信頼限界", sita.round(4),cl, "%上側信頼限界",ue.round(4))
```

この推定関数を例題に適用してみよう．

出力ウィンドウ

```
n2m_eveum(60,54,243,210,10,8,0.95)
差の点推定 6
95.0 %下側信頼限界 0.6495 95.0 %上側信頼限界 11.3505
```

平均値の差（等分散で未知）の検定関数を作成してみよう．

2 標本での平均値の差の検定関数 (等分散で未知)

```
#n2m_tveu
import numpy as np
from scipy import stats
def n2m_tveu(x1,x2,alt): # x1:第 1 標本のデータ, x2:第 2 標本のデータ,
# alt:対立仮説't':両側,'l':左片側,'r':右片側
 n1=len(x1);n2=len(x2)
 v1=np.var(x1,ddof=1);v2=np.var(x2,ddof=1)
 v=((n1-1)*v1+(n2-1)*v2)/(n1+n2-2)
 t0=np.mean(x1)-np.mean(x2)/np.sqrt((1/n1+1/n2)*v)
 if alt=='t' : pti=2*(1-stats.t.cdf(abs(t0),n1+n2-2))
 elif alt=='l' : pti=stats.t.cdf(t0,n1+n2-2)
```

```
 else :pti=1-stats.t.cdf(t0,n1+n2-2)
 print('t0:',t0.round(4),'p値:',pti.round(4))
```

演習 4-21　教育費の占める割合が，大都市と地方都市で異なるかどうか調べることになった．そこで，大都市，地方都市からそれぞれランダムに選んだ家庭の教育費の家計に占める割合は，以下であった．

大都市：18, 26, 22, 17, 25, 21, 24（%）

地方都市：34, 36, 22, 27, 35, 28, 32, 25（%）

いままでの調査から，教育費の割合は正規分布していることが知られているとする．このとき，以下の設問に答えよ．

① 大都市の教育費が地方都市の教育費の割合より5%低いといえるか，有意水準5%で検定せよ．

② 都市間の教育費の割合の差の信頼係数90%の信頼区間（限界）を求めよ．

(補 4-7)　n_1 と n_2 がほぼ等しければ，等分散とみなしても差し支えない．そこでサンプル数が等しくなるようにデータをとれば良いだろう．◁

（ヒント）normal distribution,2 sample, mean, estimation, variance equal,unknown

平均値の差 (等分散で未知) の推定関数を作成してみよう．

2標本での母平均の差の推定関数（等分散で未知）

```
#n2m_eveu
import numpy as np
from scipy import stats
def n2m_eveu(x1,x2,conf_level): # x1:第1標本のデータ,
# x2:第2標本のデータ,conf_level:信頼係数
 n1=len(x1);n2=len(x2)
 v1=np.var(x1,ddof=1);v2=np.var(x2,ddof=1);alpha=1-conf_level
 v=((n1-1)*v1+(n2-1)*v2)/(n1+n2-2)
 sahat=np.mean(x1)-np.mean(x2)
 haba=stats.t.ppf(1-alpha/2,n1+n2-2)*np.sqrt((1/n1+1/n2)*v)
 sita=sahat-haba;ue=sahat+haba
 cl=100*conf_level
 print("点推定",sahat.round(4))
 print(cl, "%下側信頼限界",sita.round(4),cl,"%上側信頼限界", ue.round(4))
```

上の検定関数と推定関数を演習 4-21 に適用してみよう．

出力ウィンドウ

```
x1=np.array([18,26,22,17,25,21,24])
x2=np.array([34,36,22,27,35,28,32,25])
n2m_tveu(x1,x2,'r')
Out[  ]:t0: 8.7912 p値: 0.0
n2m_eveu(x1,x2,0.95)
Out[  ]:点推定 -8.0179
95.0 %下側信頼限界 -12.9575 95.0 %上側信頼限界 -3.0782
#(参考)ライブラリの関数を利用し次を入力すると,
 y=stats.ttest_ind(x1,x2,equal_var=True)
print(y)
Out[ ]:Ttest_indResult(statistic=-3.506635543249519,pvalue=0.00386・・・)
```

③ 分散がいずれも未知の場合

対立仮説は (1) の場合と同様で，両側検定の場合に棄却域を図示すると，図 4.25 のようになる．

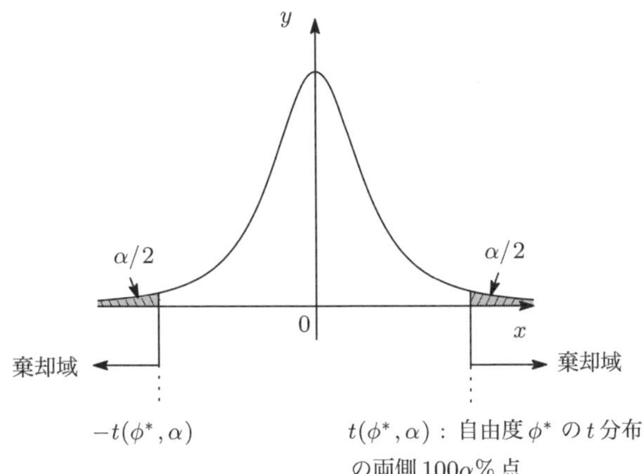

図 4.25　$H_0: \mu_1 - \mu_2 = \delta_0, H_1: \mu_1 - \mu_2 \neq \delta_0$ での棄却域

この場合は**ウェルチ** (Welch) **の検定**と呼ばれる検定法で，以下のような検定方式である．ここで自由度 ϕ^* は**サタースウェイト** (Satterthwaite) **の方法**により，

$$\phi^* = \frac{\left(\frac{V_1}{n_1} + \frac{V_2}{n_2}\right)^2}{\frac{(V_1/n_1)^2}{\phi_1} + \frac{(V_2/n_2)^2}{\phi_2}} \tag{4.45}$$

と求められる．

（補 4-8）（サタースウェイトの方法）　分散 $\sigma_1^2, \sigma_2^2, \ldots$ のそれぞれ自由度が $\phi_1, \phi_2, \ldots$ である不偏分散 $V_1, V_2, \ldots$ が互いに独立であるなら，線形結合 $a_1V_1 + a_2V_2 + \cdots$ の自由度 ϕ^* は近似的に

$$\frac{\left(\sum_i a_iV_i\right)^2}{\phi^*} = \sum_i \frac{(a_iV_i)^2}{\phi_i}$$

を満足する ϕ^* から求められる．なお，この場合，$a_1 = \dfrac{1}{n_1}, a_2 = \dfrac{1}{n_2}$ より

$$\frac{\left(\dfrac{V_1}{n_1} + \dfrac{V_2}{n_2}\right)^2}{\phi^*} = \frac{\left(\dfrac{V_1}{n_1}\right)^2}{\phi_1} + \frac{\left(\dfrac{V_2}{n_2}\right)^2}{\phi_2}$$

から ϕ^* を求め，整数でないときは補間により $t(\phi^*, \alpha)$ を求める．◁

検定方式

二つの母平均 μ_1, μ_2 の差に関する検定 $H_0: \mu_1 - \mu_2 = \delta_0$ について

σ_1^2, σ_2^2: 未知の場合

有意水準 α に対し，$t_0 = \dfrac{\overline{X}_1 - \overline{X}_2 - \delta_0}{\sqrt{V_1/n_1 + V_2/n_2}}$ とし

$H_1: \mu_1 - \mu_2 \neq \delta_0$（両側検定）のとき

$|t_0| > t(\phi^*, \alpha) \quad \Longrightarrow \quad H_0$ を棄却する

$H_1: \mu_1 - \mu_2 < \delta_0$（左片側検定）のとき

$t_0 < -t(\phi^*, 2\alpha) \quad \Longrightarrow \quad H_0$ を棄却する
$H_1 : \mu_1 - \mu_2 > \delta_0$（右片側検定）のとき
$t_0 > t(\phi^*, 2\alpha) \quad \Longrightarrow \quad H_0$ を棄却する

推定方式

母平均の差 $\mu_1 - \mu_2$ の点推定は　$\widehat{\mu_1 - \mu_2} = \overline{X}_1 - \overline{X}_2$

母平均の差 $\mu_1 - \mu_2$ の信頼率 $1-\alpha$ の信頼区間は，

区間幅を $Q = t(\Phi^*, \alpha)\sqrt{\dfrac{V_1}{n_1} + \dfrac{V_2}{n_2}}$ として，

$$\overline{X}_1 - \overline{X}_2 - Q < \mu_1 - \mu_2 < \overline{X}_1 - \overline{X}_2 + Q$$

演習 4-22　あるスーパー2店A, Bの売上高について比較することになり，両店についてそれぞれ平日のA：8日間，B：10日間調べたところ，以下のようであった．

A店：23, 18, 21, 19, 22, 28, 23, 22（万円）

B店：34, 35, 31, 37, 33, 42, 38, 36, 33, 39（万円）

売上高が正規分布しているとして，以下の設問に答えよ．

① B店の売上高がA店より10万円高いといえるか，有意水準5%で検定せよ．

② 売上高の差の信頼係数95%の信頼区間（限界）を求めよ．

ウェルチの検定の検定関数を作成してみよう．

2標本での平均値の差の検定関数（異なる分散で未知）ウェルチの検定

```
#welch_t
import numpy as np
from scipy import stats
def welch_t(x1,x2,d0): # x1:第1標本のデータ,x2:第2標本の
# データ,d0:第1標本と第2標本の平均の差の帰無仮説
 n1=len(x1);n2=len(x2)
 m1=np.mean(x1);m2=np.mean(x2)
 v1=np.var(x1,ddof=1);v2=np.var(x2,ddof=1)
 phis=(v1/n1+v2/n2)**2/((v1/n1)**2/(n1-1)+(v2/n2)**2/(n2-1))
 t0=(m1-m2-d0)/np.sqrt(v1/n1+v2/n2)
 pti=1-stats.t.cdf(t0,phis)
 print("t0値",t0.round(4), "自由度",phis.round(4), "p値",pti.round(4))
```

実際に，ウェルチの検定を演習4-22に適用してみよう．次に，平均値の差（異なる分散で未知）の推定関数を作成してみよう．

2標本での平均値の差の推定関数（異なる分散で未知）

```
#n2m_evu
import numpy as np
from scipy import stats
def n2m_evu(x1,x2,conf_level):  # x1:第1標本のデータ,
# x2:第2標本のデータ,conf_level:信頼係数
 n1=len(x1);n2=len(x2)
 m1=np.mean(x1);m2=np.mean(x2)
```

```
v1=np.var(x1,ddof=1);v2=np.var(x2,ddof=1)
alpha=1-conf_level;cl=100*conf_level
phi= (v1/n1+v2/n2)**2/((v1/n1)**2/(n1-1)+(v2/n2)**2/(n2-1))
dhat=m1-m2
haba=stats.t.ppf(1-alpha/2,phi)*np.sqrt(v1/n1+v2/n2)
sita=dhat-haba;ue=dhat+haba
print("点推定",dhat.round(4))
print(cl,"%下側信頼限界",sita.round(4),cl,"%上側信頼限界",ue.round(4))
```

実際に，この推定関数を演習 4-22 に適用してみよう．

(3) 対応のあるデータの場合

個人の成績の変化，体重・身長の変化，車のタイヤの磨耗度などを検討するときには，同じ人（物）であるという共通の成分が含まれているため，同じ人（物）での変化を調べる必要がある．そこでモデルとして，

(4.46)　$$X_{1i} = \mu_1 + \gamma_i + \varepsilon_{1i} \ (i = 1, \ldots, n),$$

(4.47)　$$X_{2i} = \mu_2 + \gamma_i + \varepsilon_{2i} \ (i = 1, \ldots, n)$$

とかかれ，X_{1i} と X_{2i} が i のみによって定まる共通な成分 γ_i（ガンマ）を含んでいる場合を，**データに対応がある**という．この場合の母平均の差 $\mu_1 - \mu_2 = \delta$ についての検定と推定は，次のように行う．まず差をとったデータ $d_i = X_{1i} - X_{2i}$ を考えると，これは平均 δ，分散 σ_d^2 の正規分布に従うと考えられる．そこで $H_0 : \delta = \delta_0 (\mu_1 - \mu_2 = \delta_0)$ に関する検定は δ の点推定量が

(4.48)　$$\widehat{\delta} = \overline{d}$$

だから，分散が未知の場合としてこれを規準化した

(4.49)　$$t_0 = \frac{\overline{d} - \delta_0}{\sqrt{V_d/n}} \quad \left(\text{ただし } V_d = \frac{\sum(d_i - \overline{d})^2}{n-1}\right)$$

を検定統計量とする．これをまとめて，以下の検定方式が導かれる．

検定方式

母平均の差 δ に関する検定 $H_0 : \mu_1 - \mu_2 = \delta = \delta_0$ について，

データに対応がある場合

有意水準 α に対し，$t_0 = \dfrac{\overline{d} - \delta_0}{\sqrt{V_d/n}}$ とし，

$H_1 : \mu_1 - \mu_2 \neq \delta_0$（両側検定）のとき

　$|t_0| > t(n-1, \alpha) \implies H_0$ を棄却する

$H_1 : \mu_1 - \mu_2 < \delta_0$（左片側検定）のとき

　$t_0 < -t(n-1, 2\alpha) \implies H_0$ を棄却する

$H_1 : \mu_1 - \mu_2 > \delta_0$（右片側検定）のとき

　$t_0 > t(n-1, 2\alpha) \implies H_0$ を棄却する

次に，推定方式も以下のようになる．

推定方式

差 δ の点推定は，$\widehat{\mu_1-\mu_2}=\hat{\delta}=\overline{d}$.

差 δ の信頼率 $1-\alpha$ の信頼区間は，

$$\overline{d}-t(n-1,\alpha)\sqrt{\frac{V_d}{n}}<\delta=\mu_1-\mu_2<\overline{d}+t(n-1,\alpha)\sqrt{\frac{V_d}{n}}.$$

例題 4-12

5人の女性が，あるダイエット食品を食べて体重が減少したか，2週間にわたって調べた結果，表4.6のようであった．

表 4.6　データ表（単位：kg）

No.／前後	1	2	3	4	5
ダイエット前	58	62	78	66	70
2週間後	57	60	75	67	67

(1) 効果があるといえるか，有意水準5% で検定せよ．

(2) 効果があるとすれば，その変化（平均）の差の 95% 信頼区間を求めよ．

[解]　(1) **手順1**　前提条件のチェック

データをプロットすると図4.26のようになり，対応のあるデータであることがみられる．

差のデータ $d_i=x_{1i}-x_{2i}$ は平均 δ，分散 σ_d^2 の正規分布に従うとみられる．

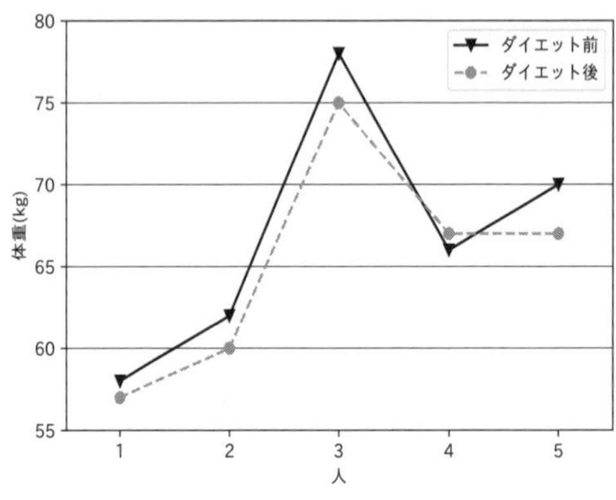

図 4.26　データのグラフ化

手順2　仮説と有意水準の設定

$$\begin{cases} H_0:\delta=0 & (\delta_0=0) \\ H_1:\delta>0, & \text{有意水準 } \alpha=0.05 \end{cases}$$

手順3　棄却域の設定（検定統計量の選択）

$$t_0=\frac{\overline{d}}{\sqrt{V_d/n}}\geqq t(4,0.10)=2.13$$

手順4　検定統計量の計算

計算のため，表4.7のような補助表を作成する．

表 **4.7**　補助表

No.	x_1	x_2	d	d^2
1	58	57	1	1
		～		
5	70	67	3	9
計	334	326	8	24

そこで，表 4.7 より $\overline{d} = \dfrac{8}{5} = 1.6, S_d = \dfrac{24 - 8^2}{5} = 11.2, \quad V_d = \dfrac{S_d}{n-1} = \dfrac{11.2}{4} = 2.8$ だから，$t_0 = \dfrac{1.6}{\sqrt{2.8/5}} = 2.138$ と計算される．

手順 5　判定と結論

$t_0 = 2.138 > 2.13 = t(4, 0.10)$ より有意水準 5% で，帰無仮説は棄却される．つまり，有意水準 5% でダイエットの効果があるといえる．

(2) (1) より有意水準 5% で効果があるとわかり，差の点推定は $\widehat{\delta} = \overline{d} = 1.6$ であり，95% 信頼区間は

$$\overline{d} \pm t(4, 0.05)\sqrt{\frac{V_d}{n}} = 1.6 \pm 2.78\sqrt{\frac{2.8}{5}} = 1.6 \pm 2.08 = -0.48, 3.68 \quad \square$$

まず，例題のデータをグラフ化してみよう．

出力ウィンドウ

```
import numpy as np
import pandas as pd
import matplotlib.pyplot as plt
y1=np.array([58,62,78,66,70])
y2=np.array([57,60,75,67,67])
x=np.array([1,2,3,4,5])
plt.plot(x,y1,label="前")
plt.plot(x,y2,label="後")
plt.legend(loc="upper left")
d=y2-y1
print(pd.DataFrame(d).describe())
 Out[  ]:         0
 count   5.00000
 mean   -1.60000
    ～
 max     1.00000
```

（参考）ライブラリの関数 stats.ttest_rel(x2,x1) も利用できる．

平均値の差（対応のあるデータ）の検定関数を作成してみよう．

normal distribution,2 sample, mean, test, variance uknnown, paired

2 標本での平均値の差の検定関数（対応のあるデータ）

```
#n2m_tvup
import numpy as np
from scipy import stats
def n2m_tvup(x1,x2,alt): #  x1:第1標本のデータ,x2:第2標本のデータ
 d=x1-x2;n=len(d)
 vd=np.var(d,ddof=1);md=np.mean(d)
```

```
 t0=md/np.sqrt(vd/n)
 if alt=='t' : pti=2*(1-stats.t.cdf(abs(t0),n-1))
 elif alt=='l' :pti=stats.t.cdf(t0,n-1)
 else : pti=1-stats.t.cdf(t0,n-1)
 print('t0:',t0.round(4),'p値:',pti.round(4))
```

平均値の差（対応のあるデータ）の推定関数を作成してみよう．

2標本での平均値の差の推定関数（対応のあるデータ）

```
#n2m_evup
import numpy as np
from scipy import stats
def n2m_evup(x1,x2,conf_level): #  x1:第1標本のデータ,
# x2:第2標本のデータ,conf_level:信頼係数
 d=x1-x2;n=len(d)
 v=np.var(d,ddof=1);alpha=1-conf_level;dhat=np.mean(d)
 haba=stats.t.ppf(1-alpha/2,n-1)*np.sqrt(v/n)
 sita=dhat-haba;ue=dhat+haba
 cl=100*conf_level
 print("点推定",dhat.round(4))
 print(cl,"%下側信頼限界",sita.round(4),cl,"%上側信頼限界",ue.round(4))
```

作成した検定関数，推定関数を例題に適用してみよう．

出力ウィンドウ

```
x1=np.array([58,62,78,66,70])
x2=np.array([57,60,75,67,67])
n2m_tvup(x1,x2,'r')
Out[  ]:t0: 2.1381 p値: 0.0497
x1=np.array([58,62,78,66,70])
x2=np.array([57,60,75,67,67])
n2m_evup(x1,x2,0.95)
Out[  ]:点推定 1.6
95.0 %下側信頼限界 -0.4777 95.0 %上側信頼限界 3.6777
#(参考) ライブラリの関数stats.ttest_rel も利用できる.
print(stats.ttest_rel(x2,x1))
Out[ ]:Ttest_relResult(statistic=-2.138089935299395, pvalue=0.0993･･･)
```

（参考）対応のあるデータの平均の差の検定には ttest _rel(x2,x1)

演習 4-23　表4.8は，ある授業の4名の受講生に関するプリテストとポストテストの結果である．

表4.8　コンピュータによるプリテストとポストテストの成績表

事前・事後 ＼ No.	1	2	3	4
プリテスト	68	55	78	45
ポストテスト	75	66	88	52

① 授業の効果があったといえるか，有意水準5%で検定せよ．

② 前後での平均の差の90%信頼区間を求めよ．

演習 4-24　以下は，ある5名の小学5年生のときと中学2年生のときの身長のデータである．

小学5年生：142, 150, 138, 141, 135(cm)
中学2年生：165, 170, 155, 165, 155(cm)

① 3年間で身長が15cm伸びたといえるか，有意水準5%で検定せよ．

② 前後での身長の平均の差の90%信頼区間を求めよ．

演習4-25　以下は，5名の中学生の中間考査と期末考査の成績である．

中間：85, 73, 88, 95, 59（点）
期末：92, 77, 82, 90, 66（点）

① 成績が良くなったといえるか，有意水準5%で検定せよ．

② 前後での成績の平均の差の90%信頼区間を求めよ．

4.3.2　離散型分布に関する検定と推定

(1) 2個の(母) 比率の差に関する検定と推定

工場での製品の二つの生産ラインでの不良率に違いがあるかどうか調べたい場合，二つの

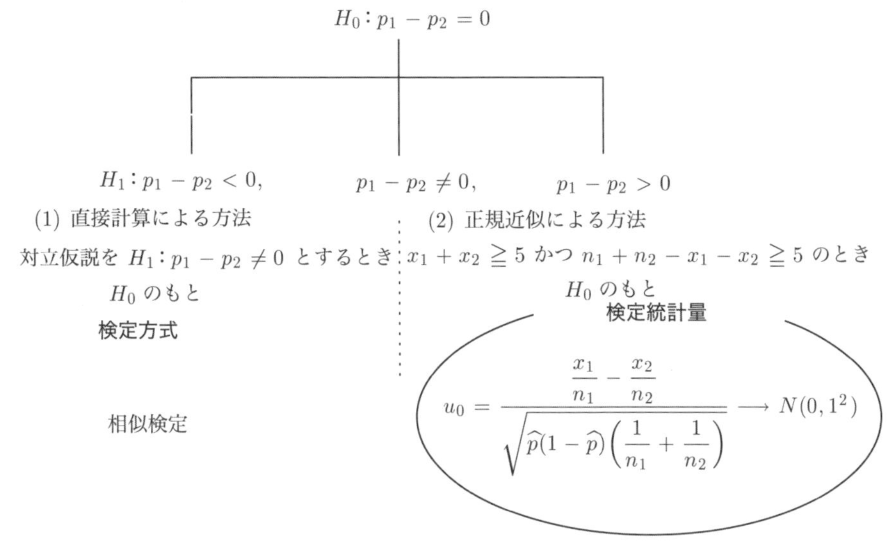

図4.27　2標本での母比率の差の検定

クラスでの生徒の欠席率の比較をしたい場合などは日常的にもよく起こることである．つまり二つの母比率を比較したい2項分布があり，それぞれ n_1, n_2 回の試行のうち x_1, x_2 回成功するとする．このとき成功の比率の差について調べたい状況を考える（図4.27）．

① 直接計算による方法（小標本の場合）

複合帰無仮説（一点のみからなる集合でない）となる．フィッシャーの直接確率法による検定（条件付き）が行われている．ここでは省略する．

② 正規近似による方法（大標本の場合：$n_i p_i \geqq 5, n_i(1-p_i) \geqq 5 (i=1,2)$）

まず母比率の差 $p_1 - p_2$ の点推定量は

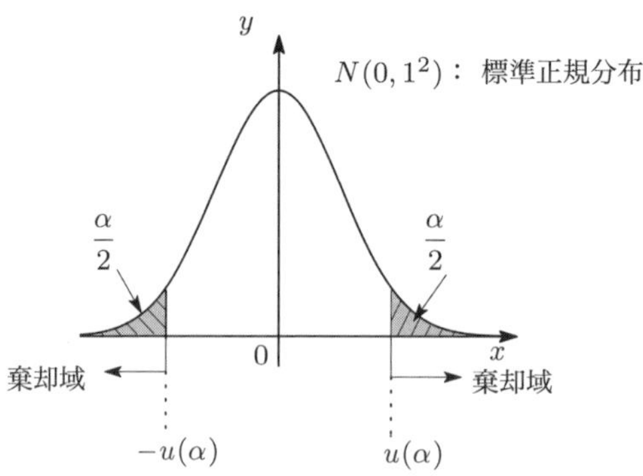

図 **4.28**　$H_0 : p_1 = p_2,\ H_1 : p_1 \neq p_2$ での棄却域

$$(4.50)\qquad \widehat{p_1 - p_2} = \frac{x_1}{n_1} - \frac{x_2}{n_2}$$

で，帰無仮説 $H_0 : p_1 = p_2$ との違いをはかるには規準化した

$$(4.51)\qquad u_0 = \frac{x_1/n_1 - x_2/n_2}{\sqrt{(1/n_1 + 1/n_2)\overline{p}(1-\overline{p})}} \quad \left(\text{ただし，}\overline{p} = \frac{x_1 + x_2}{n_1 + n_2}\right)$$

を用いればよいだろう．以下で対立仮説 H_1 に応じて場合分けを行う．

(i)　$H_1 : p_1 < p_2$ の場合

帰無仮説と離れ H_1 が正しいときには，u_0 は小さくなる傾向がある．そこで棄却域 R は，有意水準 α に対して，$R : u_0 \leqq -u(2\alpha)$ とすればよい．

(ii)　$H_1 : p_1 > p_2$ の場合

帰無仮説と離れ H_1 が正しいときには，u_0 は大きくなる傾向がある．そこで棄却域 R は，有意水準 α に対して，$R : u_0 \geqq u(2\alpha)$ となる．

(iii)　$H_1 : p_1 \neq p_2$ の場合

(i) または (ii) の場合なので，H_1 が正しいときには，u_0 は小さくなるか，または大きくなる傾向がある．そこで棄却域 R は，有意水準 α に対して，両側に $\frac{\alpha}{2}$ になるように $R : |u_0| \geqq u(\alpha)$ とする．両側検定の場合を図示すると，図 4.28 のようになる．

以上をまとめて，次の検定方式が得られる．

検定方式

2 個の母比率に関する検定 $H_0 : p_1 = p_2$ について，
大標本の場合（$x_1 + x_2 \geqq 5,\ n_1 + n_2 - (x_1 + x_2) \geqq 5$ のとき）（正規近似による）
有意水準 α に対し，$u_0 = \dfrac{\widehat{p_1} - \widehat{p_2}}{\sqrt{\left(\dfrac{1}{n_1} + \dfrac{1}{n_2}\right)\overline{p}(1-\overline{p})}}$ とおくとき，

$H_1 : p_1 \neq p_2$（両側検定）のとき
　$|u_0| > u(\alpha) \quad \Longrightarrow \quad H_0$ を棄却する
$H_1 : p_1 < p_2$（左片側検定）のとき
　$u_0 < -u(2\alpha) \quad \Longrightarrow \quad H_0$ を棄却する
$H_1 : p_1 > p_2$（右片側検定）のとき
　$u_0 > u(2\alpha) \quad \Longrightarrow \quad H_0$ を棄却する

次に，推定に関して p_1-p_2 の点推定は，

$$\widehat{p_1-p_2}=\frac{X_1}{n_1}-\frac{X_2}{n_2} \tag{4.52}$$

で，これは不偏推定量になっている．さらに，

$$\frac{X_1/n_1-X_2/n_2-(p_1-p_2)}{\sqrt{p_1(1-p_1)/n_1+p_2(1-p_2)/n_2}} \tag{4.53}$$

は近似的に標準正規分布 $N(0,1^2)$ に従うので，信頼率 $1-\alpha$ に対し，

$$P\left(\left|\frac{X_1/n_1-X_2/n_2-(p_1-p_2)}{\sqrt{p_1(1-p_1)/n_1+p_2(1-p_2)/n_2}}\right|<u(\alpha)\right)=1-\alpha \tag{4.54}$$

が成立する．この括弧の中の確率で評価される不等式を，分母の p_i を $X_i/n_i(i=1,2)$ として p_1-p_2 について解けば

$$\begin{aligned}\frac{X_1}{n_1}-\frac{X_2}{n_2}-u(\alpha)\sqrt{\frac{X_1}{n_1}\left(1-\frac{X_1}{n_1}\right)\Big/n_1+\frac{X_2}{n_2}\left(1-\frac{X_2}{n_2}\right)\Big/n_2}<p_1-p_2\\ <\frac{X_1}{n_1}-\frac{X_2}{n_2}+u(\alpha)\sqrt{\frac{X_1}{n_1}\left(1-\frac{X_1}{n_1}\right)\Big/n_1+\frac{X_2}{n_2}\left(1-\frac{X_2}{n_2}\right)\Big/n_2}\end{aligned} \tag{4.55}$$

と信頼区間が求まる．以上をまとめて，次の推定方式が得られる．

推定方式

母比率の差 p_1-p_2 の点推定は，$\widehat{p_i}=\dfrac{X_i}{n_i}(i=1,2)$ とおくとき，

$$\widehat{p_1-p_2}=\widehat{p_1}-\widehat{p_2}=\frac{X_1}{n_1}-\frac{X_2}{n_2}.$$

母比率の差 p_1-p_2 の信頼率 $1-\alpha$ の信頼区間は，
区間幅 $Q=u(\alpha)\sqrt{\widehat{p_1}(1-\widehat{p_1})/n_1+\widehat{p_2}(1-\widehat{p_2})/n_2}$ とするとき，

$$\widehat{p_1}-\widehat{p_2}-Q<p_1-p_2<\widehat{p_1}-\widehat{p_2}+Q.$$

例題 4-13

2 都市 A, B の住みよさについて，両都市からランダムに選んだ住民にアンケート調査を行い，以下のデータを得た．

A 都市：50 人中住み良いと答えた人 34 人

B 都市：60 人中住み良いと答えた人 24 人

(1) 2 都市の住み良さは同じであるといえるか，有意水準 5% で検定せよ．

(2) 2 都市での住み良さの比率の差の 95% 信頼区間を求めよ．

[解]　(1) **手順 1**　前提条件のチェック（分布のチェック）

各都市で「はい」と「いいえ」の二つの値をとる 2 個の 2 項分布 $B(n_1,p_1),B(n_2,p_2)$ である．

手順 2　仮説および有意水準の設定

$$\begin{cases}H_0 & : \quad p_1=p_2\\ H_1 & : \quad p_1\neq p_2,\ \text{有意水準}\alpha=0.05\end{cases}$$

手順 3　棄却域の設定（近似条件のチェック）

正規分布に近似しての検定法が使えるかどうかを調べるため，その条件 [$x_1+x_2 \geqq 5, n_1+n_2-(x_1+x_2) \geqq 5$] をチェックする．$x_1+x_2=58>5, n_1+n_2-(x_1+x_2)=52>5$ なので，この場合近似条件が成立する．そこで，2項分布の正規近似法を用いる．

手順 4　検定統計量の計算

$$u_0 = \frac{34/50-24/60}{\sqrt{(1/50+1/60)58/110\times 52/110}} \fallingdotseq 2.93$$

手順 5　判定と結論

$u(0.05)=1.645<2.93=u_0$ なので帰無仮説は棄却される．つまり都市 A, B で住み良さに違いがあるといえる．

(2) **手順 1**　差の点推定値は $\widehat{p_1-p_2}=34/50-24/60=0.28$ である．

手順 2　95% の信頼区間の幅 Q は，

$$Q=u(0.05)\sqrt{\frac{34}{50}\frac{16}{50}\Big/50+\frac{24}{60}\frac{36}{60}\Big/60} \fallingdotseq 0.179$$

だから, 下側信頼限界は 0.101 であり，上側信頼限界は 0.459 である．□

母比率の差に関する検定関数を作成してみよう．

binomial distribution,2 sample, proportion, test

2 標本での比率の差の検定関数

```
#b2p_t
import numpy as np
from scipy import stats
def b2p_t(x1,n1,x2,n2,alt):  # 第1標本のn1個のうちx1個が不良
#  第2標本のn2個のうちx2個が不良 alt:対立仮説
 rv=stats.norm(0,1)
 p1hat=x1/n1;p2hat=x2/n2;pbar=(x1+x2)/(n1+n2)
 sahat=p1hat-p2hat
 u0=sahat/np.sqrt((1/n1+1/n2)*pbar*(1-pbar))
 if (alt == "t" ):
  pti=2*(1-rv.cdf(abs(u0)))
 elif (alt== "l" ):
  pti=rv.cdf(u0)
 else:
  pti=1-rv.cdf(u0)
 print("u0値",u0.round(4),"p値",pti.round(4))
```

例題のデータにこの母比率の差の検定関数を適用してみよう．

出力ウィンドウ

```
b2p_t(34,50,24,60,"t")
Out[ ]:u0値 2.9289 p値 0.0034
```

母比率の差の推定関数を作成しよう．

binomial distribution,2 sample, proportion, estimate

2標本での比率の差の推定関数

```
#b2p_e
import numpy as np
from scipy import stats
def b2p_e(x1,n1,x2,n2,conf_level):  # 第1標本のn1個のうちx1個が不良
#  第2標本のn2個のうちx2個が不良 conf_level:信頼係数
 rv=stats.norm(0,1)
 p1hat=x1/n1;p2hat=x2/n2
 sahat=p1hat-p2hat;alpha=1-conf_level
 haba=rv.isf(alpha/2)*np.sqrt(p1hat*(1-p1hat)/n1+p2hat*(1-p2hat)/n2)
 sita=sahat-haba;ue=sahat+haba
 cl=100*conf_level
 print("点推定",sahat)
 print(cl,"%下側信頼限界",sita.round(4),cl,"%上側信頼限界",ue.round(4))
```

例題のデータに，この母比率の差の推定関数を適用してみよう．

出力ウィンドウ

```
b2p_e(34,50,24,60,0.95)
[  ]:点推定 0.28
95.0 %下側信頼限界 0.1009 95.0 %上側信頼限界 0.4591
```

演習 4-26 2人のバスケットプレーヤーのシュート成功率が等しいかどうかを調べる．これまでの試合での2人のシュート回数と成功回数のデータを調べたところ以下のようであった．

A君：シュート50回中，成功回数28回

B君：シュート24回中，成功回数16回

① 2人のシュート成功率に差があるといえるか．有意水準5%で検定せよ．

② 2人のシュート成功率の差の点推定および信頼係数95%の信頼区間を求めよ．

4.4 多標本での検定と推定

4.4.1 連続型分布に関する検定と推定

$X_{11},\ldots,X_{1n_1}\sim N(\mu_1,\sigma_1^2),\ldots,X_{k1},\ldots,X_{kn_k}\sim N(\mu_k,\sigma_k^2)$ である場合を考えよう．

(1) 正規分布の平均に関する検定と推定

$$H_0: \mu_1=\cdots=\mu_k$$

に関する検定は，1元配置の分散分析に対応するので，第5章で考えよう．

(2) 正規分布の分散に関する検定と推定

$$H_0: \sigma_1^2=\cdots=\sigma_k^2$$

に関する検定を考える．三つ以上の母集団（群）の分散が均一かどうか（母分散の一様性）を定量的にみる方法には，各サンプルの大きさが一定でなくても用いることができるバートレットの検定，各サンプルの大きさが一定の場合に用いられるコクランの検定とハートレーの検定がある．ここではバートレットの検定をとりあげよう．

k 個の正規母集団 $N(\mu_1, \sigma_1^2), \ldots, N(\mu_k, \sigma_k^2)$ からそれぞれ $n_1, \ldots, n_k$ 個のサンプルが独立にとられるとする．このとき分散の一様性は $\sigma_1^2 = \cdots = \sigma_k^2$ について調べたい．ここで i 群の n_i 個のサンプルからの（偏差）平方和を S_i，（不偏）分散を $V_i = \dfrac{S_i}{n_i - 1}(i = 1, \ldots, k)$ で表すことにする．

バートレット (Bartlett) の検定

各サンプルの大きさが一定でなくても用いることができる検定統計量として

$$B = \frac{1}{c}\left\{\phi_T \ln V - \sum_{i=1}^{k} \phi_i \ln V_i\right\} \tag{4.56}$$

を用いる．ただし，$\ln V$ の $\ln$ は自然対数の意味で底を $e = 2.71828\cdots$ としたときのもので，また，

$$c = 1 + \frac{1}{3(k-1)}\left\{\sum_{i=1}^{k}\frac{1}{\phi_i} - \frac{1}{\phi_T}\right\}, \quad \phi_i = n_i - 1,$$
$$\phi_T = \sum_{i=1}^{k}\phi_i, V = \frac{\sum_{i=1}^{k}\phi_i V_i}{\phi_T}$$

である．そして，検定方式は以下のようになる．

検定方式

分散の一様性に関する検定 $H_0 : \sigma_1^2 = \cdots = \sigma_k^2$ について，
サンプル数が同じでなくてもよい場合，有意水準 α に対し，

$$B = \frac{1}{c}\left\{\phi_T \ln V - \sum_{i=1}^{k}\phi_i \ln V_i\right\}\left(c = 1 + \frac{1}{3(k-1)}\left\{\sum_{i=1}^{k}\frac{1}{\phi_i} - \frac{1}{\phi_T}\right\}\right) \text{ とおくとき}$$

$B \geqq \chi^2(k-1, \alpha) \implies H_0$ を棄却する

バートレットの検定関数を作成してみよう．

多標本での母分散の一様性の検定関数

```
#bartlett_t
import numpy as np
from scipy import stats
# バートレット検定：各群のサンプル数が異なっても良い
def bartlett_t(v,n,k):# v:各群の分散, n:各群のサンプル数,# k:群の数
 ft=0;fvt=0;flnv=0;fti=0
 for i in range(k):
  ft=ft+n[i]-1
  fvt=fvt+(n[i]-1)*v[i]
  flnv=flnv+(n[i]-1)*np.log(v[i])
  fti=fti+1/(n[i]-1)
  vf=fvt/ft
  c=1+(fti-1/ft)/(3*(k-1))
  bt=(ft*np.log(vf)-flnv)/c
  pti=1-stats.chi2.cdf(bt,k-1)
 print('c=',c.round(4),'bartlett=',bt.round(4),'p値=',pti.round(4))
```

作成したバートレットの検定関数を例題に適用してみよう．

例題 4-14

4 クラスの数学の成績の分散が同じかどうか検討することになり，各クラスからランダムに 5 人ずつの成績の分散を求めたところ，以下の表 4.9 の結果が得られた．

このとき，分散間に有意な差があるか検定せよ．

表 4.9 クラスごとの成績の分散

統計量＼クラス	A	B	C	D
人数 (n)	5	5	5	5
（不偏）分散	25	22	24	19

出力ウィンドウ

```
v=np.array([25,22,24,19])
n=np.array([5,5,5,5])
bartlett_t(v,n,4)
Out[  ]:c= 1.1042 bartlett= 0.0784 p値= 0.9943
```

データの変換による分散安定化，正規分布へ近づけることによって改善する方法もとられている．

4.4.2 離散型分布に関する検定

● **分割表での検定**

データが一つの分類規準によって分かれ，その個数（度数）が得られた表を（1 次元の）分割表 (one-way contigency table) という．例えば，1 週間での交通事故の件数を曜日による分類で分けて得られた件数の表や，年間のある製品の製造元への苦情の件数を月別に分類した表のようなものである．更に，二つの分類規準によってデータが分かれて得られた個数の表を 2 次元の分割表 (two-way contigency table) という．分類規準が増えれば更に次元の高い分割表が得られる．分類規準としては地域，世代，性，学部，職業，給与，水準，国，スポーツの好み，体重などさまざまな規準が考えられる．

一般に 1 番目の分類規準は i 番目，2 番目の分類規準では j 番目というように各データの属す桝目（ますめ）（これをセルという）が決まり，そこに属すデータの個数が表として得られる．そこで例えば実際に各セルに属す個数（観測度数）と比べて，どのセルにも同じくらいの個数が属すはずだという仮説が正しいかどうかを調べたければ，その仮説のもとで属すと期待される個数（期待度数）の差をはかる量で，仮説が正しいか判定しようとするだろう．実は，ピアソンのカイ 2 乗統計量がその形をしていて，以下のような形式で表現される．

$$\chi_0^2 = \sum \frac{(O-E)^2}{E} \tag{4.57}$$

ただし，O：各セルの**観測度数** (Observation) であり，E：各セルの仮説のもとでの**期待度数** (Expectation) である．

また，この統計量は仮説のもとで，漸近的に（n が大きいとき近似的に）ある自由度のカイ 2 乗分布に従うことが示されている．以下では分類規準が一つの場合と二つの場合について，具体的な問題に適用しながら考えていこう．

(1) 1元の分割表 (one-way contigency table) **（適合度検定）**

H_0：$p_1 = p_1^\circ, \ldots, p_\ell = p_\ell^\circ$

$$\text{検定統計量}\ \chi_0^2 = \sum_{i=1}^{\ell} \frac{(n_i - np_i^\circ)^2}{np_i^\circ}$$

分類規準が一つの場合で，ℓ 個のクラスに分けられているとする．このとき，n 個のサンプルがいずれかのセルに属すとし，i セルに属す個数を n_i 個で，確率が $p_i(i = 1, \ldots, \ell)$ で与えられているとする．ただし，$\sum_{i=1}^{\ell} p_i = 1, p_i \geqq 0$ である．このとき，どのセルに属す確率も同じである**一様性の仮説**は，

$$H_0 \colon p_1 = \cdots = p_\ell = \frac{1}{\ell}$$

となる．そこで，帰無仮説のもとでの期待度数は

$$E_i = np_i = \frac{n}{\ell}$$

である．したがって，検定方式は以下のようになる．

検定方式

分布の一様性の検定 $H_0 : p_1 = \cdots = p_\ell = \dfrac{1}{\ell}$ について，

大標本の場合 ($\dfrac{n}{\ell} \geqq 5$ のとき)，有意水準 α に対し，

$$\chi_0^2 = \sum_{i=1}^{\ell} \frac{(n_i - n/\ell)^2}{n/\ell}\ \text{とおくとき，}$$

$$\chi_0^2 \geqq \chi^2(\ell - 1, \alpha) \Longrightarrow H_0\ \text{を棄却する}$$

例題 4-15（一様性）

あるコンビニエンスストアでのある一週間の弁当の売り上げ個数は，表4.10のようであった．売り上げ個数は曜日によって違いはないか検討せよ．

表4.10　弁当の売り上げ個数

曜日	月	火	水	木	金	土	日	計
売り上げ個数	24	18	21	35	42	50	55	245

[解]　**手順1**　前提条件のチェック（分布の確認）

各曜日の売り上げ個数は，売り上げが各曜日のどこかで起きたものだということなので，月曜日から日曜日での売り上げがある確率を $p_1, \ldots, p_7$ とし，各曜日の売り上げの個数を $n_1, \ldots, n_7$ とするとき，その組 $\boldsymbol{n}$=$(n_1, \ldots, n_7)$ は，多項分布 $M(n; p_1, \ldots, p_7)$ に従う．

手順2　仮説および有意水準の設定

曜日ごとの売り上げのある割合（確率）が同じなので，帰無仮説は $p_1 = p_2 = \cdots = p_7 = \dfrac{1}{7}$ である．そこで，仮説は以下のようにかかれる．

$$\begin{cases} H_0 & : \quad p_1 = \cdots = p_7 = \dfrac{1}{7} \\ H_1 & : \quad いずれかの\ p_i\ が\dfrac{1}{7}でない, \quad 有意水準\ \alpha = 0.01 \end{cases}$$

手順 3 棄却域の設定（検定統計量の決定）

$$\chi_0^2 = \sum_{i=1}^{7} \frac{(n_i - n/7)^2}{n/7} \geqq \chi^2(6, 0.01) = 16.81$$

自由度はセルの個数 $-1 = \ell - 1 = 7 - 1 = 6$ である．

手順 4 検定統計量の計算

まず，期待度数は $E_i = \dfrac{n}{7} = \dfrac{245}{7} = 35$ であり，例えば

$$\frac{(O_1 - E_1)^2}{E_1} = \frac{(24-35)^2}{35} = 3.47$$

のように計算され，計算のための補助表を作成すると，表 4.11 のようになる．

表 4.11 補助表

曜日	月	火	水	木	金	土	日	計
O_i：観測度数	24	18	21	35	42	50	55	245
E_i：期待度数	35	35	35	35	35	35	35	245
$\dfrac{(O_i - E_i)^2}{E_i}$	3.47	8.26	5.60	0	1.40	6.43	11.43	36.58

手順 5 判定と結論

手順 4 での結果から $\chi_0^2 = 36.58 > 16.81 = \chi^2(6, 0.01)$ だから，有意水準 1% で帰無仮説は棄却される．つまり一様であるとはいえない．曜日によって売り上げ個数は異なるといえる．□

例題を逐次 Python により実行してみよう．

出力ウィンドウ

```
import numpy as np
import pandas as pd
from scipy import stats
rei417=pd.read_csv("rei415.csv",encoding='cp932')
print(rei415)
Out[  ]:
  youbi kosu
1     月    24
2     火    18
        ～
7     日    55
N=np.array([24,18,21,35,42,50,55])
probs=np.array([1/7,1/7,1/7,1/7,1/7,1/7,1/7])
E=np.sum(N)*probs
print('期待度数',E.round(4))
Out[  ]:期待度数 [35. 35. 35. 35. 35. 35. 35.]
print('観測度数',N.round(4))
Out[  ]:観測度数 [24 18 21 35 42 50 55]
print((N-E)**2/E)
```

```
Out[ ]:[ 3.45714286  8.25714286  5.6  0.  1.4  6.42857143 11.42857143]
chi0=sum((N-E)**2/E)
pti=1-stats.chi2.cdf(chi0,6)
print('カイ2乗値',chi0.round(4),'p値',pti.round(4))
Out[ ]:カイ2乗値 36.5714 p値 0.0
```

検定関数を作成してみよう．

<u>d</u>iscrete, <u>1</u> way <u>t</u>able, <u>t</u>est

1元分類の分割表での検定

```
#d1t_t
import numpy as np
from scipy import stats
def d1t_t(x,p):   # x:各セルの頻度データ p:帰無仮説のセル確率
 kei=np.sum(x);k=len(x)
 e=kei*p
 chi0=sum((x-e)**2/e)
 pti=1-stats.chi2.cdf(chi0,k-1)
 print("カイ2乗値",chi0.round(4),"自由度",k-1,"p値",pti.round(4))
```

例題のデータに，この検定関数を適用してみよう．

出力ウィンドウ

```
x=np.array([24,18,21,35,42,50,55])
p=np.array([1,1,1,1,1,1,1])/7
d1t_t(x,p)
Out[ ]:カイ2乗値 36.5714 自由度 6 p値 0.0
```

演習4-27　ある地区での月曜日から金曜日までの交通事故件数は，表4.12のようであった．事故発生率は曜日によって違いはないか検討せよ．

表4.12　交通事故の件数データ

曜日	月	火	水	木	金	計
発生件数	24	18	21	35	44	142

演習4-28　表4.13はある電気製品について1週間で受け付けた苦情件数（工場での製造ラインの異常発生件数）である．1週間の件数が一様か検定せよ．

表4.13　苦情件数のデータ

曜日	月	火	水	木	金	計
苦情件数	8	12	15	11	23	69

演習4-29　表4.14は大学の周辺の4店舗のコンビニエンスストアについて，100人の学生によく行く店を回答してもらったデータである．どの店にも一様に学生は行っているといえるか，有意水準5%で検定せよ．

表4.14　よく行くコンビニエンスストアのデータ

店舗名	A	B	C	D	計
学生数	12	35	21	32	100

演習4-30　パソコンの一様乱数から，サイコロの目をランダムに生成し，各目の発生頻度が一様か

どうか調べよ．

検定方式

分布への適合性の検定，$H_0 : p_i = p_i(\theta)(i = 1, \ldots, \ell)$ について，

大標本の場合（$np_i(\widehat{\theta}) \geqq 5; i = 1, \cdots, \ell$ のとき），θ の次元を p とし，有意水準 α に対し，

$$\chi_0^2 = \sum_{i=1}^{\ell} \frac{\left(n_i - np_i(\widehat{\theta})\right)^2}{np_i(\widehat{\theta})}$$ とおくとき，

$\chi_0^2 \geqq \chi^2(\ell - p - 1, \alpha) \Longrightarrow H_0$ を棄却する．

例題 4-16（適合度）

日本人の血液型の人口比率は A 型，O 型，B 型，AB 型の順に 35%, 30%, 25%, 10% といわれる．ある統計学の授業での受講学生について血液型の人数を調べたところ，表 4.15 のようであった．受講生の血液型の分布は，この分布に従っているといえるか検討せよ．

表 4.15　血液型のデータ

血液型	A	O	B	AB	計
学生数	35	32	20	8	95

[解]　**手順 1**　前提条件のチェック

血液型による人数の割合が，それぞれ 35%, 30%, 25%, 10% である．そこで，各型の確率を $p_1, \ldots, p_4$ とする．各型に属す人数を $n_1, \ldots, n_4(n = n_1 + \cdots + n_4)$ とするとき，その組 $\mathbf{n} = (n_1, \ldots, n_4)$ は，多項分布 $M(n; p_1, \ldots, p_4)$ に従う．

手順 2　仮説および有意水準の設定

各型の占める割合（確率）が 35%, 30%, 25%, 10% なので，帰無仮説は $p_1 = 0.35, p_2 = 0.30, p_3 = 0.25, p_4 = 0.10$ $(p_i = p_{i0})$ より，仮説は以下のようにかかれる．

$$\begin{cases} H_0 : p_A = p_1 = 0.35, p_O = p_2 = 0.30, p_B = p_3 = 0.25, p_{AB} = p_4 = 0.10 \\ H_1 : \text{いずれかの } p_i \text{ が } p_{i0} \text{ でない，有意水準 } \alpha = 0.05 \end{cases}$$

手順 3　棄却域の設定（検定統計量の決定）

$$\chi_0^2 = \sum_{i=1}^{4} \frac{(n_i - n \times p_{i0})^2}{n \times p_{i0}} \geqq \chi^2(3, 0.05) = 7.81$$

自由度はセルの個数 $- 1 = \ell - 1 = 4 - 1 = 3$ である．

手順 4　検定統計量の計算

表 4.16　補助表

血液型	O_i：観測度数	E_i：期待度数	$\dfrac{(O_i - E_i)^2}{E_i}$
A	35	33.25	0.092
O	32	28.5	0.430
B	20	23.75	0.592
AB	8	9.5	0.237
計	95	95	1.351

まず，期待度数 $E_i = n \times p_{i0}$ だから，例えば $E_1 = 95 \times 0.35 = 33.25$ であり，

$$\frac{(O_1 - E_1)^2}{E_1} = \frac{(35 - 33.25)^2}{33.25} = 0.092$$

のように計算して，表 4.16 のような計算のための補助表を作成する．

手順5　判定と結論

手順5での結果から $\chi_0^2 = 1.351 < 7.81 = \chi^2(3, 0.05)$ だから，有意水準5%で帰無仮説は棄却されない．つまり，一般の血液型の分布でないとはいえない．□

例題を逐次Pythonにより実行してみよう．

出力ウィンドウ

```
import numpy as np
import pandas as pd
from scipy import stats
rei418=pd.read_csv("rei416.csv")
print(rei416)
Out[   ]:
  kata ninzu
1    A    35
2    O    32
3    B    20
4   AB     8
ninzu=np.array([35,32,20,8])
n=np.sum(ninzu)
probs=np.array([0.35,0.3,0.25,0.1])
E=n*probs
print('期待度数',E)
Out[  ]:期待度数 [33.25 28.5  23.75  9.5 ]
N=ninzu
print('観測度数',N)
Out[  ]:観測度数 [35 32 20  8]
print((N-E)**2/E)
Out[  ]:[0.09210526 0.42982456 0.59210526 0.23684211]
chi0=sum((N-E)**2/E)
pti=1-stats.chi2.cdf(chi0,3)
print('カイ2乗値',chi0.round(4),'p値',pti.round(4))
Out[  ]:カイ2乗値 1.3509 p値 0.7171
```

ライブラリにある関数を例題に適用してみよう．

出力ウィンドウ

```
import numpy as np
from scipy.stats import chisquare
n=np.array([35,32,20,8])
e=np.array([0.35,0.3,0.25,0.1])*sum(n)
chi0,pti=chisquare(n,e)#ライブラリの関数の利用
print("カイ2乗値",chi0,"p値",pti)
Out[  ]:カイ2乗値 1.3509 p値 0.7171
```

演習4-31　以下のあるクラスの成績の優，良，可，不可の人数のデータについて，割合が1:2:3:1であるか検討せよ．

6, 11, 18, 5（人）

演習4-32　表4.17の種子の分類において，その割合がメンデルの法則9:3:3:1が成立しているか，有意水準10%で検定せよ．

表 4.17　種子の分類

種類	円型黄色	角型黄色	円型緑色	角型緑色	計
個数	182	63	59	19	323

例題 4-17（分布への適合度）

あるハンバーガー店での1日あたりのお客さんの苦情件数について，36日間調べたところ，表4.18のようであった．このとき，苦情件数のデータはポアソン分布に従っているといえるか検討せよ．

表 4.18　1か月間の苦情件数

苦情件数 (x)	0	1	2	3	4	5	6	7	8以上	計
日数 (n_i)	1	3	8	12	6	3	2	1	0	36

[解]　**手順 1**　前提条件のチェック

平均 λ のポアソン分布に従っていると考えられるとする．

手順 2　仮説および有意水準の設定

$$\begin{cases} H_0 : p_i = p_i(\lambda)\ (\text{ポアソン分布の確率}) \\ H_1 : \text{いずれかの}\ p_i\ \text{が}\ p_i(\lambda)\ \text{でない，有意水準}\ \alpha = 0.05 \end{cases}$$

手順 3　棄却域の設定（検定統計量の決定）

$$\chi_0^2 = \sum_{i=0}^{\ell} \frac{(n_i - n \times p_i(\widehat{\lambda}))^2}{n \times p_i(\widehat{\lambda})} \geqq \chi^2(\Phi, 0.05)$$

自由度は<u>セルの個数 − 推定した母数の個数 − 1 = $\ell - p - 1$</u>である．

手順 4　検定統計量の計算

まず，期待度数 $E_i = n \times p_i(\widehat{\lambda})$ で，

$$\widehat{\lambda} = \frac{1 \times 3 + 2 \times 8 + \cdots + 7 \times 1}{36} = \frac{113}{36} = 3.139$$

だから，例えば

$$E_1 = 36 \times p_1(3.139) = \frac{36 \times e^{-3.139}3.139^0}{0!} = 36 \times 0.0433 = 1.56$$

のように計算して，表4.19のような補助表を作成する．

表 4.19　補助表 1

x	n	nx	$p(\widehat{\lambda})$	$np(\widehat{\lambda})$
0	1	0	0.043	1.56
		∼		
8	0	0	0.0101	0.365
計	36	113	0.995	35.82

計のところで，誤差のため3, 4列目の値が1と36ではないが，許容範囲であろう．近似を良くするため，各クラスの度数が5以上になるように，隣どうしのクラスをプールして表4.20を作成すると，以下のようになる．

表 4.20　補助表 2

x	n	nx	$p(\widehat{\lambda})$	$np(\widehat{\lambda})$	$\dfrac{(n_i - np_i(\widehat{\lambda}))^2}{np_i(\widehat{\lambda})}$
0 または 1	4	3	0.1793	6.456	0.935
2	8	16	0.2135	7.685	0.0129
3	12	36	0.2233	8.040	1.950
4	6	24	0.1753	6.309	0.0152
5 以上	6	34	0.2035	7.327	0.2403
計	36	113	0.995	35.82	3.153

表 4.22 より，$\chi_0^2 = \displaystyle\sum_{i=1}^{5} \frac{(O_i - E_i)^2}{E_i} = 3.153$ である．

また，自由度 $\phi = 5 - 1 - 1 = 3$ である．

手順 5　判定と結論

手順 4 での計算結果より $\chi_0^2 = 3.153 < 7.81 = \chi^2(3, 0.05)$ だから，有意水準 5% で帰無仮説は棄却されない．つまり，ポアソン分布に従わないとはいえない．□

例題を逐次 Python により実行してみよう．

出力ウィンドウ

```
import numpy as np
from scipy import stats
n=np.array([1,3,8,12,6,3,2,1,0])
x=np.array([0,1,2,3,4,5,6,7,8])
lam=np.sum(n*x)/np.sum(x) # 母数の推定値
print('lamhat',lam.round(4))
Out[ ]:lamhat 3.1389
rv=stats.poisson(lam)
ex=np.sum(n)*rv.pmf(x)
print('',ex.round(4))
Out[ ]:[1.5599 4.8964 7.6846 8.0404 6.3095 3.9609 2.0722 0.9292 0.3646]
o=n
chi0=sum((o-ex)**2/ex)
# プールしないでそのままカイ２乗値を計算
print('カイ2乗値 ',chi0.round(4))
Out[ ]:カイ2乗値  3.5192
pti=1-stats.chi2.cdf(chi0,7) # p値を求める
print('p値',pti.round(4))
Out[ ]:p値 0.8332 # 有意ではない（ポアソン分布に従わないとはいえない）
```

演習 4-33　以下の成績データが正規分布に従っているか検定せよ．

45, 52, 63, 75, 84, 56, 74, 78, 94, 86, 60, 64, 62

（補 4-9）　正規確率紙といって，データを昇順に並び替えてプロットした結果，直線上からあまりはずれていなければ，大体，正規分布からずれてるとは見なさないという簡便な方法がある．

(2) 2 元の分割表 (two-way contigency table)

分類規準が二つある場合，例えば個人の成績を科目による分類（統計学，数学，英語など）と評価による分類（優，良，可，不可の 4 段階など）で分ける場合，収穫した果物を地域によ

る分類と等級による分類で分ける場合，パソコンを値段と処理速度で分類する場合，ある人の集団を野球のファンチームと地域で分類する場合，同様に人の集団を世代と好みのメニューで分類する場合，企業を分野と利益率で分類する場合，生徒の成績を教科と好みにより分類する場合など，多くの適用場面が考えられる．

第1の分類規準によって ℓ 個に分けられ，第2の分類規準により m 個に分割されるとする．そこで第1の分類規準で第 i クラスに属し，第2規準で第 j クラスに属すデータの個数（度数）を $n_{ij}(i=1,\ldots,\ell;j=1,\ldots,m)$ で表し，周辺度数である i をとめて j について和をとった $n_{i\cdot}=\sum_{j=1}^{m}n_{ij}$，$j$ をとめて i について和をとった $n_{\cdot j}=\sum_{i=1}^{\ell}n_{ij}$ を考える．ここで全データ数を n とすると，各データは独立にいずれかの排反なセル (cell) に入るので，各 (i,j) セルに入る確率を p_{ij} で表せば，各セルに属す個数 $(n_{11},\ldots,n_{\ell m})$ の分布は多項分布 $M(n;p_{11},\ldots,p_{\ell m})$ である．そして二つの分類規準が独立であることは各 p_{ij} が周辺確率の積でかかれることである．つまり $p_{ij}=p_{i\cdot}\times p_{\cdot j}$ とかかれることである．そこで帰無仮説のもとでの期待度数 E_{ij} は $n\times\widehat{p_{i\cdot}}\widehat{p_{\cdot j}}$ である．したがって，仮説との離れ具合は

$$\chi_0^2=\sum\frac{(n_{ij}-E_{ij})^2}{E_{ij}}$$

で量られ，これは帰無仮説のもとで漸近的に自由度

$$\overset{\text{ファイ}}{\Phi}=\ell m-1-(\ell-1)-(m-1)=(\ell-1)(m-1)$$

のカイ2乗分布に従う．

① 独立性の検定

検定方式

二つの分類規準（属性）の独立性の検定，$H_0: p_{ij}=p_{i\cdot}\times p_{\cdot j}$ について，

大標本の場合 ($n_{i\cdot}n_{\cdot j}/n \geqq 5$ のとき)，有意水準 α に対し，

$$\chi_0^2=\sum_{i=1}^{\ell}\sum_{j=1}^{m}\frac{(n_{ij}-n_{i\cdot}n_{\cdot j}/n)^2}{n_{i\cdot}n_{\cdot j}/n}\ \text{とおくとき}$$

$$\chi_0^2\geqq\chi^2((\ell-1)(m-1),\alpha)\Longrightarrow\quad H_0\ \text{を棄却する}$$

例題 4-18（独立性）

ある大学での学生について，下宿しているか実家住まいかの分類と，アルバイトを週何回しているか（0回，1回，2回以上）の規準により調べたところ，以下の表4.21のようであった．アルバイト回数は，実家か下宿かによって異なるか検討せよ．

表 4.21 アルバイトの調査データ

	0回	1回	2回以上
実家	18	21	9
下宿	12	15	5

[解] **手順1** 前提条件のチェック（分布の確認）

下宿か実家かということとアルバイトの回数はそれぞれ排反である．分類規準1が下宿か実家かで1, 2とし，分類規準2がアルバイトをしていない，週1回，週2回以上で1, 2, 3の値をとるとする．そ

して対応する確率を $p_{11},\ldots,p_{23}$ とするとき，6項分布 $M(n;p_{11},p_{12},p_{13},p_{21},p_{22},p_{23})$ となる．

手順2　仮説および有意水準の設定

帰無仮説は下宿をしているかいないかにかかわらず，アルバイトをする割合は変わらないことなので，二つの分類規準が独立である場合である．そこで帰無仮説は $p_{11}=p_{21},\ldots,p_{13}=p_{23}$ である．よって，仮説は以下のようにかかれる．

$$\begin{cases} H_0 & : \quad p_{ij}=p_{i\cdot}\times p_{\cdot j}(i=1,2,3;j=1,2) \\ H_1 & : \quad \text{いずれかの}\ p_{ij}\text{が周辺確率の積でかけない，有意水準}\ \alpha=0.05 \end{cases}$$

手順3　棄却域の設定（検定統計量の決定）

$$R:\chi_0^2=\sum_{i=1}^{2}\sum_{j=1}^{3}\frac{\left(n_{ij}-\dfrac{n_{i\cdot}n_{\cdot j}}{n}\right)^2}{\dfrac{n_{i\cdot}n_{\cdot j}}{n}} \geqq \chi^2(2,0.05)=5.99$$

ここに，自由度 $\Phi=(\ell-1)(m-1)=(2-1)\times(3-1)=2$ と計算される．

手順4　検定統計量の計算

まず，期待度数 $E_{ij}=\dfrac{n_{i\cdot}n_{\cdot j}}{n}$ だから，例えば $E_{11}=\dfrac{48\times 30}{80}=18$ のように各セルの期待度数を計算することにより，表4.22のような期待度数の表を作成する．

表4.22　期待度数 (E_{ij}) の表

	0回	1回	2回以上	計
自宅	18.0	21.6	8.4	48.0
下宿	12.0	14.4	5.6	32.0
計	30.0	36.0	14.0	80

更に χ^2 統計量を計算するため，総和をとる規準化された各項を計算した表4.23を以下に作成する．例えば (1,1) のセルは，$\dfrac{(18-18.08)^2}{18.08}=0.00037$ のように計算する．

表4.23　規準化された各項 $\left(\dfrac{(O_{ij}-E_{ij})^2}{E_{ij}}\right)$ の表

	0回	1回	2回以上	計
自宅	0	0.0167	0.0429	0.0595
下宿	0	0.025	0.0643	0.0893
計	0	0.0417	0.107	0.149

手順5　判定と結論

手順5での結果から $\chi_0^2=0.149<5.99=\chi^2(2,0.05)$ だから，有意水準5%で帰無仮説は棄却されない．つまり独立でないとはいえない．□

例題を逐次Pythonで実行してみよう．

出力ウィンドウ

```
import numpy as np
from scipy import stats
#rei420=pd.read_csv("rei420.csv")
#print(rei420)
N=np.array([[18,21,9],[12,15,5]])#データを入力する
retuwa=N.sum(0);gyowa=N.sum(1)
kei=N.sum()#データの総和をkeiに代入する
print(retuwa,gyowa,kei)
```

```
Out[ ]:[30 36 14] [48 32] 80
E=np.zeros((2,3))#E=[]
#S=0
for i in np.arange(2):
  for j in np.arange(3):
        E[i][j]=gyowa[i]*retuwa[j]/kei
        #S=S+(N[i][j]-E[i][j])**2/E[i][j]
#chi0=S
print((N-E)**2/E)
Out[ ]:[[0.          0.01666667 0.04285714]
 [0.          0.025      0.06428571]]
chi0=np.sum((N-E)**2/E)
print('カイ2乗値:',chi0.round(4))
Out[ ]:カイ2乗値: 0.1488
pti=1-stats.chi2.cdf(chi0,2)
print('p値:',pti.round(4))
Out[ ]:p値: 0.9283
```

ライブラリの関数を例題に適用してみよう．

出力ウィンドウ

```
import numpy as np
import scipy as sp
n=np.array([[18,21,9],[12,15,5]])
chi0,pti,df,e=sp.stats.chi2_contingency(n)#ライブラリの関数の利用
print('chi0=',chi0.round(4),'p値=',pti.round(4),'自由度=',df)
Out[ ]:chi0= 0.1488 p値= 0.9283 自由度= 2
print('期待度数',e.round(3))
Out[ ]: 期待度数 [[18.  21.6  8.4]
 [12.  14.4  5.6]]
```

独立性の検定関数を作成してみよう．

<u>d</u>iscrete, <u>2</u> way <u>t</u>able, <u>t</u>est

2元分類の分割表での検定

```
#d2t_t
import numpy as np
from scipy import stats
def d2t_t(x):  # x:2元分類の各セルの頻度データ
 (l,m)=x.shape#行と列のサイズ
 retuwa=x.sum(0);gyowa=x.sum(1)
 kei=x.sum()
 s=0
 for i in np.arange(l):
  for j in np.arange(m):
     s=s+(x[i][j]-gyowa[i]*retuwa[j]/kei)**2/(gyowa[i]*retuwa[j]/kei)
 chi0=s
 df=(l-1)*(m-1)
 pti=1-stats.chi2.cdf(chi0,df)
```

```
  print("カイ2乗値：",chi0.round(4),"自由度：",df,"p値：",pti.round(4))
```

例題のデータに，作成した検定関数を適用してみよう．

出力ウィンドウ

```
x=np.array([[18,21,9],[12,15,5]])
d2t_t(x)#上で定義した関数の利用
Out[  ]:カイ2乗値： 0.1488 自由度： 2 p値： 0.9283
```

演習 4-34　表 4.24 は 3 地区の各世帯でとっている新聞の種類を調査したデータである．地区によってとる新聞に違いがあるか，有意水準 10% で検定せよ．

表 4.24　地区と新聞購入種類の表

地区＼新聞の種類	A	B	C	計
東京	46	43	21	110
名古屋	32	25	22	79
大阪	38	18	26	82

② 均一性の検定

学年ごとで欠席率は同じかどうかを調べる場合のように，学年を一つの母集団とし，各母集団である分類規準により分けられる場合も 2 次元の分割表が得られる．つまり ℓ 個の母集団がそれぞれ m 個に分けられるときの，その i 母集団の j 分類に属す個数を n_{ij}，確率を p_{ij} で表せば，

$$n_{i\cdot}=\sum_{j=1}^{m}n_{ij},\quad p_{i\cdot}=1=\sum_{j=1}^{m}p_{ij}$$

である．このとき，どの母集団でも j 分類に属す確率は同じである（均一である）仮説は

$$p_{1j}=p_{2j}=\cdots=p_{\ell j}\ (j=1,\ldots,m)$$

と表される．そこで帰無仮説のもとでの (i,j) セルの期待度数は

$$n_{i\cdot}\widehat{p_{ij}}=n_{i\cdot}\frac{n_{\cdot j}}{n}=\frac{n_{i\cdot}n_{\cdot j}}{n}$$

である．また一般に，(i,j) セルの観測度数は n_{ij} だから，独立性の検定の場合と同じ統計量になる．また自由度も

$$\underbrace{\ell(m-1)}_{\text{一般での自由度}}-\underbrace{(m-1)}_{\text{帰無仮説のもとでの自由度}}=(\ell-1)(m-1)$$

で同じである．

$$H_0:p_{i1}=p_{i2}=\cdots=p_{im}$$

演習 4-35　表 4.25 は，ある中学校の各学年ごとのテニス部，野球部，バスケット部，バレー部の所属人数である．学年によって所属人数に違いがあるか，有意水準 5% で検定せよ．

表 **4.25**　所属部の人数

学年＼クラブ	テニス部	野球部	バスケット部	バレー部	計
1年	23	6	12	5	46
2年	15	8	11	6	40
3年	17	7	9	7	40

ライブラリの関数と作成した関数を演習 4-35 に適用してみよう.

出力ウィンドウ

```
import numpy as np
import pandas as pd
import scipy as sp
from scipy import stats
nen1=[23,6,12,5]
nen2=[15,8,11,6]
nen3=[17,7,9,7]
dfx=pd.DataFrame({'nen1':nen1,'nen2':nen2,'nen3':nen3})
print(dfx)
Out[  ]:
   nen1  nen2  nen3
0    23    15    17
   ～
3     5     6     7
x=np.array([[23,6,12,5],[15,8,11,6],[17,7,9,7]])
print(x.shape)
Out[  ]:(3, 4)
chi0,pti,df,e=sp.stats.chi2_contingency(x)#ライブラリの関数の利用
print('chi0=',chi0.round(5),'p値=',pti.round(5),'自由度=',df)
Out[  ]:chi0= 2.3191 p値= 0.88814 自由度= 6
d2t_t(x)#作成（定義）した関数の利用
Out[  ]:カイ2乗値： 2.3191 自由度： 6 p値： 0.8881
```

第5章　相関分析と単回帰分析

5.1　相関分析とは

身長と体重，数学と英語の成績といったように二つの変量があって，その関係を調べ解析することを**相関分析** (correlation analyais) という．n 個のペアー（組）となったデータ $(x_1, y_1), \ldots, (x_n, y_n)$ が与えられるとき，以下の図 5.1 のように 2 変量の間の相関関係は**散布図** (scatter diagram) または相関図 (correlational diagram) といわれる 2 変量データの 2 次元データをプロット（打点）した図を描くことが解析の基本である．そして，x が増加するとき y も増加するときには**正の相関**があるという (①)．逆に x が増加するとき y が減少するときに**負の相関**があるという (②)．また x の変化に対して，y がその変化に対応することなく変化したり，一定であるような場合には**無相関**であるという (③)．さらに，変量 x と y の間の相関の度合いを測るものさしとして，前述された（ピアソンの）標本相関係数 r がよく使われる．その r は $-1 \leqq r \leqq 1$ であり（Schwartz の不等式から導かれる），直線的な関係があるときには $|r|$ は 1 に近い値となり，相関関係が高いことを示している．しかし，散布図で相関があっても，相関係数の絶対値は小さいこともある (④, ⑤)．また，特殊な関連性（⑥のような）がないか，データに異常値が含まれてないか (⑦)，層別 (⑧) の必要性の有無などを調べる基本が散布図である．

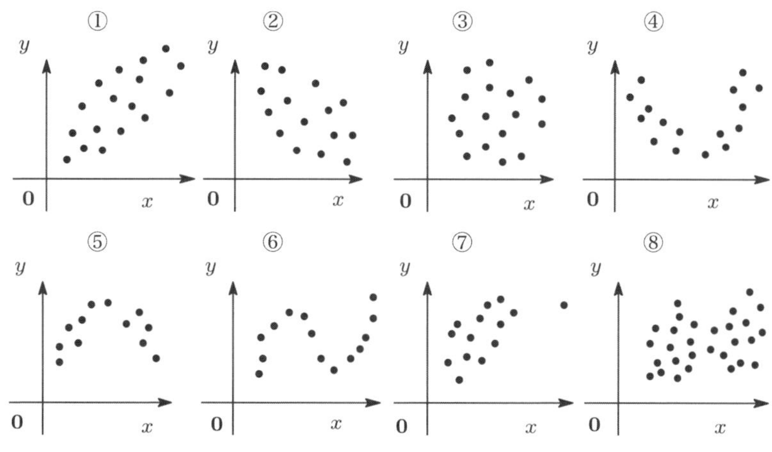

図 5.1　いろいろのタイプの散布図

このように，x が変化するときの y の変化に関して**正の相関**がある場合 (①)，**負の相関**がある場合 (②)，更には**無相関**である場合 (③) などがある．さらに，具体的に変量 x と y の間の相関の度合いを測るものさしである（ピアソンの）標本相関係数 r について考えてみよう．まずその定義式を書くと以下の式で与えられる．

$$r = \frac{S(x,y)}{\sqrt{S(x,x)}\sqrt{S(y,y)}}$$

この式の定義から，分母は

$$S(x,x) = \sum_{i=1}^{n}(x_i - \overline{x})^2 > 0 \qquad \text{かつ} \qquad S(y,y) = \sum_{i=1}^{n}(y_i - \overline{y})^2 > 0$$

から常に正である．そこで分子の正負により符号が定まる．分子は

$$S(x,y) = \sum_{i=1}^{n}(x_i - \overline{x})(y_i - \overline{y})$$

であるので，図 5.2 のように $(\overline{x}, \overline{y})$ を原点と考えて第 I，III 象限にデータ (x_i, y_i) があれば，$(x_i - \overline{x})(y_i - \overline{y}) > 0$ であり，第 II，IV 象限にデータ (x_i, y_i) があれば，$(x_i - \overline{x})(y_i - \overline{y}) < 0$ である．よって $S(x,y) > 0$ つまり $r > 0$ であるときは第 I，III 象限データが第 II，IV 象限のデータより大体多くなり，点が右上がりの傾向にある．つまり正の相関がある．逆に，$S(x,y) < 0$ つまり $r < 0$ であるときは第 II，IV 象限のデータが第 I，III 象限のデータより大体多くなり，点が右下がりの傾向にある．つまり負の相関がある．

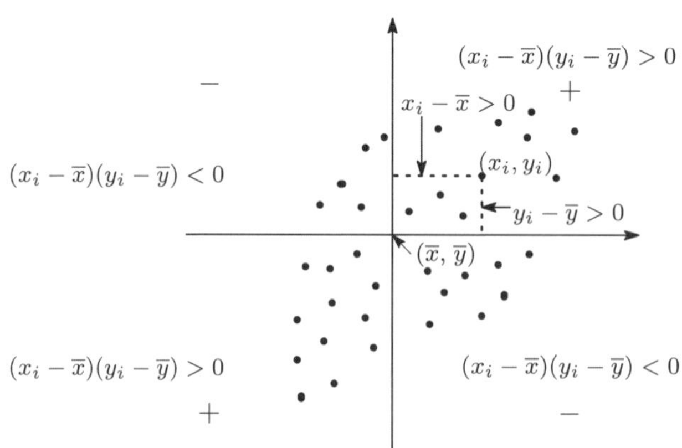

図 5.2　相関係数の正負と散布図

ここで二つの変数が共に増加または減少の傾向にあるとき，いつも一方の変数が他の変数に直接または間接に何らかの影響があるとはいえない．二つの変数が共に他の変数のために強い関係がみられたかもしれないのである．例えば毎日の仕事量が増えるとき，交通事故数が増えている状況がある．このような変数どうしに本当は相関がないにもかかわらず，相関があるような変化がみられることを**見せかけの相関（偽相関）**があるという．

次に，二つの確率変数 X, Y について，

$$\rho = \frac{Cov[X,Y]}{\sqrt{Var[X]}\sqrt{Var[Y]}} \tag{5.1}$$

を X と Y の母相関係数という．$-1 \leqq \rho \leqq 1$ である．また X と Y が独立のときには $Cov[X,Y] = 0$ より $\rho = 0$ である．X, Y が 2 変量正規分布に従っている場合，その同時密度関数 $g(x,y)$ は以下のように与えられる．

$$(5.2)\quad g(x,y)=\frac{1}{2\pi\sigma_x\sigma_y\sqrt{1-\rho_{xy}^2}}\exp\left[-\frac{1}{2(1-\rho_{xy}^2)}\left\{\frac{(x-\mu_x)^2}{\sigma_x^2}-\frac{2\rho_{xy}(x-\mu_x)(x-\mu_y)}{\sigma_x\sigma_y}+\frac{(y-\mu_y)^2}{\sigma_y^2}\right\}\right]$$

このとき，$\rho=\rho_{xy}$ が成立する．また，X と Y が正規分布に従う確率変数であるとき共分散が0なら，そこで $\rho=0$ となるなら X と Y は独立である．それは，この密度関数の形から $\rho=0$ のとき，X と Y の同時密度関数が X と Y のそれぞれの密度関数の積にかけるからである．また

$$(5.3)\quad E[X]=\mu_x, V[X]=\sigma_x^2, E[Y]=\mu_y, V[Y]=\sigma_y^2, C[X,Y]=\rho\sigma_x\sigma_y$$

も成立する．なお，以下の図5.3は平均(0.2,0.4)，相関係数0.4，分散がいずれも1の2次元正規分布の密度関数をグラフ化したものである．

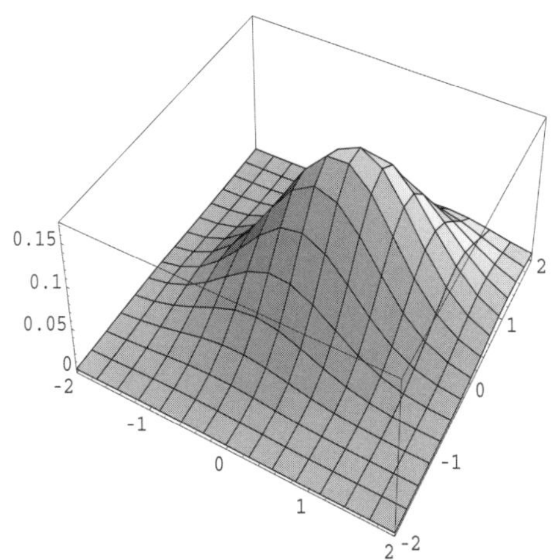

図5.3　2次元正規分布の密度関数のグラフ

5.2　相関係数に関する検定と推定

5.2.1　2次元正規分布における相関

(1) 無相関の検定

$$\begin{cases} H_0 & : \quad \rho=0 \\ H_1 & : \quad \rho\neq 0 \end{cases}$$

の検定をするには，(x,y) が2次元正規分布に従い，$\rho=0$ のとき，

$$(5.4)\quad t_0=\frac{r\sqrt{n-2}}{\sqrt{1-r^2}}\sim t_{n-2}\quad \text{under}\quad H_0$$

（帰無仮説 H_0 のもとで，自由度 $\phi=n-2$ の t 分布に従う）である．そこで，t 分布による次

のような検定法がとられる.

検定方式

$$|t_0| \geqq t(\phi, \alpha) \quad \Longrightarrow \quad H_0\text{を棄却する}$$

他に，r 表を用いて検定する方法がある．これは $t = \dfrac{r\sqrt{n-2}}{\sqrt{1-r^2}}$ を r について解いて $r = \dfrac{t}{\sqrt{n-2+t^2}}$ から t 分布の数表から r 表（付表）を作ることができる．そこで，以下のような検定法がとれる.

検定方式

$$|r| \geqq r(n-2, \alpha) \quad \Longrightarrow \quad H_0\text{を棄却する}$$

例題 5-1

以下の表 5.1 の学生 12 人の情報科学と統計学の成績データから，二つの科目の成績に相関があるかどうか有意水準 5% で検定せよ.

表 5.1　成績データ

学生＼科目	情報科学	統計学
1	57	64
2	71	73
3	87	76
4	88	84
5	83	93
6	89	80
7	81	88
8	93	94
9	76	73
10	79	75
11	89	76
12	91	91

[解] **手順 1**　散布図の作成

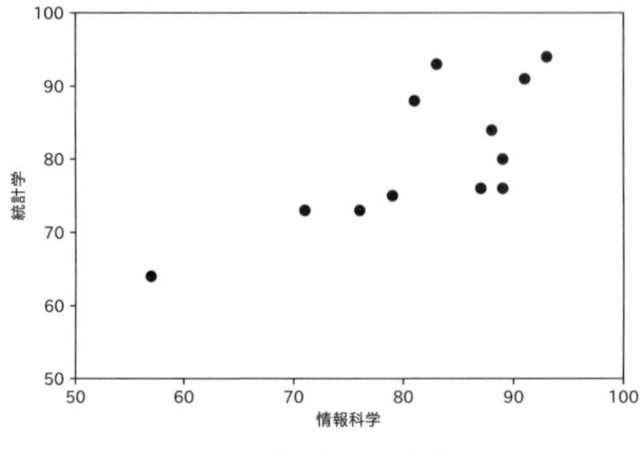

図 5.4　例題 5-1 の散布図

x 軸に情報科学，y 軸に統計学の成績得点をとり散布図を作成すると図 5.4 のようになる．図 5.4 から正の相関がありそうであり，データに癖はなさそうである．

手順 2　仮説と有意水準の設定

$$\begin{cases} H_0 & : \quad \rho = 0 \\ H_1 & : \quad \rho \neq 0, \quad \alpha = 0.05 \end{cases}$$

手順 3　棄却域の設定（検定方式の決定）

相関係数 r を用いた $t_0 = \dfrac{r\sqrt{n-2}}{\sqrt{1-r^2}}$ によって棄却域 R を $R : |t_0| \geqq t(n-2, 0.05) = t(10, 0.05)$ とする．

手順 4　検定統計量の計算（r の計算）

計算のため必要な和，2 乗和，積和を求めるため表 5.2 のような補助表を作成する．

表 5.2　補助表

学生 No. ＼ 項目	x	y	x^2	y^2	xy
1	57	64	3249	4096	3648
2	71	73	5041	5329	5183
		～			
11	89	76	7921	5776	6764
12	91	91	8281	8281	8281
計	984 ①	967 ②	81842 ③	78897 ④	80062 ⑤

表 5.2 より，

$$r = \frac{S_{xy}}{\sqrt{S_{xx}}\sqrt{S_{yy}}},\ S_{xy} = ⑤ - \frac{① \times ②}{n} = 80062 - \frac{984 \times 967}{12} = 768,$$

$S_{xx} = ③ - \dfrac{①^2}{n} = 81842 - \dfrac{984^2}{12} = 1154,\ S_{yy} = ④ - \dfrac{②^2}{n} = 78897 - \dfrac{967^2}{12} = 972.92$ より $r = 0.725$

したがって　$t_0 = \dfrac{0.725\sqrt{10}}{\sqrt{1-0.725^2}} = 3.329.$

手順 5　判定と結論

$t(10, 0.05) = 2.228$ で $|t_0| > t(10, 0.05)$ だから，有意水準 5% で棄却される．つまり情報科学と統計学の成績は無相関とはいえない．□

例題を逐次，Python で実行してみよう．

出力ウィンドウ

```
#数値計算のライブラリ
import numpy as np
import pandas as pd
#グラフ描画のライブラリ
import matplotlib.pyplot as plt
#統計モデル推定のライブラリ
import statsmodels.formula.api as smf
rei51=pd.read_csv("rei51.csv")
# 前もってExcelで入力保存していたファイルを読み込む
print(rei51) #データの確認
Out[  ]:  No  jyouhou  toukei
0    1       57       64
1    2       71       73
```

```
   ～
11  12       91      91
print(pd.DataFrame(rei51['jyouhou']).describe())
# 基礎統計量の計算（予備解析）
Out[ ]:     jyouhou
count  12.000000
mean   82.000000
   ～
max    93.000000
print(pd.DataFrame(rei51['toukei']).describe())
Out[ ]:  toukei
count  12.000000
mean   80.583333
   ～
max    94.000000
np.cov(rei51['jyouhou'],rei51['toukei'],ddof=1)
# （共）分散行列の計算（予備解析）
Out[ ]: array([[104.90909091,  69.81818182],
       [ 69.81818182,  88.4469697 ]])
np.corrcoef(rei51['jyouhou'],rei51['toukei'])#相関係数行列の計算（予備解析）
Out[ ]:
array([[1.          0.72480385]
       [0.72480385  1.         ]])
x=np.array(rei51['jyouhou'])#jyouhouのデータをxに代入
y=np.array(rei51['toukei'])#toukeiuhouのデータをyに代入
rei51_fit=np.polyfit(x,y,1)
rei61_1d=np.poly1d(rei51_fit)
xs=np.linspace(x.min(),x.max())#xsをxの最小値から最大値までとする
ys=rei61_1d(xs)
#plt.figure(figuresize=(10,6))
#plt.subplot(1,1,1)
plt.xlabel('情報科学')#x軸のラベルを情報科学とする
plt.ylabel('統計学')#y軸のラベルを統計学とする
plt.plot(xs,ys,color='k',label=f'{rei51_fit[1]:.2f}+{rei51_fit[0]:.2f}x')
plt.scatter(x,y)#xとyを打点する
plt.legend()#汎例を表示
plt.show()#グラフを表示
formula='toukei~jyouhou'#toukeiをjouhouで回帰するモデルとする
rei51.ols=smf.ols(formula,rei51).fit()
#最小自乗法を適用した結果をオブジェクトrei61.olsに代入
print(rei51.ols.summary())#rei.olsの#要約を表示
Out[  ]:            OLS Regression Results
=================================================================
Dep. Variable:      toukei  R-squared:           0.525 #決定係数
Model:                 OLS  Adj. R-squared:      0.478 #自由度調整済寄与率
Method:      Least Squares  F-statistic:         11.07 #F統計量
Date:     Wed, 21 Aug 2019  Prob (F-statistic): 0.00766 #有意確率(p値)
Time:             09:45:51  Log-Likelihood:      -38.929 #対数尤度
No. Observations:       12  AIC:                 81.86 #AIC
Df Residuals:           10  BIC:                 82.83 #BIC
```

```
Df Model:                   1
Covariance Type: nonrobust
==============================================================
              coef  std err        t    P>|t|   [0.025    0.975]
--------------------------------------------------------------
Intercept  26.0114   16.521   1.574   0.146  -10.799    62.821
jyouhou     0.6655    0.200   3.327   0.008    0.220     1.111
# 推定された回帰式：toukei=26.0114+0.6655*jyouhou
==============================================================
Omnibus:          0.609     Durbin-Watson:  2.268 #ダービン・ワトソンの統計量
Prob(Omnibus): 0.737   Jarque-Bera (JB):  0.618 #ヨンク・ベラ検定統計量の値
Skew:             0.329          Prob(JB):  0.734
Kurtosis:         2.104          Cond. No.    696.
==============================================================
Notes:
[1] Standard Errors assume that the covariance matrix of the errors is
correctly specified.
C:\anaconda33\lib\site-packages\scipy\stats\stats.py:1390: UserWarning:
  kurtosistest only valid for n>=20 ... continuing anyway, n=12"anyway,
n=%i" % int(n))
```

演習 5-1 以下の身長に関するデータに関して，男子大学生の本人と両親の身長の間に相関があるといえるか．

表 5.3 本人と父親，母親の身長データ（単位：cm）

本人	172	173	169	183	171	168	170	165	168	176	177	173
父親	175	170	169	180	169	170	165	164	160	173	182	170
母親	158	160	152	165	156	155	155	152	162	160	165	150
本人	181	167	176	171	160	175	170	173	176	177	163	175
父親	173	160	172	170	169	170	160	168	162	170	165	170
母親	160	145	162	155	153	160	165	160	158	160	150	155
本人	172	171	172	163	172	162	167					
父親	177	160	172	160	176	161	170					
母親	155	165	158	155	158	154	155					

(2) 母相関係数が特定の値と等しいかどうかの検定

$$\begin{cases} H_0 & : \quad \rho = \rho_0 \quad (\text{既知}) \\ H_1 & : \quad \rho \neq \rho_0 \end{cases}$$

を検定するには，r について次の（フィッシャーの）**z 変換**を行なう．

$$z = \tanh^{-1} r \fallingdotseq \frac{1}{2} \ln \frac{1+r}{1-r} \tag{5.5}$$

この z は n が十分大のとき近似的に正規分布

$N\left(\zeta, \dfrac{1}{n-3}\right)$ に従う．ただし，$\zeta = \dfrac{1}{2} \ln \dfrac{1+\rho}{1-\rho}$ である．そこで標準化した

$$u_0 = \sqrt{n-3}\left(z - \frac{1}{2} \ln \frac{1+\rho_0}{1-\rho_0}\right) \tag{5.6}$$

は H_0 のもとで標準正規分布に従う．したがって次の検定方式がとられる．

検定方式

$|u_0| \geqq u(\alpha) \quad \Longrightarrow \quad H_0$を棄却する

実用上 $n \geqq 10$ のとき用いられる．

無相関を検定する関数を作成し，例題に適用してみよう．

出力ウィンドウ

```
#soukan1_test
import numpy as np
import pandas as pd
from scipy import stats
rei51=pd.read_csv('rei51.csv')
def soukan1_test(x,y,r0):
 n=len(x);r=np.corrcoef(x,y)[0,1]
 if (r0==0) :
  t0=r*np.sqrt(n-2)/np.sqrt(1-r**2)
  pti=2*(1-stats.t.cdf(abs(t0),n-2))
 else:
  t0=np.sqrt(n-3)*(0.5*np.log((1+r)/(1-r))-0.5*np.log((1+r0)/(1-r0)))
  pti=2*(1-stats.norm.cdf(abs(t0)))
 print("検定統計量の値",t0.round(4),"p値",pti.round(4))
# ピアソンによる無相関の検定を対立仮説を両側にとって行う
x=np.array(rei51['jyouhou'])#jyouhouのデータをxに代入
y=np.array(rei51['toukei'])#toukeiのデータをyに代入
soukan1_test(x,y,0)
Out[ ]: 検定統計量の値 3.3268 p値 0.0077
```

演習 5-2　以下の女子大生本人と母親の身長のデータに関して母相関係数が0.5であるといえるか．

表 5.4　本人と母親の身長データ（単位：cm）

本人	158	166	153	153	160	163	150	162	154	155	157	158	154
父親	165	175	170	165	165	161	162	167	160	173	174	172	168
母親	156	159	152	147	165	158	147	156	152	156	151	156	159

(3) 母相関係数の差の検定

母相関係数が ρ_1, ρ_2 である二つの2変量正規分布に従う母集団からそれぞれ n_1, n_2 個のサンプルをとり，標本相関係数が r_1, r_2 であるとする．このとき

$$\begin{cases} H_0 & : \quad \rho_1 - \rho_2 = \rho_0 \quad (\text{既知}) \\ H_1 & : \quad \rho_1 - \rho_2 \neq \rho_0 \end{cases}$$

を検定したい．r_1, r_2, ρ_0 をそれぞれz変換したものを z_1, z_2, ζ_0 とすれば，H_0 のもとで n_1, n_2 が十分大のとき近似的に $z_1 - z_2$ は正規分布

$$N\left(\zeta_0, \frac{1}{n_1 - 3} + \frac{1}{n_2 - 3}\right)$$

に従うので，標準化した

$$u_0 = \frac{z_1 - z_2 - \zeta_0}{\sqrt{\dfrac{1}{n_1 - 3} + \dfrac{1}{n_2 - 3}}} \tag{5.7}$$

は H_0 のもとで標準正規分布に従う．そこで検定法として以下が採用される．

検定方式

$|u_0| \geqq u(\alpha) \implies H_0$を棄却する

例題 5-2

次の例題 5-1 と異なる年度の大学生の情報科学と統計学の成績データの表 5.5 に関して，母相関係数は異なるといえるか．有意水準 10% で検定せよ．

表 5.5 成績のデータ

科目 / 学生 No.	情報科学	統計学
1	72	82
2	72	91
3	81	92
4	72	75
5	52	84
6	52	57
7	67	84
8	62	82
9	75	96
10	58	94
11	76	95
12	62	70
13	49	76
14	66	93
15	71	70

[解] **手順 1** データチェック（散布図の作成等）

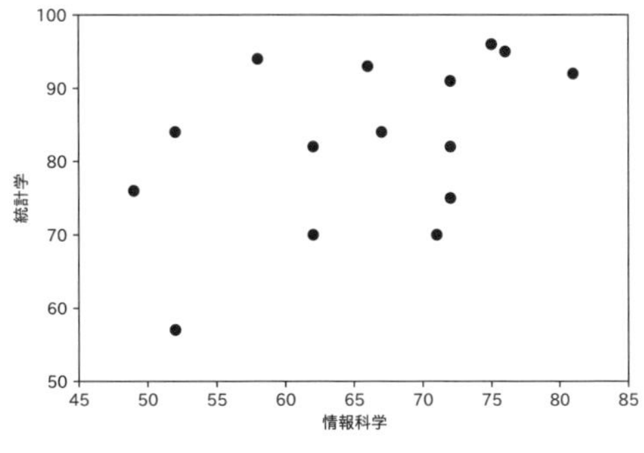

図 5.5 例題 5-2 散布図

手順 2 仮説および有意水準の設定

それぞれの母相関係数を ρ_1, ρ_2 とすると以下のような仮説の検定となる．

$$\begin{cases} H_0 & : \quad \rho_1 - \rho_2 = 0 \\ H_1 & : \quad \rho_1 - \rho_2 \neq 0, \text{有意水準} \quad \alpha = 0.10 \end{cases}$$

手順3　棄却域の設定（検定方式の決定）

$n_1 = 12, n_2 = 15$ と 10 以上なので近似条件も満たされるので，

$$u_0 = \frac{z_1 - z_2}{\sqrt{\dfrac{1}{n_1 - 3} + \dfrac{1}{n_2 - 3}}}$$

に基づいて棄却域 R を $R : |u_0| \geqq u(0.10) = 1.645$ とする．

手順4　検定統計量の計算

r_2 を求める為，例題 5-1 と同様に以下に補助表である表 5.6 を作成する．

表 5.6　補助表

学生 No. ＼ 項目	x	y	x^2	y^2	xy
1	72	82	5184	6724	5904
2	72	91	5184	8281	6552
		～			
14	66	93	4356	8649	6138
15	71	70	5041	4900	4970
計	987 ①	1241 ②	66261 ③	104481 ④	82396 ⑤

表 5.6 より，

$$r_2 = \frac{⑤ - ① \times \dfrac{②}{15}}{\sqrt{③ - \dfrac{①^2}{15}}\sqrt{④ - \dfrac{②^2}{15}}} = \frac{82396 - 987 \times \dfrac{1241}{15}}{\sqrt{66262 - \dfrac{987^2}{15}}\sqrt{104481 - \dfrac{1241^2}{15}}}$$
$$= 0.478$$

と求められる．また例題 5-1 より，$r_1 = 0.725$ であった．次に r_1, r_2 をそれぞれ z 変換すると

$$z_1 = \frac{1}{2}\ln\frac{1 + 0.725}{1 - 0.725} = 0.918 \ (= 1/2 * \mathrm{LN}((1 + 0.725)/(1 - 0.725) : \text{Excel での入力式})$$

$$z_2 = \frac{1}{2}\ln\frac{1 + 0.478}{1 - 0.478} = 0.520$$

と求まる．また $n_1 = 12$, $n_2 = 15$ とともに 10 以上なので，近似条件も満たされるとみなせる．そこで検定統計量は

$$u_0 = \frac{0.918 - 0.520}{\sqrt{1/9 + 1/12}} = 0.903$$

と求まる．

手順5　判定と結論

$u(0.10) = 1.645$ より $|u_0| = 0.903 < u(0.10)$ だから有意水準 10% で H_0 は棄却されない．有意な差があるとはいえない．□

例題を逐次，Python で実行しよう．

出力ウィンドウ

```
#数値計算のライブラリ
import numpy as np
import pandas as pd
from scipy import stats
#グラフ描画のライブラリ
import matplotlib.pyplot as plt
import seaborn as sns
rei51=pd.read_csv('rei51.csv')#データの読込み
print(rei51)
rei52=pd.read_csv('rei52.csv')#データの読込み
print(rei52)
Out[ ]:
    No  jyouhou  toukei
0    1       72      82
     ～
14  15       71      70
x2=np.array(rei52['jyouhou'])
y2=np.array(rei52['toukei'])
plt.scatter(x2,y2)#データのプロット (散布図)
plt.xlabel('jyouhou')
plt.ylabel('toukei')
plt.legend()
plt.show()
np.cov(x2,y2,ddof=1)# 共分散行列の計算
np.corrcoef(x2,y2,ddof=1) #相関係数の計算
pd.DataFrame(x2).describe()
pd.DataFrame(y2).describe()
print(pd.DataFrame(rei52).describe())# 基礎統計量の計算
Out[ ]:       No     jyouhou     toukei
count  15.000000  15.000000  15.000000
mean    8.000000  65.800000  82.733333
   ～
max    15.000000  81.000000  96.000000
sns.pairplot(rei52[['jyouhou','toukei']])#散布図行列
print(np.cov([rei52['jyouhou'],rei52['toukei']])) # 共分散行列の計算
Out[ ]:
          jyouhou    toukei
jyouhou 94.02857  52.72857
toukei  52.72857 129.20952
print(np.corrcoef([rei52['jyouhou'],rei52['toukei']])) # 相関係数行列の計算
Out[ ]:
          jyouhou    toukei
jyouhou 1.0000000 0.4783754
toukei  0.4783754 1.0000000
x1=np.array(rei51['jyouhou'])
y1=np.array(rei51['toukei'])
r1=np.corrcoef(x1,y1)[0,1]#rei61 の相関係数行列の [0,1] 成分
r2=np.corrcoef(x2,y2)[0,1]#rei62 の相関係数行列の [0,1] 成分
z1=0.5*np.log((1+r1)/(1-r1))# 相関係数の (Fisher の) Z 変換
```

```
z2=0.5*np.log((1+r2)/(1-r2))
u0=(z1-z2)/np.sqrt(1/(len(x1)-3)+1/(len(x2)-3))
# 検定統計量を計算しu0に代入
print('u0=',u0)
Out[ ]:u0= 0.8998959935776555
pti=2*(1-stats.norm.cdf(u0)) # p値（有意確率）を計算しptiに代入
print('p値',pti)
Out[ ]:p値 0.36817560243376146
```

母相関が特定の値と等しいかどうかの検定関数を作成してみよう．

相関係数の検定関数

```
#soukan2_test
import numpy as np
import pandas as pd
from scipy import stats
def soukan2_test(x1,y1,x2,y2,sa0):
 n1=len(x1);n2=len(x2)
 r1=np.corrcoef(x1,y1)[0,1];r2=np.corrcoef(x2,y2)[0,1]
 z1=0.5*np.log((1+r1)/(1-r1));z2=0.5*np.log((1+r2)/(1-r2))
 u0=(z1-z2-sa0)/np.sqrt(1/(n1-3)+1/(n2-3))
 pti=2*(1-stats.norm.cdf(abs(u0)))
 print("検定統計量の値",u0.round(4),"p値",pti.round(4))
```

上の作成した関数を例題に適用してみよう．

出力ウィンドウ

```
soukan2_test(x1,y1,x2,y2,0)
Out[ ]:検定統計量の値 0.8999 p値 0.3682
```

演習 5-3　演習5-1，演習6-2のデータを利用し，男子学生の父親との母相関係数と女子学生の母親との母相関係数に違いはあるか検定せよ．

(補 5-1)　多くの母相関係数が等しいかどうかの検定，つまり，m 個の母集団の母相関係数を $\rho_1,\ldots,\rho_m$ とし，標本相関係数をそれぞれ $r_1,\ldots,r_m$ とするとき，H_0:$\rho_1=\cdots=\rho_m$ を検定する．各 r_h $(h=1,\ldots,m)$ をz変換して z_h とし

$$\overline{z}=\frac{(n_1-3)z_1+\cdots+(n_m-3)z_m}{(n_1-3)+\cdots+(n_m-3)}$$

を計算し，$\chi_0^2=(n_1-3)(z_1-\overline{z})^2+\cdots+(n_m-3)(z_m-\overline{z})^2$ が H_0 のもと近似的に自由度 $m-1$ のカイ2乗分布に従うことを利用して検定する．◁

(4) 母相関係数 ρ の推定

n が十分大のとき近似的に $\sqrt{n-3}(z-\zeta)\sim N(0,1)$ だから

$$P\left(\left|\sqrt{n-3}(z-\zeta)\right|\leqq u(\alpha)\right)\fallingdotseq 1-\alpha \tag{5.8}$$

である．そこで，

推定方式

ζ の点推定は，$\widehat{\zeta} = \dfrac{1}{2}\ln\dfrac{1+r}{1-r}$.

ζ の信頼率 $100(1-\alpha)\%$ の信頼区間は，ζ_L，　$\zeta_U = z \pm \dfrac{u(\alpha)}{\sqrt{n-3}}$.

である．さらに

推定方式

ρ の点推定は，$\widehat{\rho} = r$.

ρ の信頼率 $100(1-\alpha)\%$ の信頼区間は，

下側信頼限界 $\rho_L = \dfrac{e^{2\zeta_L}-1}{e^{2\zeta_L}+1}$，上側信頼限界 $\rho_U = \dfrac{e^{2\zeta_U}-1}{e^{2\zeta_U}+1}$.

で与えられる．

例題 5-3

例題 5-1 のデータに関して，情報科学と統計学の母相関係数の 95% 信頼区間を求めよ．

[解] **手順 1**　点推定値を求める．

$$\widehat{\zeta} = \frac{1}{2}\ln\frac{1+\widehat{\rho}}{1-\widehat{\rho}} = \frac{1}{2}\ln\frac{1+r_1}{1-r_1} = 0.918.$$

手順 2　ζ_L, ζ_U の計算．まず，数表を利用して公式に代入し，区間幂を計算する．

$$\text{区間幂} = \frac{u(0.05)}{\sqrt{n-3}} = \frac{1.96}{3} = 0.653.$$

そこで，$\zeta_L = 0.918 - 0.653 = 0.265, \zeta_U = 0.918 + 0.653 = 1.571$.

手順 3　z 変換の逆変換より求める．

$$\rho_L = \frac{e^{2\times 0.265}-1}{e^{2\times 0.265}+1} = 0.259, \rho_U = \frac{e^{2\times 1.571}-1}{e^{2\times 1.571}+1} = 0.917 \ \square$$

(母) 相関係数の推定関数を作成してみよう．

相関係数の推定関数

```
#soukan1_est
import numpy as np
import pandas as pd
from scipy import stats
def soukan1_est(x,y,conf_level):
 n=len(x);r=np.corrcoef(x,y)[0,1]
 alpha=1-conf_level;cl=100*conf_level
 z=0.5*np.log((1+r)/(1-r))
 haba=stats.norm.ppf(1-alpha/2)/np.sqrt(n-3)
 zl=z-haba;zu=z+haba
 sita=(np.exp(2*zl)-1)/(np.exp(2*zl)+1);ue=(np.exp(2*zu)-1)\
 /(np.exp(2*zu)+1)
```

```
print("点推定値",r.round(4))
print(cl,"%下側信頼限界",sita.round(4),cl,"%上側信頼限界",ue.round(4))
```

作成した推定関数を例題に適用してみよう．

出力ウィンドウ

```
soukan1_est(x1,y1,0.95)
Out[ ]:点推定値 0.7248
95.0 %下側信頼限界 0.2584 95.0 %上側信頼限界 0.9172
```

演習 5-4　演習 5-1 のデータから，男子学生と父親の身長に関する母相関係数の 90% 信頼区間を求めよ．

5.2.2　相関表からの相関係数

表 5.7　相関表

変量 x ＼ 変量 y	y_1	y_2	$\cdots$	y_j	$\cdots$	y_q	計
x_1	n_{11}	n_{12}	$\cdots$	n_{1j}	$\cdots$	n_{1p}	$n_{1\cdot}$
$\vdots$	$\vdots$	$\vdots$	$\ddots$	$\vdots$	$\ddots$	$\vdots$	$\vdots$
x_i	n_{i1}	n_{i2}	$\cdots$	n_{ij}	$\cdots$	n_{ip}	$n_{i\cdot}$
$\vdots$	$\vdots$	$\vdots$	$\ddots$	$\vdots$	$\ddots$	$\vdots$	$\vdots$
x_p	n_{p1}	n_{p2}	$\cdots$	n_{pj}	$\cdots$	n_{pq}	$n_{p\cdot}$
計	$n_{\cdot 1}$	$n_{\cdot 2}$	$\cdots$	$n_{\cdot j}$	$\cdots$	$n_{\cdot p}$	$n_{\cdot\cdot}$

例えば英語 (x) と数学 (y) の成績がそれぞれ得点でクラス分け（カテゴリー化）されているときに，各クラスに属する人数（度数）がデータで与えられる場合の相関係数は次のように定義される．つまり変数 x について p 個にクラス分けされ，その級の代表値である階級値が $x_i(i=1,\ldots,p)$ で与えられ，同様に変数 y について q 個にクラス分けされ，階級値が $y_j(j=1,\ldots,q)$ で与えられとする．そして，表 5.7 のように階級値が (x_i,y_j) に属する度数が n_{ij} であたえられる相関表（2次元での度数分布表）からの相関係数 r は，次のように定義される．

$$r=\frac{\sum_i\sum_j n_{ij}(x_i-\overline{x})(y_j-\overline{y})}{\sqrt{\sum_i n_{i\cdot}(x_i-\overline{x})^2}\sqrt{\sum_j n_{\cdot j}(y_j-\overline{y})^2}} \tag{5.9}$$

これは数量化 III 類で x,y をそれぞれサンプルスコア，カテゴリースコアとみたときの相関係数 r に相当する．

5.2.3　クロス集計（分割表）での相関

二つの分類規準・属性によって分けられた各セル（クラス）のどこに各サンプル（個体）が属すかを決め，その個数（度数）を表にしたものを分割表（クロス集計表）という．例えば英語と数学での各評価 (A, B, C, D) を行なったとき，各生徒の属す各セルの人数を表にしたり，薬を飲んでいるかいないかで分け，風邪をひいているかいないかで分けたときの表などである．このときの分類規準・属性の関連性を測るとき（いずれもカテゴリーに分けられている）の物差しに以下のようなものがある．

(1) 2×2 **分割表の場合**

① 分割する前に2変量正規分布の相関を想定し，その推定量としたものに4分(しぶん)相関係数(four-fold correlation coefficient)またはテトラコリック相関係数(tetrachoric coefficient)がある．その形は複雑なので省略するが，その近似式を以下に与える．

各セルの度数を $n_{ij}(i = 1, 2\,;\ j = 1, 2)$ で表すとき，その4分相関係数 r_{tet} は近似的に

$$(5.10) \qquad r_{tet} \risingdotseq \cos\left(\frac{\pi\sqrt{n_{12}n_{21}}}{\sqrt{n_{11}n_{22}} + \sqrt{n_{12}n_{21}}}\right)$$

で与えられる．

② ϕ(ファイ)係数(phi coefficient)または4分点相関係数(fourfold point correlation coefficient)といわれるもので以下で定義される．なお，ϕ で表す．

$$(5.11) \qquad \phi = \frac{p_{11}p_{22} - p_{21}p_{12}}{\sqrt{p_{1\cdot}p_{2\cdot}p_{\cdot 1}p_{\cdot 2}}} \qquad (\chi^2 = n\phi^2).$$

その推定量 $\widehat{\phi}$ は各 p_{ij} を対応する度数 n_{ij} に置き換えたものとする．

なお，似た物差しとしてユールの関連係数 Q があり，以下で定義される．

$$(5.12) \qquad Q = \frac{p_{11}p_{22} - p_{21}p_{12}}{p_{11}p_{22} + p_{21}p_{12}}.$$

③ オッズ比(odds ratio)といわれ，相対確率の比を示すもので α で表し，以下で定義される．

$$(5.13) \qquad \alpha = \frac{p_{11}p_{22}}{p_{12}p_{21}} > 0$$

その推定量 $\widehat{\alpha}$ は各 p_{ij} を対応する度数 n_{ij} に置き換えたものとする．見込み比，交差積比(cross product ratio)ともいわれる．

(2) 一般の $\ell \times m$ **分割表の場合**

ピアソンの一致係数(Pearson's contigency coefficient)，独立係数(coefficient of contigency)または連関係数といわれ，以下で定義される．なお，C で表す．

$$(5.14) \qquad C = \sqrt{\frac{\chi^2}{\chi^2 + n}}$$

がある．ただし，二つの変量間の独立性を測るものさしであるカイ2乗統計量は以下で計算されるものである．

$$(5.15) \qquad \chi^2 = \sum_{i=1}^{\ell}\sum_{j=1}^{m}\frac{\left(n_{ij} - \dfrac{n_{i\cdot}n_{\cdot j}}{n}\right)^2}{\dfrac{n_{i\cdot}n_{\cdot j}}{n}} = n\left(\sum_{i,j}\frac{n_{ij}^2}{n_{i\cdot}n_{\cdot j}} - 1\right)$$

また，クラーメルの連関係数(Cramer's coefficient of association)，V は以下で定義されるものである．

$$V = \sqrt{\frac{\chi^2}{n \times \min(\ell - 1, m - 1)}} \qquad (0 \leqq V \leqq 1).$$

なお，$\min(\ell-1, m-1)$ は $\ell-1$ と $m-1$ の小さい方を表す．

他に，クロンバックの α，テュプロウの T，グッドマン・クラスカルの予測指数 (Goodman-Kruskal's index of predictive association)λ，グッドマン・クラスカルの順序連関係数 (Goodman-Kruskal's rank measure of association)γ などがある．

5.3 回帰分析とは

販売高はどのような変量によって左右されるのか，経済全体の景気はどんな経済要因で決まるのか，家計の支出は収入・家族数で説明できるか，入学後の成績は入学試験の結果で予測できるのか，両親の身長が共に高いと子供の身長も高いか，コンピュータの売上げ高は保守サービス拠点数・保守サービス員数・保守料金で説明されるか，$\cdots$ など，社会活動，日常生活において，原因を説明したり，予測したい事柄はたくさんある．

このような場合に，原因と考えられる変数（量）を**説明変数**（explanatory variable：独立変数，$\cdots$）といい，結果となる変数（量）を**目的変数**（criterion variable：従属変数，被説明変数，外的基準）という．これらの変数の間に一方向の因果関係があると考え，結果となる変数の変動は1個あるいは複数個の説明変数によって説明されると考えるのである．つまり，指定できる変数$(x_1, \ldots, x_p)$ に対して，次のような対応があると考える．

説明変数（量）	関数 f	目的変数（量）
$x_1,\ldots,x_p$	$\longrightarrow$	y
原因	対応	結果

このように，ある変数（量）がいくつかの変数（量）によってきまることの分析をする因果関係の解析手法の一つに，**回帰分析** (regression anaysis) がある．この回帰という表現は，19世紀後半にイギリスの科学者フランシス・ゴールトン卿が最初に使ったといわれている．実際の目的とされる変数は，誤差 ε（イプシロン）を伴って観測され，以下のように書かれる．

$$\underbrace{y}_{\text{目的変数}} = \underbrace{f(x_1, \ldots, x_p)}_{f(\text{説明変数})} + \underbrace{\varepsilon}_{\text{誤差}} \tag{5.16}$$

更に，$f(x_1, \ldots, x_p)$ が $x_1, \ldots, x_p$ の線形な式 (それぞれ，定数 β_0 (ベータゼロ)$, \ldots, \beta_p$ (ベータピー) 倍して足した和の形で，1次式ともいう) のとき，**線形回帰モデル** (linear regression model) という．つまり，

$$f(x_1, \ldots, x_p) = \beta_0 + \beta_1 x_1 + \cdots + \beta_p x_p \iff f(\boldsymbol{x}) = \boldsymbol{\beta}^{\mathrm{T}} \boldsymbol{x} \tag{5.17}$$

(ただし，$\boldsymbol{x} = (1, x_1, \ldots, x_p)^{\mathrm{T}}$，　$\boldsymbol{\beta} = (\beta_0, \beta_1, \ldots, \beta_p)^{\mathrm{T}}$ である．)

と書かれる場合である．そして，線形回帰モデルで説明変数が1個のときには，**単回帰モデル** (simple regression model) といい，説明変数が2個以上のとき，**重回帰モデル** (multiple regression model) という．また $f(x_1,\ldots,x_p)$ が $x_1,\ldots,x_p$ の非線形な式のときには，**非線形回帰モデル** (non-linear regression model) という．例えば，x についての2次関数 $y = x^2$，無理関数 $y = \sqrt{x}$，分数関数 $y = \frac{1}{x}$，対数関数 $y = \log x$ などは非線形な式である．実際には，

以下のような非線型なモデルが考えられている．

$$y = ax^b, \quad y = ae^{bx}, \quad y = a + b\log x, \quad y = \frac{x}{a+bx}, \quad y = \frac{e^{a+bx}}{1+e^{a+bx}}$$

そして，図 5.6 のように分類される．

回帰モデル
- 非線形回帰モデル
- 線形回帰モデル
  - 単回帰モデル
    説明変数が 1 個
  - 重回帰モデル
    説明変数が 2 個以上

図 5.6 回帰モデルの分類

5.4 単回帰分析

5.4.1 繰返しがない場合

(1) モデルの設定と回帰式の推定

説明変数が 1 個の場合で，目的変数 y が式 (5.18) のように回帰式と誤差の和で書かれる場合である．ここに，x が指定できることが相関分析との違いである．

(5.18) $$y = f(x) + \varepsilon = \beta_0 + \beta_1 x + \varepsilon$$

これを n 個の観測値 $y_1, \ldots, y_n$ が得られる場合について書くと，式 (5.19) のようになる．

(5.19) $$y_i = \beta_0 + \beta_1 x_i + \varepsilon_i \quad (i = 1, \ldots, n)$$

ここに，β_0 を**母切片**，β_1 を**母回帰係数**といい，まとめて**回帰母数**という．そして ε が**誤差**であり，誤差には普通，次の4 個の仮定（四つのお願い）がされる．**不等独正**（ふとうどくせい）と覚えれば良いだろう．

$$\begin{cases} \text{(i)} & \text{不偏性}\ (E[\varepsilon_i] = 0) \\ \text{(ii)} & \text{等分散性}\ (V[\varepsilon_i] = \sigma^2) \\ \text{(iii)} & \text{独立性}(\text{誤差}\varepsilon_i \text{と} \varepsilon_j \text{が独立}\ (i \neq j)) \\ \text{(iv)} & \text{正規性}(\text{誤差の分布が正規分布に従っている}) \end{cases}$$

(i) ～ (iv) は，まとめて $\varepsilon_1, \ldots, \varepsilon_n \overset{i.i.d.}{\sim} N(0, \sigma^2)$ のようにかける．ただし，$i.i.d.$ は independent identically distributed の略であり，互いに独立に同一の分布に従うことを意味する．そこで，このモデルは図 5.7 のように直線 $f = \beta_0 + \beta_1 x$ のまわりに，正規分布に従う誤差 ε が加わってデータが得られることを仮定している．各 i サンプルについて，$x = x_i$ と指定すればデータ y_i は，$\beta_0 + \beta_1 x_i$ に誤差 ε_i が加わって得られる．

ここでまた，上記の式を行列表現での成分を使って書けば，次のようになる．

(5.20) $$\begin{pmatrix} y_1 \\ y_2 \\ \vdots \\ y_n \end{pmatrix}_{n\times 1} = \begin{pmatrix} 1 & x_1 \\ 1 & x_2 \\ \vdots & \vdots \\ 1 & x_n \end{pmatrix}_{n\times 2} \begin{pmatrix} \beta_0 \\ \beta_1 \end{pmatrix}_{2\times 1} + \begin{pmatrix} \varepsilon_1 \\ \varepsilon_2 \\ \vdots \\ \varepsilon_n \end{pmatrix}_{n\times 1}$$

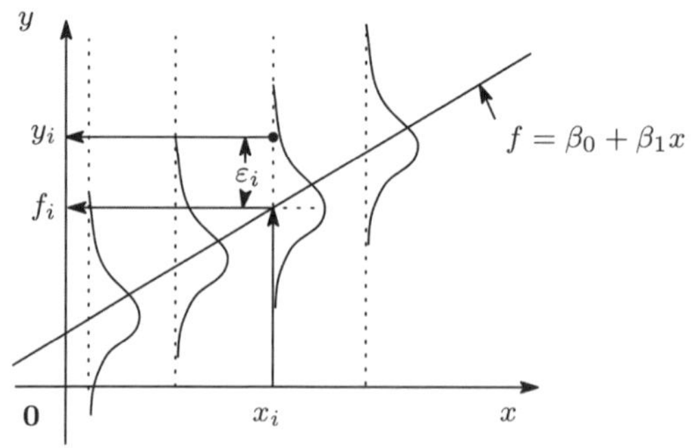

図 5.7　（単）回帰モデル

$\Longleftrightarrow$ （ベクトル・行列表現）

$$\text{(5.21)}\qquad \boldsymbol{y} = X\boldsymbol{\beta} + \boldsymbol{\varepsilon}, \quad \boldsymbol{\varepsilon} \sim N_n(\boldsymbol{0}, \sigma^2 I_n)$$

ただし，

$$\boldsymbol{y} = \begin{pmatrix} y_1 \\ y_2 \\ \vdots \\ y_n \end{pmatrix}, X = \begin{pmatrix} 1 & x_1 \\ 1 & x_2 \\ \vdots & \vdots \\ 1 & x_n \end{pmatrix}_{n\times 2}, \boldsymbol{\beta} = \begin{pmatrix} \beta_0 \\ \beta_1 \end{pmatrix}, \boldsymbol{\varepsilon} = \begin{pmatrix} \varepsilon_1 \\ \varepsilon_2 \\ \vdots \\ \varepsilon_n \end{pmatrix}$$

である．なお，$\underline{1} = \begin{pmatrix} 1 \\ 1 \\ \vdots \\ 1 \end{pmatrix}$，$\boldsymbol{x} = \begin{pmatrix} x_1 \\ x_2 \\ \vdots \\ x_n \end{pmatrix}$ とおけば，$X = (\underline{1}, \boldsymbol{x})$ と列ベクトル表示される．

（注 5-1）　正規分布に従う変数が互いに独立であることと，共分散が 0 であることは同値になることに注意しよう．一般の分布では，同値にはならない．◁

データ行列は，表 5.8 のような表になる．

表 5.8　データ表

データ番号＼変量	x	y
1	x_1	y_1
2	x_2	y_2
$\vdots$	$\vdots$	$\vdots$
n	x_n	y_n

計算を簡単にするため，式 (5.19) ～ (5.21) は次のように変形されることも多い．

$$\text{(5.22)}\qquad \begin{aligned} y_i &= \beta_0 + \beta_1 x_i + \varepsilon_i \\ &= \underbrace{\beta_0 + \beta_1 \overline{x}}_{=\alpha} + \beta_1(x_i - \overline{x}) + \varepsilon_i = \alpha + \beta_1(x_i - \overline{x}) + \varepsilon_i \end{aligned}$$

$$= (\ 1 \quad x_i - \overline{x}\ ) \begin{pmatrix} \beta_0 + \beta_1 \overline{x} \\ \beta_1 \end{pmatrix} + \varepsilon_i$$

$\iff$ （$\alpha = \beta_0 + \beta_1 \overline{x}$ とおくと）

$$\begin{pmatrix} y_1 \\ y_2 \\ \vdots \\ y_n \end{pmatrix} = \begin{pmatrix} 1 & x_1 - \overline{x} \\ 1 & x_2 - \overline{x} \\ \vdots & \\ 1 & x_n - \overline{x} \end{pmatrix} \begin{pmatrix} \alpha \\ \beta_1 \end{pmatrix} + \begin{pmatrix} \varepsilon_1 \\ \varepsilon_2 \\ \vdots \\ \varepsilon_n \end{pmatrix} \tag{5.23}$$

$\iff$ （ベクトル・行列表現）

$$\boldsymbol{y} = \tilde{X}\tilde{\boldsymbol{\beta}} + \boldsymbol{\varepsilon}, \quad \boldsymbol{\varepsilon} \sim N_n(\boldsymbol{0}, \sigma^2 I_n) \tag{5.24}$$

ただし，

$$\boldsymbol{y} = \begin{pmatrix} y_1 \\ y_2 \\ \vdots \\ y_n \end{pmatrix}, \ \tilde{X} = \begin{pmatrix} 1 & x_1 - \overline{x} \\ 1 & x_2 - \overline{x} \\ \vdots & \vdots \\ 1 & x_n - \overline{x} \end{pmatrix}, \ \tilde{\boldsymbol{\beta}} = \begin{pmatrix} \alpha \\ \beta_1 \end{pmatrix}, \ \boldsymbol{\varepsilon} = \begin{pmatrix} \varepsilon_1 \\ \varepsilon_2 \\ \vdots \\ \varepsilon_n \end{pmatrix}$$

である．

次に，データから回帰式を求める（推定する：直線を決める）には，y 切片 β_0 と傾き β_1 がわかればよい．求める基準としては，モデルとデータの離れ具合が小さいほど良いと考えられる．そして，離れ具合（当てはまりの良さ）を測る物差しとしては，普通，誤差の平方和が採用されている．他に，絶対偏差なども考えられている．図 5.8 で，データ (x_i, y_i) と直線上の点 $(x_i, \beta_0 + \beta_1 x_i)$ との誤差 ε_i の 2 乗を各点について足したもの，つまり

$$\sum_{i=1}^{n} \varepsilon_i^2$$

が誤差の平方和である．そこで, 次の式 (5.25) を最小にするように β_0 と β_1 を決めればよい．

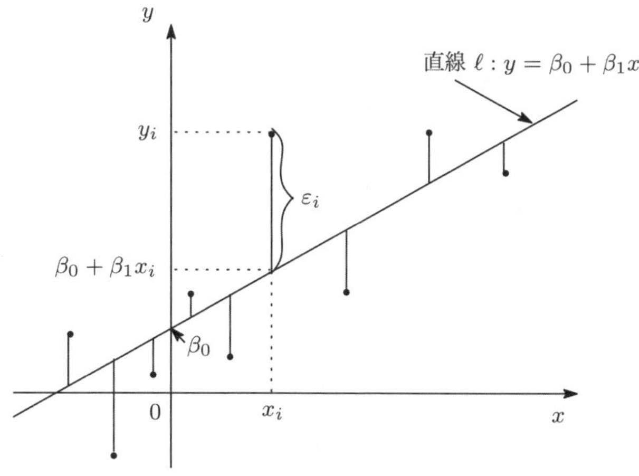

図 5.8　データとモデルとのずれ

$$(5.25)\quad Q(\beta_0,\beta_1)=\sum_{i=1}^{n}\varepsilon_i^2=\sum_{i=1}^{n}\Big\{y_i-(\beta_0+\beta_1x_i)\Big\}^2\quad\searrow\quad(\text{最小化})$$

$\Longleftrightarrow$（ベクトル・行列表現）

$$(\boldsymbol{y}-X\boldsymbol{\beta})^{\mathrm{T}}(\boldsymbol{y}-X\boldsymbol{\beta})\searrow\quad(\text{最小化})$$

このように誤差の2乗和を最小にすることで β_0,β_1 を求める方法を，**最小2（自）乗法** (method of least squares) という．最小化する β_0,β_1 をそれぞれ $\widehat{\beta_0},\widehat{\beta_1}$ で表すと，次式で与えられる．

公式

$$(5.26)\quad \widehat{\beta}_1=\frac{S_{xy}}{S_{xx}}=S^{xx}S_{xy},\quad \widehat{\beta}_0=\overline{y}-\widehat{\beta}_1\overline{x}\quad(S_{xx}^{-1}=S^{xx})$$

$\Longleftrightarrow$（ベクトル・行列表現）

$$\widehat{\boldsymbol{\beta}}=(X^{\mathrm{T}}X)^{-1}X^{\mathrm{T}}\boldsymbol{y}$$

なお，$S_{xx}=\displaystyle\sum_{i=1}^{n}(x_i-\overline{x})^2,\quad S_{xy}=\sum_{i=1}^{n}(x_i-\overline{x})(y_i-\overline{y})$ である．

[解]　Q を β_0,β_1 について偏微分して0とおき，β_0,β_1 について連立方程式を解けばよい．実際，以下の方程式となる．

$$(5.27)\quad \begin{cases}\dfrac{\partial Q}{\partial\beta_0}=-\displaystyle\sum_{i=1}^{n}2\Big\{y_i-(\beta_0+\beta_1x_i)\Big\}=0\\[2ex]\dfrac{\partial Q}{\partial\beta_1}=-\displaystyle\sum_{i=1}^{n}2\Big\{y_i-(\beta_0+\beta_1x_i)\Big\}x_i=0\end{cases}$$

式(5.27)の上の式から，$\overline{y}=\beta_0+\beta_1\overline{x}$ が導かれ，$\beta_0=\overline{y}-\beta_1\overline{x}$ を式(5.27)の下の式に代入すると，$\sum(y_i-\overline{y})x_i-\beta_1\sum(x_i-\overline{x})x_i=0$ が成立する．この式の左辺を $\sum(y_i-\overline{y})\overline{x}=0,\sum(x_i-\overline{x})\overline{x}=0$ に注意して変形することで，$S_{xy}-\beta_1S_{xx}=0$ が導かれ，β_1 について解けば求める結果が得られる．

$\Longleftrightarrow$（ベクトル・行列表現）

$$\frac{\partial Q}{\partial\boldsymbol{\beta}}=-2X^{\mathrm{T}}(\boldsymbol{y}-X\boldsymbol{\beta})=\boldsymbol{0}$$

より，$X^{\mathrm{T}}\boldsymbol{y}=X^{\mathrm{T}}X\boldsymbol{\beta}$ である．そこで，$X^{\mathrm{T}}X$：正則のとき逆行列をかけて，$\widehat{\boldsymbol{\beta}}=(X^{\mathrm{T}}X)^{-1}X^{\mathrm{T}}\boldsymbol{y}$ と求まる．□

ここで，$\dfrac{\partial^2Q}{\partial\beta_0^2}=2n,\dfrac{\partial^2Q}{\partial\beta_0\partial\beta_1}=2\sum x_i=\dfrac{\partial^2Q}{\partial\beta_1\partial\beta_0},\dfrac{\partial^2Q}{\partial\beta_1^2}=2\sum x_i^2$ より，ヘシアン行列は $H=\begin{pmatrix}2n & 2\sum x_i\\ 2\sum x_i & 2\sum x_i^2\end{pmatrix}$ で，$2n>0$ かつ $2n\times2\sum x_i^2-(2\sum x_i)^2=4n\sum(x_i-\overline{x})^2>0$．よって，これは正値行列なので $\widehat{\boldsymbol{\beta}}$ で極小値をとる．実際には最小値をとることがわかる．

幾何的には，図5.9のように点 $\boldsymbol{y}$ からベクトル $\boldsymbol{1},\boldsymbol{x}$ の張る空間への正射影を求めることである．$X\boldsymbol{\beta}=(\boldsymbol{1},\ \boldsymbol{x})\boldsymbol{\beta}=\beta_0\boldsymbol{1}+\beta_1\boldsymbol{x}$ より，$X\boldsymbol{\beta}$ はベクトル $\boldsymbol{1},\boldsymbol{x}$ の線形結合，つまりこれらのベクトルの張るベクトル空間を表している．$X\widehat{\boldsymbol{\beta}}$ を $\boldsymbol{y}$ の正射影とすれば，$\boldsymbol{y}-X\widehat{\boldsymbol{\beta}}\perp\boldsymbol{1}$，$\boldsymbol{y}-X\widehat{\boldsymbol{\beta}}\perp\boldsymbol{x}$ だから，$\boldsymbol{1}^{\mathrm{T}}(\boldsymbol{y}-X\widehat{\boldsymbol{\beta}})=0,\ \boldsymbol{x}^{\mathrm{T}}(\boldsymbol{y}-X\widehat{\boldsymbol{\beta}})=0$（これらは式(5.12)に対応する）が成立する．行列にまとめて

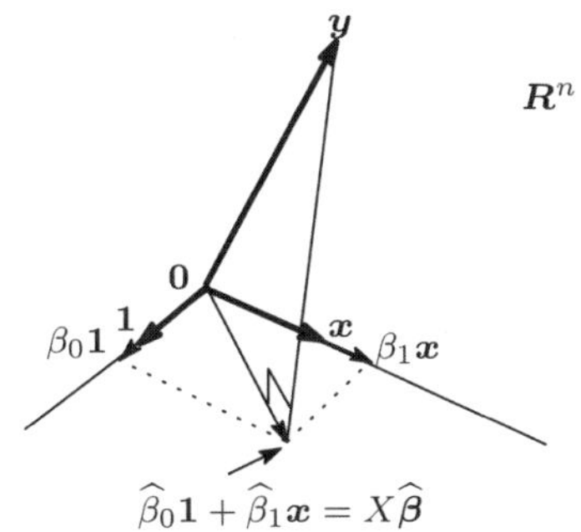

図 5.9 $\boldsymbol{y}$ から X の列ベクトルの張る空間への正射影

$$\begin{pmatrix} \mathbf{1}^{\mathrm{T}} \\ \boldsymbol{x}^{\mathrm{T}} \end{pmatrix}(\boldsymbol{y}-X\widehat{\boldsymbol{\beta}})=X^{\mathrm{T}}(\boldsymbol{y}-X\widehat{\boldsymbol{\beta}})=\mathbf{0}. \quad \therefore \quad X^{\mathrm{T}}\boldsymbol{y}=X^{\mathrm{T}}X\widehat{\boldsymbol{\beta}}$$

これを解くと，$X^{\mathrm{T}}X$： 正則なとき，$X\widehat{\boldsymbol{\beta}}=X(X^{\mathrm{T}}X)^{-1}X^{\mathrm{T}}\boldsymbol{y}$.

次に，推定される回帰式は

$$y=\widehat{\beta}_0+\widehat{\beta}_1x=\overline{y}+\widehat{\beta}_1(x-\overline{x})=\overline{y}+\frac{S_{xy}}{S_{xx}}(x-\overline{x}) \text{ より}$$

公式

(5.28) $$y-\overline{y}=\frac{S_{xy}}{S_{xx}}(x-\overline{x})=r_{xy}\sqrt{\frac{S_{yy}}{S_{xx}}}(x-\overline{x})$$

となる．これは点 $(\overline{x},\ \overline{y})$ を通る直線であり，y の x への**回帰直線** (regression line of y on x) と呼ぶ．また，$\widehat{\beta}_1$ を回帰係数 (regression coefficient) と呼ぶ.

逆に，x への y の回帰直線 (regression line of x on y) は，

(5.29) $$x-\overline{x}=\frac{S_{yx}}{S_{yy}}(y-\overline{y}) \qquad (S_{yx}=S_{xy})$$

である.

(補 6-2) ① 式 (5.22) ~ (5.24) を使うと計算が簡単であり，見通しが良い．以下に，そのことをみよう．(α,β_1) について，誤差の 2 乗和

$$Q(\alpha,\beta_1)=\sum\varepsilon_i^2=\sum\Big\{y_i-\alpha-\beta_1(x_i-\overline{x})\Big\}^2$$

を最小化する．そこで，Q を α,β_1 について偏微分すると，式 (5.30) が導かれる.

(5.30) $$\begin{cases} \dfrac{\partial Q}{\partial\alpha}=-\displaystyle\sum_{i=1}^{n}2\Big\{y_i-\alpha-\beta_1(x_i-\overline{x})\Big\}=0 \\ \dfrac{\partial Q}{\partial\beta_1}=-\displaystyle\sum_{i=1}^{n}2\Big\{y_i-\alpha-\beta_1(x_i-\overline{x})\Big\}(x_i-\overline{x})=0 \end{cases}$$

次に式 (5.30) の上の式は $-\sum y_i+n\alpha=0$ と変形され，$\widehat{\alpha}=\overline{y}$ と求まる．また，式 (5.30) の下の式は

$$\sum y_i(x_i-\overline{x})-\beta_1\underbrace{\sum(x_i-\overline{x})^2}_{=S_{xx}}=\underbrace{\sum(y_i-\overline{y})(x_i-\overline{x})}_{=S_{xy}}-\beta_1S_{xx}=0$$

と変形され，$\widehat{\beta}_1 = \dfrac{S_{xy}}{S_{xx}}$ と求まる．

② 微分しないで式変形で導くには，以下のように変形する．

$$Q(\alpha, \beta_1) = \sum \Big\{ y_i - \alpha - \beta_1 (x_i - \overline{x}) \Big\}^2 \tag{5.31}$$
$$= \sum (y_i - \alpha)^2 - 2\beta_1 \sum (y_i - \alpha)(x_i - \overline{x}) + \beta_1^2 \sum (x_i - \overline{x})^2$$
$$= \sum (y_i - \alpha)^2 - 2\beta_1 \sum y_i (x_i - \overline{x}) + \beta_1^2 \sum (x_i - \overline{x})^2$$

そして，式 (5.31) の最後の式の第1項は

$$\sum y_i^2 - 2\alpha \sum y_i + n\alpha^2 = n(\alpha - \overline{y})^2 + S_{yy} \qquad (\alpha \text{の2次関数})$$

であり，式 (5.31) の最後の式の第2項＋第3項は

$$-2\beta_1 S_{xy} + \beta_1^2 S_{xx} = S_{xx}\left(\beta_1 - \frac{S_{xy}}{S_{xx}}\right)^2 - \frac{S_{xy}^2}{S_{xx}} \qquad (\beta_1 \text{の2次関数})$$

と変形される．そこで，二つの独立な変数 (α, β_1) についての2次関数の最小化より，それぞれ

$$\widehat{\alpha} = \overline{y}, \quad \widehat{\beta}_1 = \frac{S_{xy}}{S_{xx}}$$

で最小化される．そのときの Q の最小値は $S_{yy} - \dfrac{S_{xy}^2}{S_{xx}}$ である．◁

例題 5-4（回帰式の計算）

表 5.9 のある年度の全国の幾つかの県の1世帯あたりの平均月収入額（x 万円）と支出額（y 万円）のデータに回帰直線をあてはめたときの y の x への回帰直線の式を最小2乗法により求めよ．(百円単位を四捨五入)

表 5.9　平均月収額と支出額

県 No.	平均月収額（万円） x	月消費額（万円） y
鳥取 1	70.2	38.3
島根 2	60.1	32.6
岡山 3	57.5	32.7
広島 4	54.9	34.9
山口 5	62.4	35.1
徳島 6	61.1	36.6
香川 7	55.7	32.3
愛媛 8	56.4	31.4
高知 9	58.5	34.9
和歌山 10	54.0	31.8

[解] **手順1**　前提条件の確認（散布図の作成，モデルの設定，データのプロット等）．図 5.10 の散布図より，特に異常なデータもなさそうである．

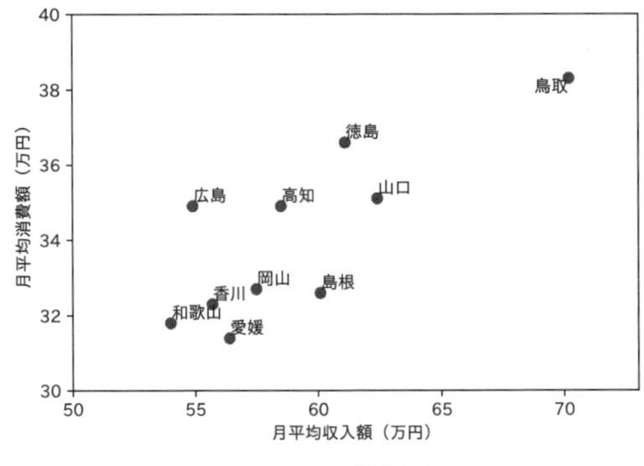

図 5.10 散布図

手順 2 補助表の作成

S_{xx}, S_{xy} など公式の値を求めるため，次のような補助表を作成する．

補助表

No.	x	y	x^2	y^2	xy
1	70.2	38.3	4928.04	1466.89	2688.66
		～			
10	54.0	31.8	2916.00	1011.24	1717.20
計	590.8 ①	340.6 ②	35108.98 ③	11647.02 ④	20199.6 ⑤

手順 3 回帰式の計算

公式に代入して回帰式を求める．

$$\overline{x} = \frac{\sum_{i=1}^n x_i}{n} = \frac{①}{n} = \frac{590.8}{10} = 59.08, \quad \overline{y} = \frac{\sum_{i=1}^n y_i}{n} = \frac{②}{n} = \frac{340.6}{10} = 34.06,$$

$$S_{xx} = \sum_{i=1}^n (x_i - \overline{x})^2 = \sum_{i=1}^n x_i^2 - \frac{(\sum_{i=1}^n x_i)^2}{n} = ③ - \frac{①^2}{10} = 35108.98 - \frac{590.8^2}{10} = 204.516,$$

$$S_{xy} = \sum_{i=1}^n (x_i - \overline{x})(y_i - \overline{y}) = \sum_{i=1}^n x_i y_i - \frac{(\sum_{i=1}^n x_i)(\sum_{i=1}^n y_i)}{n} = ⑤ - \frac{① \times ②}{n} = 20199.6 - \frac{590.8 \times 340.6}{10} = 76.952$$

そこで，

$\widehat{\beta}_1 = \dfrac{S_{xy}}{S_{xx}} = 0.376, \quad \widehat{\beta}_0 = \overline{y} - \widehat{\beta}_1 \overline{x} = 11.85$ である．また回帰式は，

$y - \overline{y} = \dfrac{S_{xy}}{S_{xx}}(x - \overline{x})(y = \widehat{\beta}_0 + \widehat{\beta}_1 x)$ より，$y - 34.06 = 0.376(x - 59.08)$，つまり

$y = 0.376x + 11.85$ と求まり，図 5.10 に回帰式の直線を記入する．□

例題を逐次，Python で実行しよう．

出力ウィンドウ

```
import numpy as np
import pandas as pd
import matplotlib.pyplot as plt
import seaborn as sns
import statsmodels.formula.api as smf
```

```
import statsmodels.api as sm
rei54=pd.read_csv("rei54.csv")#データの読込み
print(rei54)#print(rei54.head())
Out[  ]:ken  syunyu  syouhi
0    tottori    70.2    38.3
   ～
9   wakayama    54.0    31.8
print(rei54.syunyu)
Out[  ]:  0    70.2
   ～
9    54.0
Name: syunyu, dtype: float64
print(rei54.syouhi)
Out[  ]:  0    38.3
   ～
9    31.8
Name: syouhi, dtype: float64
print(rei54.ken)
Out[  ]:  0      tottori
   ～
9     wakayama
Name: ken, dtype: object
print(pd.DataFrame(rei54).describe())#基本統計量の計算
Out[  ]: syunyu     syouhi
count  10.00000  10.000000
mean   59.08000  34.060000
   ～
max    70.20000  38.300000
plt.hist(rei54.syunyu,bins=10)#ヒストグラムの作成
sns.pairplot(rei54,palette='gray')#散布図行列の作成
print(np.cov(rei54.syunyu,rei54.syouhi))#分散行列の計算（予備解析）
Out[  ]:([[22.724     ,  8.55022222],
          [ 8.55022222,  5.13155556]])
print(np.corrcoef(rei54.syunyu,rei54.syouhi))# 相関行列の計算（予備解析）
Out[  ]:([[1.         , 0.79179088],
          [0.79179088, 1.        ]])
sns.jointplot(x='syunyu',y='syouhi',data=rei54,color='black')#散布図の作成
rei54.ols=smf.ols(formula="syouhi~syunyu",data=rei54).fit()
#最小自乗法を適用した結果をオブジェクトrei54.olsに代入
print(rei54.ols.summary())#要約を表示
Out[  ]:                 OLS Regression Results
==========================================================================
Dep. Variable:      syouhi R-squared:              0.627 #決定係数(寄与率)
Model:                 OLS Adj. R-squared:         0.580 #自由度調整済寄与率
Method:      Least Squares F-statistic:            13.44 #F統計量
Date:     ue, 27 Aug 2019 Prob (F-statistic): 0.00634 #有意確率
Time:             11:07:28 Log-Likelihood:     -16.910 #対数尤度
No. Observations:       10 AIC:                  37.82 #AIC
Df Residuals:            8 BIC:                  38.42 #BIC
Df Model:                1
```

```
Covariance Type: nonrobust
==============================================================================
                 coef    std err          t      P>|t|      [0.025      0.975]
------------------------------------------------------------------------------
Intercept     11.8303      6.081      1.946      0.088      -2.191      25.852
syunyu         0.3763      0.103      3.667      0.006       0.140       0.613
# 推定された回帰式：syouhi=11.8303+0.3763*syunyu
==============================================================================
Omnibus:           0.607   Durbin-Watson:         2.410  #ダービン・ワトソン統計量
Prob(Omnibus):     0.738   Jarque-Bera (JB):      0.576  #ヨンク・ベラ統計量
Skew:              0.419   Prob(JB):              0.750  #有意確率
Kurtosis:          2.176   Cond. No.              777.
==============================================================================
Notes: [1] Standard Errors assume that the covariance matrix of the
 errors is correctly specified.
C:\anaconda33\lib\site-packages\scipy\stats\stats.py:1390: UserWarning:
kurtosistest only valid for n>=20 ... continuing anyway, n=10
  "anyway, n=%i" % int(n))
sns.lmplot(x='syunyu',y='syouhi',data=rei54,scatter_kws={"color":"black"}
,line_kws={"color":"black"})
print(rei54.ols.rsquared)#決定係数
Out[ ]:0.6269327956349641
print(rei54.ols.rsquared_adj)#自由度修正済決定係数
Out[ ]:0.5802993950893346
print(rei54.ols.predict())#予測値
Out[ ]:array([38.24405523, 34.44378924, 33.46550294, 32.48721665,
 35.3・・,34.8200532 , 32.78822782, 33.05161259, 33.8417669 , 32.148・・・])
print(rei54.ols.resid)#残差
Out[ ]:  0    0.055945
    ～
9   -0.348579
dtype: float64
sns.displot(rei54.ols.resid,color='black')#残差のヒストグラム
sm.qqplot(rei54.ols.resid,line='s')#残差のQ-Qプロット
```

演習 5-5 以下に示す表 5.10 の小売店のいくつかの県で，年間の販売額 y（億円/年）を売り場面積 x（万 m^2）で説明するとき，回帰式を求めよ．

表 5.10 県別小売店の売場面積と販売高

県 No.	売り場面積（万 m^2） x	年間販売額（億円） y
1	69.9	6944
2	92.9	7935
3	235.2	21520
4	350.9	35451
5	168.3	16542
6	95.1	8248
7	119.0	13470
8	168.6	15100
9	111.4	8418
10	543.9	54553
11	87.9	8896
12	138.9	14395

演習 5-6　以下に示す表5.11の大学生の月平均支出額 y（万円）を，月平均収入額 x（万円）で回帰するときの回帰式を推定せよ．

表 5.11　大学生の月収入額と支出額

学生 No.	収入額（万円） x	支出額（万円） y
1	15	11
2	13	10
3	13	13
4	18.5	15.6
5	15	8
6	16	10
7	13	12
8	10.5	10
9	18	16
10	14.2	14.4
11	17	16
12	14	14
13	16	14.8
14	11	10
15	13	9.1
16	20	17
17	15	15
18	30	20
19	13.6	11.2
20	15	14

(2) あてはまりの良さ

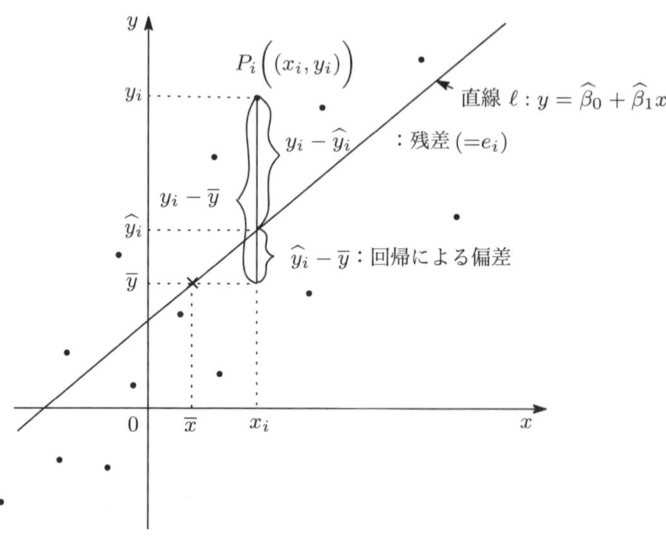

図 5.11　各データと平均との差の分解

予測値 $\widehat{y}_i = \widehat{\beta}_0 + \widehat{\beta}_1 x_i (i = 1, \ldots, n)$ と実際のデータ y_i との離れ具合は，$y_i - \widehat{y}_i$ でこれを**残差** (residual) といい，e_i で表す．

そして，データと平均との差の分解をすると

$$\underbrace{y_i - \overline{y}}_{\text{データと平均との差}} = y_i - \widehat{y}_i + \widehat{y}_i - \overline{y} = \underbrace{e_i}_{\text{残差}} + \underbrace{\widehat{y}_i - \overline{y}}_{\text{回帰による偏差}} \tag{5.32}$$

となる.

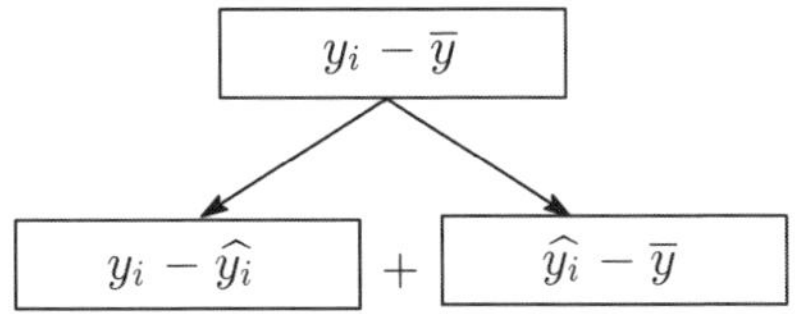

そこで, 図 5.11 のように図示されることがわかる. そして, 式 (5.32) の両辺を 2 乗して, i について 1 から n まで和をとると, 次の全変動 (平方和) の分解の式が得られる. ただし,

$$\widehat{y_i} - \overline{y} = \widehat{\beta}_0 + \widehat{\beta}_1 x_i - \overline{y} = \overline{y} - \widehat{\beta}_1 \overline{x} + \widehat{\beta}_1 x_i - \overline{y} = \widehat{\beta}_1 (x_i - \overline{x})$$

より $\sum_{i=1}^n e_i(\widehat{y_i} - \overline{y}) = \widehat{\beta}_1 \sum_{i=1}^n e_i x_i - \widehat{\beta}_1 \overline{x} \sum_{i=1}^n e_i$ と変形され, 式 (5.30) の下の式より $\sum_{i=1}^n e_i x_i = 0$, かつ, 式 (5.30) の上の式から $\sum_{i=1}^n e_i = 0$ が成立するので, 積の項が消えることに注意して,

$$(5.33) \quad \underbrace{\sum_{i=1}^n (y_i - \overline{y})^2}_{\text{全変動}} = \sum_{i=1}^n e_i^2 + \sum_{i=1}^n (\widehat{y_i} - \overline{y})^2 + 2 \underbrace{\sum_{i=1}^n e_i (\widehat{y_i} - \overline{y})}_{=0}$$

$$= \underbrace{\sum_{i=1}^n e_i^2}_{\text{残差変動}} + \underbrace{\sum_{i=1}^n (\widehat{y_i} - \overline{y})^2}_{\text{回帰による変動}}$$

が成立する. ここに, $S_T = S_{yy}$ であり,

$$S_R = \sum_{i=1}^n (\widehat{y_i} - \overline{y})^2 = \widehat{\beta}_1^2 \sum_{i=1}^n (x_i - \overline{x})^2 = \frac{S_{xy}^2}{S_{xx}^2} S_{xx} = \frac{S_{xy}^2}{S_{xx}} = \widehat{\beta}_1 S_{xy},$$

$$S_e = S_T - S_R = S_{yy} - \frac{S_{xy}^2}{S_{xx}}$$

である. 以上のことをベクトルを使って書くと, $\boldsymbol{y} - \widehat{\boldsymbol{y}} \perp \widehat{\boldsymbol{y}} - \overline{\boldsymbol{y}}$ (直交) より

$$(5.34) \quad \|\boldsymbol{y} - \overline{\boldsymbol{y}}\|^2 = \|\boldsymbol{y} - \widehat{\boldsymbol{y}}\|^2 + \|\widehat{\boldsymbol{y}} - \overline{\boldsymbol{y}}\|^2$$

$$= \|\boldsymbol{y} - X\widehat{\boldsymbol{\beta}}\|^2 + \|X\widehat{\boldsymbol{\beta}} - \overline{\boldsymbol{y}}\|^2$$

ここに, $\widehat{\boldsymbol{\beta}} = (X^{\mathrm{T}}X)^{-1}X^{\mathrm{T}}\boldsymbol{y}$ である. そこで, 図 5.12 のように分解される.

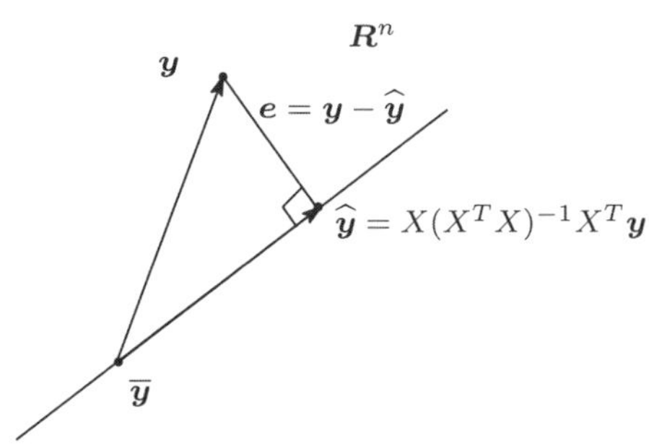

図 5.12 変動の分解

つまり,

$$\underbrace{\text{全変動（平方和）}}_{S_T} = \underbrace{\text{残差変動（平方和）}}_{S_e} + \underbrace{\text{回帰による変動（平方和）}}_{S_R}$$

と分解される．そこで，全変動のうちの回帰による変動の割合

$$\frac{S_R}{S_T} = 1 - \frac{S_e}{S_T} (= R^2) \tag{5.35}$$

は，回帰モデルの**あてはまりの良さ**を表す尺度（x で，どれだけ（全）変動が説明できるか）とみられ，これを**寄与率** (proportion) または**決定係数** (coefficient of determination) といい，R^2 で表す．

また各平方和について，自由度 (degrees of freedom：DF) は次のようになる．

総平方和 $S_T(=S_{yy})$ の自由度 $\phi_T =$ データ数 $-1 = n-1$,

回帰平方和 S_R の自由度 $\phi_R = 1$,

残差平方和 S_e の自由度 $\phi_e = \phi_T - \phi_R = n-2$.

そして，変動の分解を表5.12のようにまとめて，分散分析表に表す．

表 5.12　分散分析表

要因	平方和 S	自由度 ϕ	不偏分散 V	分散比 F 値 (F_0)	検定	期待値 $E(V)$
回帰による (R)	S_R	ϕ_R	V_R	$\dfrac{V_R}{V_e}$	↶	$\sigma^2 + \beta_1^2 S_{xx}$
回帰からの残差 (e)	S_e	ϕ_e	V_e			σ^2
全変動 (T)	S_T	ϕ_T				

$$S_R = \frac{S_{xy}^2}{S_{xx}}, S_e = S_{yy} - S_R, S_T = S_{yy},$$
$$\phi_R = 1, \phi_e = n-2, \phi_T = n-1,$$
$$V_R = \frac{S_R}{\phi_R} = S_R, V_e = \frac{S_e}{\phi_e} = \frac{S_e}{n-2}.$$

（注 6-2）　期待値については，基礎的な確率・統計の本を参照されたい．◁

y と予測値 $\widehat{y}$ の相関係数を $r_{y\hat{y}}$ で表し，これを特に**重相関係数** (multiple correlation coefficient) という．本によって R で表しているが，相関行列を表すのに同じ文字 R を用いているので，混同しないようにしていただきたい．

$$S_{y\hat{y}} = \sum_{i=1}^{n}(y_i - \overline{y})(\widehat{y}_i - \overline{y}) = \sum_{i=1}^{n}(y_i - \widehat{y}_i + \widehat{y}_i - \overline{y})(\widehat{y}_i - \overline{y}) \tag{5.36}$$
$$= \underbrace{\sum_{i=1}^{n} e_i(\widehat{y}_i - \overline{y})}_{=0} + \sum_{i=1}^{n}(\widehat{y}_i - \overline{y})^2 = S_R$$

だから，

$$r_{y\hat{y}} = \frac{S_{y\hat{y}}}{\sqrt{S_{yy}}\sqrt{S_{\hat{y}\hat{y}}}} = \frac{\sum_{i=1}^{n}(y_i-\overline{y})(\widehat{y}_i - \overbrace{\overline{\widehat{y}}}^{=\overline{y}})}{\sqrt{\sum_{i=1}^{n}(y_i-\overline{y})^2}\sqrt{\sum_{i=1}^{n}(\widehat{y}_i-\overline{y})^2}} = \frac{S_R}{\sqrt{S_T}\sqrt{S_R}} = \sqrt{\frac{S_R}{S_T}} = \sqrt{R^2} \tag{5.37}$$

であり，次の関係がある．

公式

(5.38)　$r_{y\hat{y}}^2 = \dfrac{S_R}{S_T}$ つまり，y と予測値 $\widehat{y}$ の相関係数の 2 乗=寄与率

例題 5-5（寄与率の計算）

例題 5-4 のデータに関して，平均月収額による消費額に対する寄与率を求めよ．また回帰モデルを要因とした分散分析表を作成せよ．

[解] **手順 1**　S_T, S_R を求める．$S_T = S_{yy}$ より，

$S_T = \sum(y_i-\overline{y})^2 = \sum y_i^2 - \dfrac{(\sum y_i)^2}{n} = 11647.02 - \dfrac{340.6^2}{10} = 46.18$ である．

また，$S_R = \dfrac{S_{xy}^2}{S_{xx}}$ より，$S_R = \dfrac{76.952^2}{204.516} = 28.95$ である．

手順 2　寄与率 $= R^2 = \dfrac{S_R}{S_T}$ を求める．

寄与率の式に代入して，$R^2 = \dfrac{28.95}{46.18} = 0.627$ と求まる．つまり，消費額のバラツキの 62.7% が，平均月収額で説明されることがわかる．なお，相関係数は $r_{y\hat{y}} = 0.792$ で 2 乗すれば 0.627 となり，寄与率と等しいことが確認される．□

ライブラリを利用して，決定係数（寄与率）を求めよう．

出力ウィンドウ

```
import pandas as np
import statsmodels.formula.api as smf
rei54=pd.read_csv("rei54.csv")
rei54.ols=smf.ols(formula="syouhi~syunyu",data=rei54).fit()
print(rei54.ols.rsquared)#決定係数
Out[  ]: 0.6269327956349641
print(rei54.ols.rsquared_adj)#自由度調整済み決定係数
Out[  ]: 0.5802993950893346
```

演習 5-7　演習 5-5，演習 5-6 での寄与率を求めよ．

演習 5-8　表 5.13 のある年の少年野球チームの勝率について，チーム打率で回帰する場合の寄与率，およびチーム得点/失点で回帰するときの寄与率を求めよ．

表 5.13　少年野球チーム勝率表

チーム名＼項目	勝率	打率	得点/失点
A	0.585	0.277	1.23
B	0.556	0.248	1.07
C	0.541	0.267	1.15
D	0.489	0.253	0.900
E	0.444	0.265	0.943
F	0.385	0.242	0.764

(3) 回帰に関する検定・推定

① 回帰係数に関する検定

(i) β_1 について，ある既知の値 β_1° と等しいかどうかを検定

仮説は

$$\begin{cases} \text{帰無仮説} & H_0 \ : \ \beta_1 = \beta_1^\circ \quad (\beta_1^\circ\text{: 既知}) \\ \text{対立仮説} & H_1 \ : \ \beta_1 \neq \beta_1^\circ \end{cases}$$

である．そして，$\dfrac{\widehat{\beta}_1 - \beta_1}{\sqrt{\sigma^2/S_{xx}}} \sim N(0, 1^2)$ で σ^2：未知だから，σ^2 の代わりに $V_e = \dfrac{S_e}{n-2}$ を代入して，

$$\frac{\widehat{\beta}_1 - \beta_1}{\sqrt{V_e/S_{xx}}} \sim t_{n-2}$$

である．そこで，仮説 H_0 のもとで，

$$t_0 = \frac{\widehat{\beta}_1 - \beta_1^\circ}{\sqrt{V_e/S_{xx}}} \sim t_{n-2}$$

であるので，次の検定方式が採用される．

検定方式

回帰係数に関する検定 (H_0:$\beta_1 = \beta_1^\circ$ (β_1°: 既知), H_1:$\beta_1 \neq \beta_1^\circ$) について，

$$|t_0| \geqq t(n-2, \alpha) \quad \Longrightarrow \quad H_0 \text{ を棄却する}$$

特に，$\beta_1^\circ = 0$ のときは 帰無仮説 H_0 は $\beta_1 = 0$ で，傾きが0より x の変化が y に効かないことを意味し，y が x によって説明されず，モデルが役に立たないことになる．**ゼロ仮説の検定**（回帰モデルが有効かどうかの検定）ともいわれる．

(ii) 母切片 β_0 について，既知の値 β_0° に等しいかどうかの検定

仮説は

$$\begin{cases} \text{帰無仮説} & H_0 \ : \ \beta_0 = \beta_0^\circ \quad (\beta_0^\circ\text{: 既知}) \\ \text{対立仮説} & H_1 \ : \ \beta_0 \neq \beta_0^\circ \end{cases}$$

である．$\widehat{\beta}_0 \sim N\left(\beta_0, \left(\dfrac{1}{n} + \dfrac{\overline{x}^2}{S_{xx}}\right)\sigma^2\right)$ から

$$\frac{\widehat{\beta}_0 - \beta_0}{\sqrt{\left(\dfrac{1}{n} + \dfrac{\overline{x}^2}{S_{xx}}\right)V_e}} \sim t_{n-2}$$

である．そこで，帰無仮説 H_0 のもと

$$t_0 = \frac{\widehat{\beta}_0 - \beta_0^\circ}{\sqrt{\left(\dfrac{1}{n} + \dfrac{\overline{x}^2}{S_{xx}}\right)V_e}} \sim t_{n-2} \quad \text{under} \quad H_0$$

から，次の検定方式が採用される．

検定方式

母切片に関する検定 (H_0:$\beta_0 = \beta_0^\circ$ (β_0°: 既知)，H_1:$\beta_0 \neq \beta_0^\circ$) について

$|t_0| \geqq t(n-2, \alpha) \implies H_0$ を棄却する

② 回帰係数，母回帰の推定

推定方式

β_1 の点推定量は，$\widehat{\beta}_1 = \dfrac{S_{xy}}{S_{xx}}$.

回帰係数 β_1 の信頼率 $100(1-\alpha)\%$ の信頼区間は，

(5.39) $$\widehat{\beta}_1 \pm t(n-2, \alpha)\sqrt{\frac{V_e}{S_{xx}}}.$$

である．また，ある指定された x_0 での母回帰 $f_0 = \beta_0 + \beta_1 x_0$ の点推定は，$\widehat{f_0} = \widehat{\beta}_0 + \widehat{\beta}_1 x_0$ で，

$$\widehat{f_0} \quad \sim \quad N\left(f_0, \left(\frac{1}{n} + \frac{(x_0 - \overline{x})^2}{S_{xx}}\right)\sigma^2\right)$$

より，次式で与えられる．

推定方式

$x = x_0$ での母回帰 f_0 の点推定量は，$\widehat{f_0} = \widehat{\beta}_0 + \widehat{\beta}_1 x_0$.

f_0 の信頼率 $100(1-\alpha)\%$ の信頼区間は，

(5.40) $$\widehat{f_0} \pm t(n-2, \alpha)\sqrt{\left(\frac{1}{n} + \frac{(x_0 - \overline{x})^2}{S_{xx}}\right)V_e}.$$

特に $x_0 = 0$ のときには，母切片 β_0 の信頼区間となる．

③ 個々のデータの予測

$x = x_0$ のときの次のデータの値 y_0 の予測値 $\widehat{y}_0$ は，$y_0 = f_0 + \varepsilon = \beta_0 + \beta_1 x_0 + \varepsilon$ から $\widehat{y}_0 = \widehat{\beta}_0 + \widehat{\beta}_1 x_0$ であり，

$$E[(\widehat{y}_0 - y_0)^2] = E[(\widehat{y}_0 - f_0)^2] + E[(y_0 - f_0)^2] = \left\{1 + \frac{1}{n} + \frac{(x_0 - \overline{x})^2}{S_{xx}}\right\}\sigma^2 \text{ より，}$$

推定方式

$x = x_0$ におけるデータ y_0 の予測値 $\widehat{y}_0$ は，$\widehat{y}_0 = \widehat{\beta}_0 + \widehat{\beta}_1 x_0$.

y_0 の信頼率 $100(1-\alpha)$ % の予測区間は，

(5.41) $$\widehat{\beta}_0 + \widehat{\beta}_1 x_0 \pm t(n-2, \alpha)\sqrt{\left(1 + \frac{1}{n} + \frac{(x_0 - \overline{x})^2}{S_{xx}}\right)V_e}.$$

で与えられる．

④ 残差の検討

仮定したモデルがデータに適合しているかどうかを検討するための有効な方法に，残差の検討がある．データに異常値が含まれていないか，層別の必要はないか，回帰式は線形回帰でよいのか，回帰の回りの誤差は等分散か，誤差は互いに独立か，などを調べる手段となる．実際，**標準（基準，規準）化残差** $e_i' = e_i/\sqrt{V_e}$ を求め，そのヒストグラム作成，$(x_i, e_i')(i = 1, \ldots, n)$ の打点（プロット）などにより検討する．図5.13に，その例として残差に関するグラフを載せている．図5.13(a)は標準化残差のヒストグラム，(b)は標準化残差の時系列プロット，(c)は説明変数と標準化残差の散布図である．

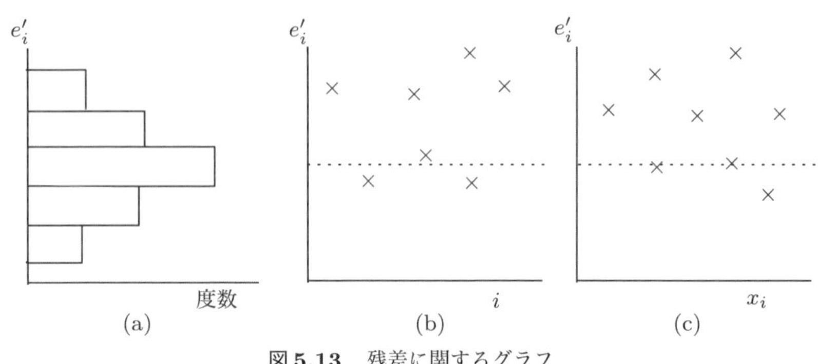

図5.13　残差に関するグラフ

例題 5-6（回帰診断，信頼区間の構成）

例題5-4のデータに関して，平均月収額による消費額の回帰モデルは有効か検討せよ．回帰診断（残差分析，多重共線性）を行なえ．更に回帰式の95%信頼区間およびデータの95%信頼予測区間を構成してみよ．

例題を逐次，Pythonで実行してみよう．

出力ウィンドウ

```
import pandas as pd
import seaborn as sns
import statsmodels.formula.api as smf
import statsmodels.api as sm
rei54=pd.read_csv("rei54.csv")
rei54.ols=smf.als(formula="syouhi~syunyu",data=rei54).fit()
print(rei54.ols.predict())#予測値
Out[  ]:
[38.24405523, 34.44378924, 33.46550294, 32.48721665, 35.30919635
,34.8200532 , 32.78822782, 33.05161259, 33.8417669 , 32.14857908]
print(rei54.ols.resid)#残差
Out[  ]:
0    0.055945
   ～
9   -0.348579
dtype: float64
sns.displot(rei54.ols.resid,color='black')#残差のヒストグラム
sm.qqplot(rei54.ols.resid,line='s')#残差のQ-Qプロット
```

```
# qq プロットと正規分布の場合の直線を描く
```

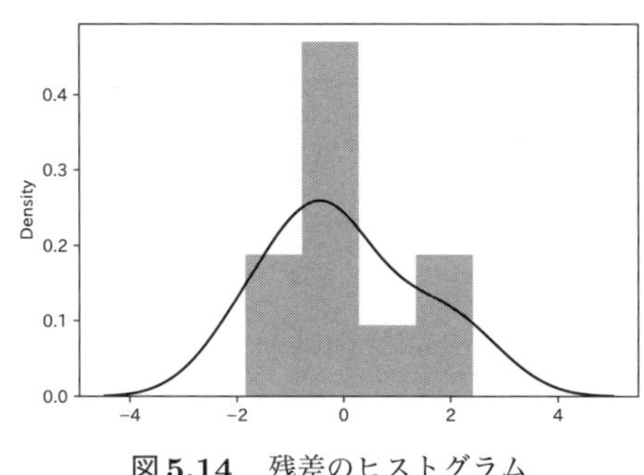

図 5.14 残差のヒストグラム

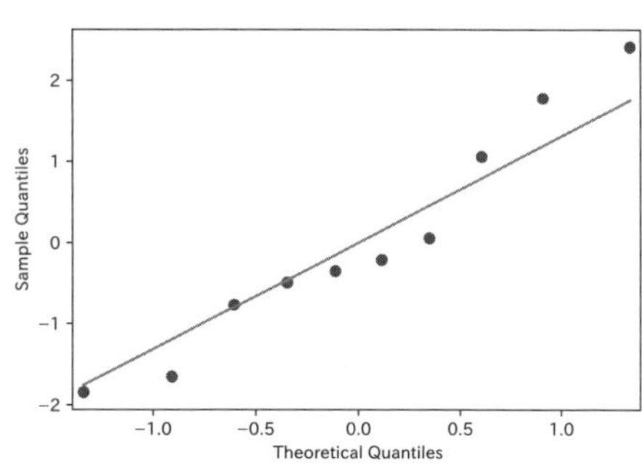

図 5.15 残差の Q-Q プロット

図 5.15 において，点が直線上に乗っていればほぼ正規分布していると考えられるが，そうでなければ正規性が疑わしい．

次に，今までの手順をまとめておこう．

回帰分析の手順

手順 1 モデルの設定と前提条件の確認（散布図の作成を含む）

手順 2 回帰式の推定

手順 3 分散分析表の作成

手順 4 残差の検討

手順 5 回帰に関する検定・推定, 目的変数の予測など

例題 5-7

以下の表 5.14 の 8 世帯の所得額 x と，そのうちの貯蓄額 y のデータに関して，y の x による単回帰モデルを設定し解析せよ．また，$x = x_0 = 30$（万円）における回帰式の信頼区間，データの予測値の信頼区間を求めよ．

表 5.14 所得額と貯蓄額のデータ

No.	所得額 x（万円）	貯蓄額 y（万円）
1	36	6
2	32	4.5
3	19	2
4	24	3
5	28	4
6	42	6
7	51	8
8	26	3

[解] 手順 1 モデルの設定と散布図の作成

$y = \beta_0 + \beta_1 x_i + \varepsilon_i$ なるモデルをたてる．散布図を描くと図 5.16 のようになる．

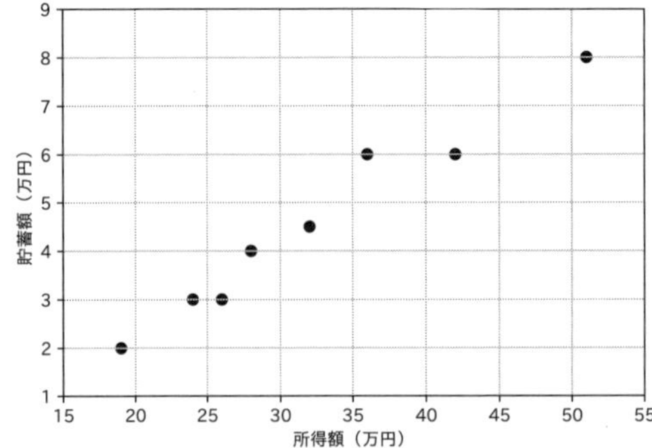

図 5.16　例題 5-7 のデータに関する散布図

手順 2　回帰式を推定するため，補助表の表 5.15 を作成する．表 5.15 より

$$\overline{x} = \frac{①}{n} = \frac{258}{8} = 32.25, \quad \overline{y} = \frac{②}{n} = \frac{36.5}{8} = 4.563,$$

$$S_{xx} = ③ - \frac{①^2}{8} = 9082 - \frac{258^2}{8} = 761.5,$$

$$S_{yy} = ④ - \frac{②^2}{8} = 194.25 - \frac{36.5^2}{8} = 27.72,$$

$$S_{xy} = ⑤ - \frac{① \times ②}{n} = 1320 - \frac{258 \times 36.5}{8} = 142.875.$$

そこで

$$\widehat{\beta}_1 = \frac{S_{xy}}{S_{xx}} = \frac{142.875}{761.5} = 0.188, \ \widehat{\beta}_0 = \overline{y} - \widehat{\beta}_1 \overline{x} = 4.563 - 0.188 \times 32.25 = -1.50$$

だから，求める回帰式は $y = -1.50 + 0.188x$ である．

表 5.15　補助表

No.	x	y	x^2	y^2	xy
1	36	6	1296	36	216
	∼				
8	26	3	676	9	78
計	258 ①	36.5 ②	9082 ③	194.25 ④	1320 ⑤

手順 3　回帰モデルが有効か検討するため，分散分析表を作成する．

以下のような表 5.16 ができる．そこで，

$$S_R = \frac{S_{xy}^2}{S_{xx}} = \frac{142.875^2}{761.5} = 26.81, \quad S_T = S_{yy} = 27.72, \ S_e = S_T - S_R$$

と求まる．

表 5.16　分散分析表

要因	平方和 S	自由度 ϕ	不偏分散 V	分散比 F 値 (F_0)	検定	期待値 $E(V)$
回帰による (R) 残差 (e)	$S_R = 26.81$ $S_e = 0.912$	$\phi_R = 1$ $\phi_e = 6$	$V_R = 26.81$ $V_e = 0.152$	$\frac{V_R}{V_e} = 176.4^{**}$	↶	$\sigma^2 + \beta_1^2 S_{xx}$ σ^2
全変動 (T)	$S_T = 27.72$	$\phi_T = 7$				

F 分布の片側 1% 点は，

$$F(1,6;0.01) = 13.75 (=\text{FINV}(0.01;1,6)：\text{Excel での入力式})$$

で，$F_0 = 176.4 > 13.75 = F(1,6;0.01)$ より，有意である．そこで，回帰モデルは有効とわかる．また，寄与率 $= S_R/S_T = 26.81/27.72 = 0.967$ で，かなり高いことがわかる．

手順 4 残差の検討をする．

残差 $e_i = y_i - \widehat{y}_i = y_i - \widehat{\beta}_0 - \widehat{\beta}_1 x_i$，標準化残差 $e'_i = \dfrac{e_i}{\sqrt{V_e}}$ を各サンプルについて求めると，表 5.17 のようになる．

表 5.17 残差の表

No.	x	y	$\widehat{y} = \widehat{\beta}_0 + \widehat{\beta}_1 x$	$e = y - \widehat{y}$	$e'_i = \dfrac{e_i}{\sqrt{V_e}}$
1	36	6	5.268	0.732	1.877
		～			
8	26	3	3.388	−0.388	−0.9951

次に，残差をプロットする．(x_i, e'_i) を打点すると，図 5.17 のようになる．

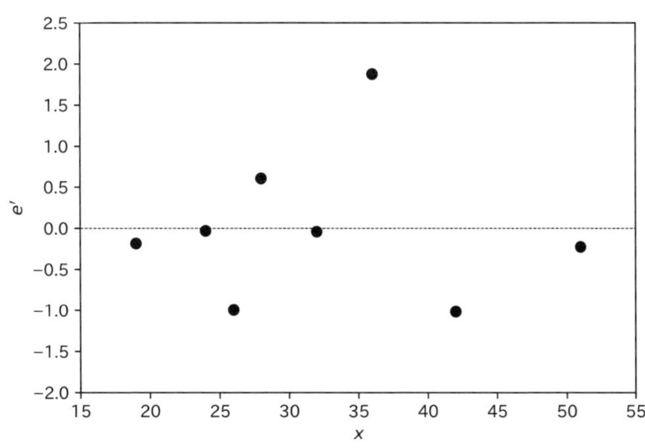

図 5.17 残差プロット

手順 5 回帰母数に関する検定・推定

母切片 β_0 に関しては

$$\begin{cases} \text{帰無仮説} & H_0 & : & \beta_0 = \beta_0^\circ \quad (\beta_0^\circ：\text{既知}) \\ \text{対立仮説} & H_1 & : & \beta_0 \neq \beta_0^\circ \end{cases}$$

のような検定が考えられる．$x = x_0 = 30$ における回帰式 $f_0 = \beta_0 + \beta_1 x_0$ の点推定は，$\widehat{f}_0 = \widehat{\beta}_0 + \widehat{\beta}_1 x_0 = -1.50 + 0.188 \times 30 = 4.14$ であり，その回帰式の信頼率 90% の信頼区間は

$$\widehat{f}_0 \pm t(6, 0.10)\sqrt{\left(\frac{1}{8} + \frac{(x_0 - \overline{x})^2}{S_{xx}}\right)V_e} = 4.14 \pm 1.943\sqrt{\left(\frac{1}{8} + \frac{(30 - 32.25)^2}{761.5}\right)0.152}$$
$$= 4.14 \pm 0.275 = 3.865 \sim 4.415$$

で与えられる．また，$x = x_0 = 30$ におけるデータの予測値 $\widehat{y}_0$ は $\widehat{\beta}_0 + \widehat{\beta}_1 x_0 = 4.14$ であり，その予測値の信頼率 90% の信頼区間は

$$\widehat{\beta}_0 + \widehat{\beta}_1 x_0 \pm t(6, 0.10) \times \sqrt{\left(1 + \frac{1}{8} + \frac{(x_0 - \overline{x})^2}{S_{xx}}\right)V_e} = 4.14 \pm 0.806 = 3.334 \sim 4.946$$

である．□

例題を逐次，Pythonで実行してみよう．

出力ウィンドウ

```
#数値計算のライブラリ
import numpy as np
import pandas as pd
import scipy as sp
import math
from scipy import stats
#グラフ描画のライブラリ
import matplotlib.pyplot as plt
import seaborn as sns
#統計モデル推定のライブラリ
import statsmodels.formula.api as smf
import statsmodels.api as sm
from statsmodels.formula.api import ols
rei57=pd.read_csv('rei57.csv')#データの読込み
print(rei57)
Out[  ]:
No.  syotoku  cyotiku
0    1        36      6.0
     ～
7    8        26      3.0
x=np.array(rei57['syotoku'])
y=np.array(rei57['cyotiku'])
sns.pairplot(rei57[['syotoku','cyotiku']])#散布図行列
#plt.scatter(x2,y2)
print(np.cov([rei57['syotoku'],rei57['cyotiku']]))
#(共)分散行列の計算(予備解析)
Out[  ]:[[108.78571429,  20.41071429],
        [ 20.41071429,   3.95982143]]
print(np.corrcoef([rei57['syotoku'],rei57['cyotiku']]))
#相関係数行列の計算(予備解析)
Out[  ]:[[1.        , 0.98340966],
        [0.98340966, 1.        ]]
print(pd.DataFrame(x).describe())# 基礎統計量の計算（予備解析）
Out[  ]:             0
count    8.000000
mean    32.250000
    ～
max     51.000000
print(pd.DataFrame(y).describe())
             0
count   8.00000
mean    4.56250
    ～
max     8.00000
rei57.ols=smf.ols(formula="cyotiku~syotoku",data=rei57).fit()
#最小自乗法を適用した結果をオブジェクトrei67.olsに代入
print(rei57.ols.summary())#要約の表示
```

```
Out[ ]:                    OLS Regression Results
==============================================================================
Dep. Variable:      cyotiku R-squared:              0.967#決定係数 (寄与率)
Model:             OLS   Adj. R-squared:            0.962#自由度調整済寄与率
Method:       Least Squares F-statistic:            176.3#F 統計量
Date:      Thu, 22 Aug 2019 Prob (F-statistic):   1.13e-05#有意確率
Time:              07:44:36 Log-Likelihood:        -2.6657#対数尤度
No. Observations:         8 AIC:                    9.331#AIC
Df Residuals:             6 BIC:                    9.490#BIC
Df Model:                 1
Covariance Type: nonrobust
==============================================================================
              coef  std err       t      P>|t|     [0.025      0.975]
------------------------------------------------------------------------------
Intercept  -1.4883    0.476  -3.126     0.020     -2.653      -0.323
syotoku     0.1876    0.014  13.279     0.000      0.153       0.222
#推定された回帰式：cyotiku=-1.4883+0.1876*syotoku
==============================================================================
Omnibus:      4.114   Durbin-Watson:      1.334 #ダービン・ワトソン統計量
Prob(Omnibus): 128   Jarque-Bera (JB):   1.189 #ヨンク・ベラ統計量
Skew:         0.935   Prob(JB):           0.552
Kurtosis:     3.269   Cond. No.           116.
==============================================================
Notes:
[1] Standard Errors assume that the covariance matrix of the
 errors is correctly specified.
sns.lmplot(x='syotoku',y='cyotiku',data=rei57,
 scatter_kws={"color":"black"},line_kws={"color":"black"})
sns.displot(rei57.ols.resid,color='black')#残差のヒストグラム
sm.qqplot(rei57.ols.resid,line='s')#残差の Q-Q プロット
print(rei57.ols.predict())
Out[ ]: [5.26608667, 4.51559422, 2.07649376, 3.01460932,
 3.76510177,6.39182534, 8.08043336, 3.38985555]
print(rei57.ols.predict(pd.DataFrame({'syotoku':[30]})))#x=30 での予測値
Out[ ]:
0    4.140348
dtype: float64
```

(参考) 指数平滑法は，次期の予測値を求めるため前期に求めた予測値 y_{t-1} と今期の実績値 d_{t-1} の加重平均により求める．つまり，加重 $\alpha(0 < \alpha < 1)$ に対し，

$$y_t = y_{t-1} + \alpha(d_{t-1} - y_{t-1}) = \alpha d_{t-1} + (1-\alpha)y_{t-1}$$

で求める．ここに α は**平滑化係数**といわれる．

演習 5-9 以下の売上げ高を，従業員数で回帰する場合にモデルをたてて解析せよ．

表 5.18　従業員数と売上げ高

No.	従業員数 x（千人）	売上げ高 y（千万円）
1	52	45.3
2	45	32.6
3	28	25.7
4	39	32.9
5	42	35.1
6	51	39.6
7	35	30.3
8	25	18.4

（補 5-3）　式 (5.17)（200 ページ）にあるように，説明変数が p（$\geqq 2$）である重回帰モデルの場合，モデルのあてはまりの良さを表す決定係数（寄与率）である式 (5.35) の R^2 において，S_e を $V_e = \dfrac{S_e}{n-p-1}$，S_T を $V_T = \dfrac{S_T}{n-1}$ で置き換えた

$$(R^*)^2 = 1 - \frac{V_e}{V_T} = 1 - \frac{\dfrac{S_e}{n-p-1}}{\dfrac{S_T}{n-1}} = 1 - \frac{n-1}{n-p-1}(1-R^2) \tag{5.45}$$

を**自由度調整済寄与率** (adjust propotion) または自由度調整済み決定係数という．その正の平方根 R^* を**自由度調整済重相関係数** (adjusted multiple correlation coefficient) という．n が p よりかなり大きい場合は調整する必要はないが，$n-p-1$ があまり大きくないときは，回帰の寄与率を回帰変動と全変動を，それらの自由度で割った上記の $(R^*)^2$ を用いるのが良い．説明変数を増やせば，寄与率は単調に増えるので，説明変数が多い場合，単純な寄与率で見るのは良くない．◁

参考文献

本書を著すにあたっては，多くの書籍・事典などを参考にさせていただきました．また，一部を引用させていただきました．引用にあたっては本文中に明記させていただいております．ここに心から感謝いたします．以下に，その中の Python に関連した文献を中心にいくつかの文献をあげさせていただきます．

◆和書

[A1] 梅津雄一・中野貴広 (2019),『Python と実データで遊んで学ぶデータ分析講座』，C&R 研究所．

[A2] 大重美幸 (2017),『Python3 入門ノート』，ソーテック社．

[A3] クジラ飛行机 (2016),『実践力を身に付ける Python の教科書』，マイナビ出版．

[A4] システム計画研究所 (2016),『Python による機械学習入門』，オーム社．

[A5] 滝沢成人 (2018),『Python[基礎編] ワークブック』，カットシステム．

[A6] 谷合廣紀，監修辻慎吾 (2018),『Python で理解する統計解析の基礎』，技術評論社．

[A7] 辻慎吾 (2010),『Python スタートブック』，技術評論社．

[A8] 塚本邦尊他，監修中山浩太郎 (2019),『データサイエンティスト育成講座』，マイナビ出版．

[A9] 寺田学他 (2018),『あたらしい Python によるデータ分析の教科書』，翔泳社．

[A10] 中久喜健司 (2016),『科学技術計算のための Python 入門』，技術評論社．

[A11] 馬場真哉 (2018),『Python で学ぶ統計学の教科書』，翔泳社．

[A12] 柳川堯 (1990),『統計数学』，近代科学社．

[A13] 山内長承 (2018),『Python による統計分析入門』，オーム社．

[A14] Cakmak,U.M. and Cuhadaroglu,M. 著，山崎邦子，山崎康宏訳 (2018),『Numpy によるデータ分析入門』，オライリー・ジャパン．

[A15] Guttag，J.V. 著，久保幹雄監訳 (2017),『Python 言語によるプログラミング イントロダクション第 2 版-データサイエンスとアプリケーション』

[A16] McKinney, W. 著，小林儀匡他訳 (2013),『Python によるデータ分析入門』，オライリー・ジャパン．

[A17] Muller,A. C.and Guido,S. 著，中田秀基訳 (2017),『Python ではじめる機械学習』，オライリー・ジャパン．

◆ウェブページ

[B1] matplotlib `https://matplotlib.org/contents.html`

[B2] numpy `https://docs.scipy.org/doc/numpy/`

[B3] pandas `https://pandas.pydata.org/`

[B4] python `https://www.python.org/`

[B5] scikit-learn `https://scikit-learn.org/stable/`

[B6] StatsModel `https://www.statsmodels.org/stable/index.html`

索　引

サ行

マ行

ヤ行

ラ行

ワ行

Memorandum

著者略歴

長畑秀和（ながはた　ひでかず）

1979年　九州大学大学院理学研究科博士前期課程修了
現　在　環太平洋大学経営学部現代経営学科 教授，博士（理学）
専　門　統計数学
主　著　『統計学へのステップ』（共立出版，2000），『多変量解析へのステップ』（共立出版，2001），『ORへのステップ』（共立出版，2002），『RとRコマンダーではじめる多変量解析』（共著，日科技連出版社，2007），『Rで学ぶ経営工学の手法』（共著，共立出版，2008），『Rで学ぶ統計学』（共立出版，2009），『Rコマンダーで学ぶ統計学』（共著，共立出版，2013）

Python で
理解を深める統計学

(*Introduction to Statistics Understanding with Python*)

2021 年 3 月 31 日　初版 1 刷発行

著　者　長畑秀和　© 2021
発行者　南條光章
発行所　**共立出版株式会社**
〒 112-0006
東京都文京区小日向 4-6-19
電話番号　03-3947-2511（代表）
振替口座　00110-2-57035

共立出版（株）ホームページ
www.kyoritsu-pub.co.jp

印　刷　啓文堂
製　本　加藤製本

検印廃止
NDC 417
ISBN 978-4-320-11444-9

一般社団法人
自然科学書協会
会員

Printed in Japan